Jetzt helfe ich mir selbst

Rudolf Hüppen / Dieter Korp

Auto-Elektrik (alle Typen)

Zündung / Batterie
Lichtmaschine / Anlasser
Instrumente / Geräte
Beleuchtung

Jetzt helfe ich mir selbst

Motorbuch Verlag Stuttgart

ISBN 3-87943-059-4

Umschlagentwurf und Buchgestaltung: Siegfried Horn / Peter Werner
Titelbild: Albrecht G. Thaer.

Auflage Nr. 107277
Copyright © 1968 by Motorbuch Verlag, Stuttgart, Postfach 1370;
eine Abteilung des Buch- und Verlagshauses Paul Pietsch GmbH. & Co. KG.
Alle Rechte vorbehalten, einschließlich auszugsweiser Wiedergabe,
Übersetzung, Radio- und Fernsehübertragung.
Die in diesem Buch enthaltenen Ratschläge werden nach bestem
Wissen und Gewissen erteilt, jedoch unter Ausschluß jeglicher Haftung.
Fotos und Zeichnungen: Hüppen 145, Holzmann 5.
Werkfotos und -zeichnungen:
BMW 2, Bosch 25, Brunsmeier 1, Carello 1, Gossen 2, Hella 9, Philips 1, SWF 8, VDO 12.
Klischees: Grafische Kunstanstalt Huber, Ludwigsburg.
Buchherstellung: Verlagsdruckerei Carle, Vaihingen/Enz.
Buchbinderische Verarbeitung: Verlagsbuchbinderei Wilhelm Nething, Weilheim/Teck.
Weilheim/Teck.
Printed in Germany.

Sie finden in diesem Buch

Seite
- 7 Vorwort — Vorher gesagt
- 9 Der Anfang — Hypnotische Einführung
- 10 Das Horn — Statt mit Adam und Eva zu beginnen
- 20 Die Prüflampe — Das zweitwichtigste Werkzeug
- 23 Werkzeuge und Ersatzteile — Weitere Hilfsmittel

Es wird ernst

- 27 Der Motor setzt plötzlich aus — Schreck auf der Landstraße
- 33 Der Motor hat Zündaussetzer — Weitere Überraschungen
- 39 Die einfache Batterie-Zündanlage — Wenn man von der Zündung nichts weiß

Etwas, aber nicht viel Theorie

- 48 Allgemeine Begriffe — Zwischen Plus und Minus
- 58 Schaltzeichen, Schaltbilder und Klemmenbezeichnungen — So läuft der Strom
- 66 Leitungen und was dazu gehört — Der Strippensalat
- 76 Die Schalter — Absperrschieber für den Strom
- 84 Das Relais — Fernsteuerung

Nicht die Praxis vergessen

- 92 Fehlersuche nach dem Schaltplan — Die Fuchsjagd
- 96 Lichtmaschinen — Das Elektrizitätswerk
- 104 Die Ladekontrolle der Gleichstrom-Lichtmaschine — Leere Versprechungen
- 110 Die Drehstrom-Lichtmaschine — Fortschritt unter der Motorhaube
- 114 Die Batterie — Das Strom-Sparschwein
- 129 Funken-Pflege und Wartung — Noch einmal die Zündung

142	Die Zündspule mit Vorwiderstand	— Eine Schbrengbombe?
145	Transistor- und Hochspannungszündung, Zündverstärker	— Lohnt es sich?
148	Der Anlasser	— Kleiner Hilfsmotor

Die Kleinteile

154	Scheinwerfer und Leuchten	— Lichtvolle Augenblicke
170	Glühlampen	— Glück und Glas
175	Die Blinkanlage	— Leuchtsignale
181	Hörner und Fanfaren	— Schallzeichen
184	Der Scheibenwischer	— Mattscheibenbeseitiger
194	Nachträglicher Instrumenteneinbau	— Kontroll-Inspektoren
202	Ventilatoren, Lüfter und Gebläse	— Die Windmacher

Dies und jenes

204	Das Autoradio	— Musik und Straßenzustand
207	Von 6 auf 12 Volt	— Die Spannung wird größer
211	Spannung, Strom, Widerstand und Leistung	— Etwas Theorie ist nicht verkehrt
216	Stichwortverzeichnis	

Vorher gesagt

Meine Meinung ist die: „Die wichtigste Aufgabe eines Autos ist es, seine elektrische Einrichtung von Ort zu Ort zu befördern, damit sein Besitzer zu den unmöglichsten Zeiten und an den merkwürdigsten Plätzen die Möglichkeit hat, seiner Findigkeit und seinem Spieltrieb freien Lauf zu lassen."
Dieter Korp, der Vater der Reihe „Jetzt helfe ich mir selbst" — ist sonderbarerweise nicht meiner Ansicht.
Er meint, daß sich kaum ein Fahrer über eine Störung an der elektrischen Anlage freuen würde, denn ein Auto hätte andere Funktionen.
Haben Sie etwa Angst vor der elektrischen Anlage Ihres Wagens?
Unsinn! Diese Angst stammt noch aus Ihrer Kinderzeit, als Ihre Eltern abends im Kino waren und Sie bei einem Gewitter allein zu Hause bleiben mußten. Erwarten Sie bitte kein herkömmliches Elektro-Lehrbuch. Ich möchte Ihnen nur zeigen, wie man „sich selbst helfen" kann, nämlich speziell bei Defekten irgendwo an der Bordelektrik. Übrigens ist das Buch trotz der etwas verworren erscheinenden Gliederung ganz methodisch aufgebaut — damit Sie es leichter haben.
Wenn das vermeintliche Unglück einer elektrischen Störung über Sie und Ihren Wagen hereinbricht, verzweifeln Sie nicht, greifen Sie zu diesem Buch! Es gibt nur wenige Dinge, die das Selbstbewußtsein so stärken wie ein stehengebliebenes Auto, das man ohne fremde Hilfe — nur durch geschickten Einsatz des eigenen Denkapparates — wieder zum Laufen bringt.

Rudolf Hüppen

Wenn man die vielen Autos sieht, die trotz einer elektrischen Anlage an Bord munter herumfahren, dann muß man sich doch sagen, daß es so furchtbar schlimm mit der Elektrik nicht sein kann. Aber elektrische Störungen scheinen etwas Koboldartiges an sich zu haben. Sie treten offenbar nur auf, wenn man nicht hinsieht oder wenn man nicht damit rechnet. Jedenfalls sind sie zahlreich genug. Aus einer Statistik der ADAC-Straßenwacht geht hervor, daß die Mehrzahl der unfreiwillig stehengebliebenen Autos an der Elektrik kränkelten, teils durch Schuld des Fahrers, teils aber auch durch eine ganze Menge anderer Einflüsse und nicht nur, weil es kräftig geregnet hat.
Rudolf Hüppen, der sein Leben der Auto-Elektrik gewidmet hat, ist für Sie diesen Kobolden auf die Spur gegangen. Daß er sich dabei immer in die elektrisch meistens unbelastete Seele eines ganz normalen Autofahrers versetzt hat, ist der eigentliche Sinn dieser neuen Selbsthilfe, die zwischen die beiden Buchdeckel zu bringen mir eine ganz besondere Freude war.
Dieses Buch ist an kein bestimmtes Autofabrikat oder -modell gebunden. Es betrifft alle Autos. Dipl.-Ing. Dieter Korp

„Gestern war das Auto noch ganz normal und heute hängt dieses häßliche Ding dran. Es riecht nach nichts und essen kann man es auch nicht. Also was soll's?" — Kein Zweifel, Hunde haben ein ganz sicheres Gefühl für das Natürliche. Dieses exklusive Zusatzhorn, Produkt eines bastelwütigen Hundeherrn, könnte man sich schöner und an anderer Stelle denken. Aber auch ohne solche Klang-Korrekturen vorzunehmen, hat man in heutigen Autos so viele freiwillige und unfreiwillige Gelegenheit, sich mit der Elektrik auseinanderzusetzen, daß eine freundliche Anleitung hier nur eine Lücke füllen kann. Auf den folgenden Seiten wird es dann ernst mit diesen freundlichen Worten.

Der Anfang

Hypnotische Einführung

„Die elektrische Anlage eines Autos hat keine Geheimnisse — die elektrische Anlage eines Autos hat keine Geheimnisse — die elektrische Anlage eines Autos hat keine Geheimnisse!
Ich kann es genau so gut wie ein Autoelektriker — ich kann es genau so gut wie ein Autoelektriker — ich kann es genau so gut wie ein Autoelektriker!"
(Natürlich die Behebung von Störungen in der elektrischen Anlage des Wagens.)
Wenn Sie der Ansicht sind, daß nur ein Autoschlosser oder gar ein Autoelektriker die elektrische Anlage Ihres Wagens in Ordnung bringen könnte, haben Sie zu wenig Selbstvertrauen; Autoschlosser und Autoelektriker werden nämlich nicht geboren, sondern ausgebildet!
Als der gute Papa Bosch in Deutschland der elektrischen Ausrüstung des Kraftwagens den Weg bereitete, war an einen Beruf des Autoelektrikers noch nicht zu denken.

Und als der Blitzen-Benz um 1910 eine Geschwindigkeit von über 200 km/h erreichte, wurde seine Zündanlage nicht von einem Autoelektriker gewartet — einen solchen gab's noch nicht.
Die Leute, die damals, als es noch keine Autoelektriker gab, ein Auto hatten, fuhren ja auch, warum sollten Sie technisch weniger begabt sein als Ihr Großvater?
Mehr technische Kenntnisse als beim Ersatz eines Steckers an einer Stehlampe brauchen Sie nicht. Was noch von Vorteil ist: Sie laufen keine Lebensgefahr wie etwa beim falschen Anschließen einer Haushaltsleitung!

Das Horn

Statt mit Adam und Eva zu beginnen

Nicht ohne Grund beginnt die Praxis dieses Buches mit der unwichtigsten Einrichtung des Autos. Ich weiß nämlich, daß Sie immer noch nicht an die einfache Elektrik glauben!
(Sollten Sie allerdings das sagenhafte Pech haben, gleich nach Erwerb dieses Buches eine elektrische Störung an Ihrem Wagen zu erleben, so schauen Sie bitte im Inhaltsverzeichnis nach.)
Als ich zwölf Jahre alt war, erstand ich für den gleichen Betrag mein erstes Motorrad. Für die letzten 1,50 Mark kaufte ich mir noch ein Buch aus der Lehrmeisterbücherei: „Das Motorrad, seine Pflege und Wartung".
Da stand das gute Stück und lief natürlich nicht. Geld für eine Werkstatt oder Ersatzteile hatte ich nicht mehr. Zufällig stolperte ich bei meinen Streifzügen durch die Schrottkisten der Autowerkstätten über ein Horn, das ich unentgeltlich mitnehmen durfte.
Auf diesem Horn baut sich, so merkwürdig das auch klingt, die ganze Wissenschaft dieses Buches auf!
Vielleicht haben Sie sich als Kind einmal für das Innenleben einer elektrischen Klingel interessiert. Wenn Sie soweit vorgestoßen sind, dann kann Ihnen die Autoelektrik nicht mehr viel Neues bieten.
Der erste Rat, den ich Ihnen geben kann — besorgen Sie sich aus der Schrottkiste Ihrer Werkstatt ein altes Horn. Damit legen Sie den Grundstein zur weitgehenden Unabhängigkeit von jeder Auto-Elektrowerkstatt.

Raten Sie mal!
Schlammbedeckte Pickelhaube eines königlich-bayerischen Landjägers nach der Beleuchtungskontrolle an einem Ochsengespann?
oder
Monderhebung mit gelandeter Raumsonde?
oder . . .
Sie wissen zwar, daß es ein verdrecktes Horn ist, aber aus welchem Fahrzeug sollen Sie erraten.

Raten Sie nochmal! Vom Nilschlamm überzogene Statuen von Ramses IV. und seiner Lieblingsfrau? Stockzähne eines Dinosauriers? Oder gar die Steckfahnenanschlüsse eines Horns, das vom Konstrukteur mit großer Sorgfalt dort angeordnet wurde, wo es schnellstens verrotten kann?

Natürlich können Sie sich auch ein neues Horn kaufen, doch das hieße „Eulen nach Athen tragen", denn von 1 Million Hörner im Schrott sind schätzungsweise noch 999 999 zu gebrauchen. Außerdem wäre der Anschauungsunterricht an einem neuen Horn längst nicht so interessant, und Sie kämen um den unbezahlbaren Genuß, ein angeblich wertloses Gerät eigenhändig repariert zu haben.
(Nicht daß die Werkstätten aus purem Übermut Hörner aus den Wagen ausbauen und auf den Schrott werfen; oh nein, es ist aber einfacher und einträglicher, ein versagendes oder krächzendes Horn durch ein neues zu ersetzen. Manchmal ist es sogar der Fall, daß die Instandsetzung des alten Horns teurer würde als ein neues.)

Die richtige Spannung

Wie Sie wissen, braucht jedes elektrische Gerät, ob Bügeleisen, Kühlschrank, Türklingel oder Autohorn — zwei elektrische Anschlüsse. Sie wissen auch, daß jedes elektrische Gerät für eine bestimmte Betriebsspannung ausgelegt ist. Haushaltsgeräte heute üblicherweise für 220 Volt, Taschenlampen für 3, 4, 5 oder 6 Volt (je nach verwendeten Batterien) und die elektrischen Einrichtungen des Wagens für 6 oder 12 Volt.
Wenn Sie nicht wissen, welche Betriebsspannung die elektrische Anlage Ihres Wagens hat, so lesen Sie in der Bedienungsanleitung nach oder schauen Sie auf die Batterie. Hat die Batterie drei abschraubbare Verschlußstopfen zum Einfüllen destillierten Wassers, so handelt es sich um eine 6-Volt-Batterie, hat sie sechs Verschlußstopfen, so ist es eine 12-Volt-Batterie.
Nun, Sie haben ein Horn gefunden, das für die Spannung Ihrer Wagenbatterie ausgelegt ist — also 6 oder 12 Volt. Sollten Sie Lust haben, so können Sie die beiden Anschlüsse des Horns blankkratzen und über normale Kupferkabel, wie sie im Wagen verwendet werden, mit den Polen der Batterie verbinden. In vielen Fällen haben Sie Glück und das Horn ertönt. Trotzdem — legen Sie das Horn noch nicht für Ersatzfälle zur Seite, denn jetzt wird es erst spannend.

11

Sie können zwar bei dem nicht mehr arbeitenden Horn die Steckfahnenanschlüsse mit der Drahtbürste blankkratzen, dann arbeitet das Horn wieder einwandfrei, Sie haben aber einer Werkstatt die Möglichkeit genommen, Ihnen ein neues schön lackiertes Horn an ihren Wagen anzubauen. Finden Sie das vielleicht fein?

Blick in die Eingeweide

Lösen Sie die Schrauben des Deckels und nehmen Sie ihn ab. Darunter liegt die Membrane, die Sie auch abnehmen. (Manchmal bleibt die Membrane im Deckel sitzen, das macht aber nichts, man kann sie auch dann noch herausnehmen.) Haben Sie Deckel und Membrane vorsichtig abgenommen, so werden die Dichtungen zwischen Deckel und Membrane sowie zwischen Membrane und Gehäuse heil geblieben sein. Gingen Sie weniger vorsichtig zu Werke, so sind sie zerrissen und Sie müssen später aus Papier neue schneiden — macht nichts, auch dabei lernen Sie etwas vom Umgang mit dem Auto.

Wenn ich Ihnen hier nur eine Reparaturanleitung für ein Horn geben wollte, so würde ich Ihnen raten, vor dem Abnehmen von Deckel und Membrane, am Deckel, an der Membrane und am Gehäuse eine Markierung anzubringen, damit Sie später wissen, wie die Einzelteile aufeinander gesessen haben. Im vorliegenden Fall gebe ich Ihnen den Rat nicht, denn hier können Sie nichts verderben, außerdem werden Sie beim Zusammenbau zum Nachdenken gezwungen und bekommen ein Gespür dafür, was man beim Auseinanderbau von äußerlich symmetrischen Dingen beachten muß.

Bauen Sie später mal etwas anderes an Ihrem Wagen auseinander und liegt die Reihenfolge des Zusammenbaus nicht ganz sicher fest, so markieren Sie die Teile mit einem scharfen Riß der Schraubenzieherklinge, eine Bleistiftmarkierung verwischt sich bestimmt!

Markierungen erleichtern immer den Zusammenbau, verleiten aber leider auch zu schematischem Arbeiten, wenn man die Markierungen nicht nur als

So sieht ein „neuzeitliches" Horn von innen aus, wenn man Deckel und Membrane abgenommen hat. Der kurze Pfeil zeigt auf eine Quetschstelle des Kabels zur Wicklung. Hier hat der Anker die Isolation zerdrückt. Die eigentliche Kupferleitung blieb unbeschädigt. Ich kann nicht behaupten, daß das Horn vom Hersteller so ausgeliefert wurde, die Befestigungsschrauben für Deckel und Membrane zeigen aber keine Spuren davon, daß ein Schraubenzieher unsachgemäß angesetzt wurde, was auf ein früheres Öffnen schließen lassen würde.

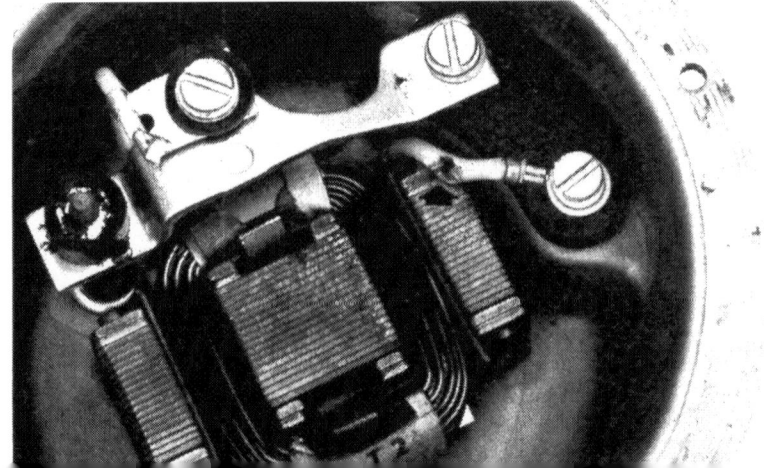

Sicherheitsmaßnahme anbringt; versuchen Sie immer zuerst zu ergründen, warum die Teile so und nicht anders zusammengebaut werden müssen. Nun, das Innere des Horns liegt jetzt frei — was sich darin befindet, gibt Ihnen einen lebendigen Anschauungsunterricht für viele andere elektrische Einrichtungen des Wagens.

Der einfache Elektromagnet

Als erstes wird Ihnen sicher die Drahtwicklung auffallen (weil sie so schön rötlich glänzt), die in einen Eisenkern eingebettet ist. Der Eisenkern besteht aus einzelnen Blechlamellen.
(Das System, daß man statt eines kompakten Eisenkerns einen solchen aus Blechlamellen verwendet, findet man bei elektromagnetischen Geräten immer wieder, z. B. beim Lichtmaschinen- und Anlasseranker.)
Üblicherweise sind die Lamellen durch dünnes Papier, Lack oder eine Oxydschicht voneinander isoliert. Durch diese Anordnung werden feine Wirbelströme innerhalb des Kerns vermieden, wenn er durch den Strom in der Wicklung magnetisch wird.
Wird die Wicklung nun an eine passende Batterie angeschlossen, so fließt ein Gleichstrom hindurch und um die Drahtwindungen herum entsteht ein Magnetfeld.
Und warum der Eisenkern, wenn das Magnetfeld um die Wicklung herum entsteht?
Nun, beim Eisen bildet jedes Molekül einen eigenen, winzigen Magneten. Diese Magnete liegen wahllos durcheinander — also Nordpole und Südpole bunt gemischt — so daß es nach außen nicht als Magnet wirkt. Legt man um das Eisen eine Wicklung, durch die ein Strom fließt, so richtet das Magnetfeld der Wicklung die winzigen Molekularmagnete in einer einheitlichen Richtung aus — alle Südpole zeigen in der einen, alle Nordpole in der anderen Richtung; aus dem unmagnetischen Eisen wird ein kräftiger Magnet. Das Eisen dient also — vereinfacht ausgedrückt — nur zur Verstärkung des Magnetfeldes. Nimmt man die Wicklung wieder fort oder schaltet man den Strom aus, so federn die Molekularmagnete im Eisen wieder in ihre alte Richtung, sie liegen wahllos durcheinander und das Eisen hat seinen Magnetismus wieder verloren.
Dieses Magnetisieren durch eine gleichstromdurchflossene Wicklung und das sofortige Verlorengehen des Magnetismus wenn der Strom ausgeschaltet wird, läßt sich aber nur bei sogenannten Weicheisen durchführen. Bei Stahl, der ja weiter nichts als gehärtetes Eisen ist, ist das anders; legt man hier eine stromdurchflossene Wicklung herum, so werden die Molekularmagnete ebenfalls ausgerichtet; schaltet man den Strom wieder aus, so verschwindet der Magnetismus aber nicht aus dem Stahl, er bleibt ein Magnet. Je härter er ist, um so besser hält er den Magnetismus.
Die Anordnung „Wicklung-Eisenkern" bezeichnet man als Elektromagnet. Der Elektromagnet im Horn hat nun die Aufgabe, den an der Membrane sitzenden Anker — er ist ein einfaches Weicheisenstück oder ebenfalls aus einzelnen Blechlamellen zusammengesetzt — anzuziehen.

Was ist ein Anker?

Anker ist in der Elektrik die Bezeichnung für ein sich bewegendes Bauteil, es kann sich drehen — wie der Anker in der Lichtmaschine oder im Anlasser — es kann sich aber auch hin- und herbewegen wie der Anker an der Membrane des Horns. (Anderswo ist der Anker etwas ruhendes; die Elektriker waren aber schon immer etwas spinnend.)
Wird der Anker vom Elektromagnet angezogen, so biegt sich die Membrane

13

Membrane M des Horns mit Anker A und sogenannten Schwingbalken S, der den sonst vor der Membrane angeordneten Schwingteller ersetzt. Der Pfeil zeigt auf die Nase, die bei angezogenem Anker auf den isolierten Kontaktträger drückt und ihn öffnet.

durch. Verschwindet der Magnetismus aus dem Eisenkern, so federt die Membrane durch ihre Eigenspannung zurück. Beim schnellen Ein- und Ausschalten des Stroms (und damit des Magneten) schwingt der Anker und die Membrane; die Membrane gibt einen Ton von sich. Die Membrane des Horns schwingt sogar sehr schnell - etwa 300 mal in der Sekunde - hin und her. Man sagt dazu: Die Frequenz beträgt 300 Hertz (Hz). (Zum Vergleich: Der Wechselstrom in unserem Lichtnetz hat nur eine Frequenz von 50 Hz.)

Für diese Frequenz kann man den Strom in der Wicklung des Horns natürlich nicht mehr durch einen Schalter von Hand ein- und ausschalten; man verwendet einen Unterbrecher, der vom Anker selbst gesteuert wird, das Schema entspricht also der Gleichstromklingel.

Der selbsttätige Unterbrecher

Ist die Verbindung Batterie — Horn hergestellt (ob man direkte Leitungen von den Batteriepolen zu den Hornanschlüssen legt oder ob man bei dem im Wagen eingebauten Horn den Signalring oder -knopf drückt, spielt keine Rolle), so fließt Strom durch die Wicklung, der Eisenkern wird magnetisch und zieht den Anker an. Kurz bevor der Anker den Eisenkern berührt, drückt er auf einen isolierten Kontaktbügel. Die Unterbrecherkontakte im Horn werden getrennt und so der Strom in der Wicklung unterbrochen. Der Eisenkern wird jetzt zwar unmagnetisch, doch durch den beim Anziehen aufgenommenen Schwung bewegt sich der Anker noch weiter und schlägt auf den Eisenkern auf. Dieses Verhalten hat dieser Hornausführung den Namen „Aufschlaghorn" gegeben.

Durch das Aufschlagen des Ankers auf den Eisenkern werden der Anker und ein eventuell vor der Membran angeordneter Schwingteller zu eigenen Schwingungen angeregt. Während die Membrane für die sogenannte Grundfrequenz verantwortlich ist, erzeugen Anker und Schwingteller die lautstarken Oberwellen.

Wenn die Membrane mit dem Anker in die Ruhestellung zurückfedert, fällt der Druck auf den isolierten Kontaktbügel fort, auch dieser federt zurück, die Kontakte schließen sich, der Strom fließt wieder durch die Wicklung, der

Eisenkern wird magnetisch und zieht den Anker wieder an — das Wechselspiel hat begonnen.

Der von der Batterie kommende Strom wird zu der einen Anschlußklemme des Horns geführt, die innen im Horn mit einem Wicklungsende verbunden ist. Der Strom durchfließt die Wicklung, tritt am anderen Ende wieder aus und dieses Wicklungsende liegt am isolierten, beweglichen Unterbrecherkontakt.

Der bewegliche Unterbrecherkontakt, der an dem federnden Kontaktbügel sitzt, liegt im Ruhestand auf dem feststehenden Kontakt auf. Von diesem fließt der Strom dann im Horn zur zweiten Anschlußklemme und außerhalb des Horns von dieser Klemme zur Batterie zurück.

Der Stromverlauf kann auch genau umgekehrt sein, denn der Wicklung ist es gleich, in welcher Richtung sie vom Strom durchflossen wird — hier gibt es kein „Plus" oder „Minus" zu beachten.

Beim im Fahrzeug eingebauten Horn spielt es also keine Rolle, an welchen Anschluß die von der Sicherung kommende Leitung gelegt wird und an welchen Anschluß die Leitung zum Horndruckknopf oder -ring.

Die wichtige Isolation

Die Anschlußklemmen des Horns müssen natürlich gegeneinander und gegen das Horngehäuse isoliert sein. Besteht das Horngehäuse aus Bakelit oder ähnlichem Kunststoff, so ergibt sich das von selbst. Ist das Horngehäuse dagegen aus Blech, so werden isolierte Durchführungen verwendet. Vielleicht hat sich da was losgeschlackert? Wackeln Sie mal dran. Sie können es auch so prüfen, daß Sie das Horngehäuse aus Blech mit dem einen Batteriepol verbinden, an den anderen Batteriepol eine Prüflampe anschließen und mit dem freien Anschluß der Prüflampe die beiden Anschlußklemmen des Horns betasten. Leuchtet die Prüflampe an einer Anschlußklemme auf, so hat diese Verbindung mit dem Horngehäuse.

Der Träger des feststehenden Kontakts muß entweder selbst gegen das Horngehäuse isoliert sein oder der Kontakt muß isoliert an ihm befestigt sein, da er ja „stromführend" ist. Wäre er nicht isoliert, so würde (je nachdem, welcher Anschluß direkt an Plus liegt oder zum Horndruckknopf führt) sich entweder ein Kurzschluß ergeben und die entsprechende Sicherung

Aufgeschnittenes Horn. Der Pfeil zeigt auf die Unterbrecherkontakte, von denen einer an dem hellen Metallbügel sitzt, der andere an einem isolierten Kontaktträger. Bei nicht arbeitendem Horn liegen die Unterbrecherkontakte aufeinander.

Das aufgeschnittene, stromlose Horn mit angeschraubter Membrane. Wenn die Drahtwicklung nicht vom Strom durchflossen wird, so hat der Anker A einen relativ großen Abstand von dem Eisenkern (Pfeile).

durchschlagen, oder das Horn dauernd ertönen.

Früher hatten die Hörner einen Kondensator, doch ist dieser bei den heutigen Hörnern weggefallen. Der Kondensator hatte die Aufgabe, den Unterbrecherkontaktabbrand zu verringern, wie es ja auch beim Zündunterbrecher der Fall ist. Wenn man bedenkt, daß der Zündunterbrecher aber solange arbeiten muß wie der Motor läuft, das Horn — und damit dessen Unterbrecher — aber nur gelegentlich betätigt wird, kann man verstehen, daß man auf diesen Kondensator ruhig verzichten kann.

Wo kann der Fehler liegen?

Hat man das Horn geöffnet vor sich, so schließt man an den Anschlußklemmen zwei Kabel an, von denen man das eine mit dem einen Pol einer gut geladenen Batterie gleicher Spannung verbindet (welchen Pol man wählt, ist gleichgültig). Nun hält man das andere Kabel kurz auf den anderen Batteriepol und tippt mit einem Schraubenzieher auf den Eisenkern des Horns, wobei der

Verbindet man die Anschlußklemmen eines Horns mit den Polen einer Batterie, so schwingt der Anker im normalen Zustand hin und her und der Ton wird erzeugt. Im Fall dieses Bildes wurde die Einstellschraube für den Kontaktträger soweit angezogen, daß der Anker im angezogenen Zustand nicht mehr auf den isolierten Kontaktträger drücken und die Kontakte trennen konnte. Der Anker bleibt durch den magnetisch gewordenen Eisenkern angezogen, der Abstand vom Anker zum Eisenkern ist geringer (Pfeile).

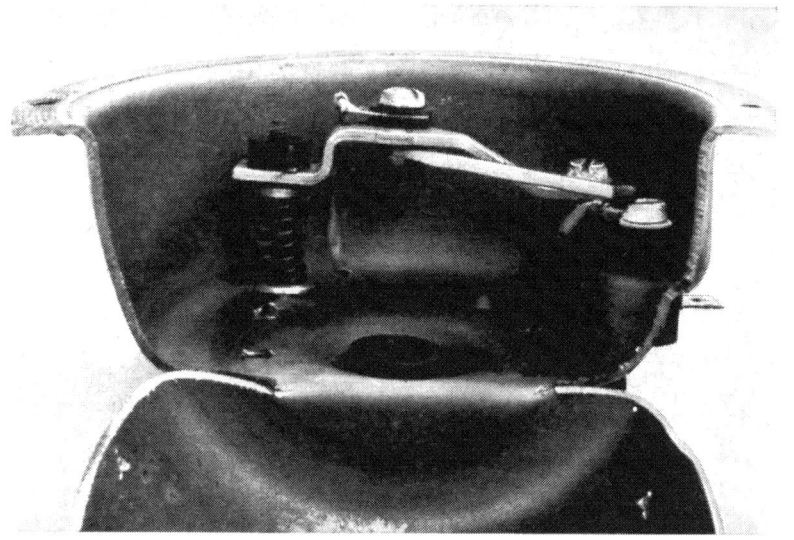

Hier wurden Wicklung und Eisenkern aus dem Horngehäuse ausgebaut, um die Einstell-Druckfeder für den Kontaktträger zu zeigen. Innerhalb dieser Schraubenfeder liegt die Schraube; die Mutter hierfür liegt in der Isolierstoffbuchse, da der Kontaktträger ja keine metallische Berührung mit dem Horngehäuse haben darf. Wie stark die Blattfeder die Unterbrecherkontakte aufeinander drückt, zeigt das Streichholz, das fast ganz zusammengequetscht wird.

Schraubenzieher von diesem angezogen werden muß. Die Unterbrecherkontakte des Horns sind ja — sofern der Federbügel nicht gebrochen ist — bei abgenommener Membrane geschlossen. Wird der Schraubenzieher nicht vom Magnetkern angezogen, so ist der Stromkreis im Horn unterbrochen.

Die Wicklung selbst hat einen so starken Querschnitt, daß eine Unterbrechung innerhalb derselben kaum in Frage kommt. Auch der Kondensator — sofern ein solcher vorhanden ist — wird kaum einen Schaden haben, da er nicht stark belastet wird. Viel eher ist es der Fall, daß eine Leitung am Unterbrecher oder am Kondensator abgebrochen ist.

Es kommt auch schon mal vor (aber sehr selten), daß die Unterbrecherkontakte stark verschmort sind und keinen Kontakt mehr miteinander haben. Fährt man mit einem Stück einer Kontaktfeile (wie sie früher für die Unterbrecherkontakte des Verteilers gebräuchlich war) zwischen den Kontakten hindurch, so kann man auch diesen Fehler normalerweise beheben. (Die

Früher wurden die Hörner mit etwas mehr Aufwand gebaut, wie dieses ältere Horn aus der Vorkriegszeit zeigt. Trotzdem – auch heute noch überdauern die Hörner in ihrer Lebensdauer meist den Wagen, wenn die ungünstigste Anbaustelle nicht sorgfältig ausgesucht wird.
(Ein kleiner Trost für die Besitzer solcher Fahrzeuge: Auch bei manchen ausländischen Wagen ist der ungünstigste Platz anscheinend durch langwierige Versuche ermittelt worden.)

Hat man bei einem angeblich defekten Horn die Steckfahnen gesäubert, so wird es in den meisten Fällen einwandfrei arbeiten. Der Pfeil zeigt auf die im Text erwähnte Einstellschraube, mit der der Hornton eingestellt werden kann.

Kontakte liegen unter starker Federspannung aufeinander und müssen — z. B. mit einem Schraubenzieher — auseinander gedrückt werden.) Wenn der Magnetkern nach diesen Kontrollen magnetisch wird, kann man das Horn wieder zusammenbauen. Ist die Dichtung zwischen Gehäuse und Membrane defekt, so schneidet man aus dünnem Dichtungspapier oder Zeichenkarton eine neue, die man vor der Montage einölt. Die Befestigungsschrauben von Zierdeckel und Membrane werden über Kreuz angezogen.

Wie stellt man den Ton ein?

Wenn das Horn in der richtigen Lautstärke und dem richtigen Klang ertönen soll, so muß der Moment, in dem der Unterbrecher vom Anker geöffnet wird, sehr genau eingestellt sein. Bei einer starren Anordnung des Unterbrechersatzes kann man das nicht erreichen; die Hörner sind deshalb von außen einstellbar.

Durch eine Schraubenfeder wird der ganze Kontaktsatz in Richtung des Ankers gedrückt, durch eine Einstellschraube kann der Kontaktsatz vom Anker abgezogen werden. Diese Einstellschraube ist auf der Rückseite des Horngehäuses zu finden.

Dreht man die Einstellschraube nach rechts, so wird der Träger, an dem die Unterbrecherkontakte sitzen, gegen eine Feder angezogen. Schließlich kommt der Punkt, an dem der vom Magnetkern angezogene Anker die Unterbrecherkontakte nicht mehr trennen kann. Beim Schließen des Stromkreises zum Horn ertönt nur noch ein einmaliges kurzes Knacken aus dem Horn, das heißt, die Wicklung des Horns wird vom Strom durchflossen und der Magnetkern zieht den Anker an, dieser kann sich aber nicht mehr vom Magnetkern lösen, da der Anker die Kontakte nicht öffnet. Die Wicklung wird jetzt solange vom Strom durchflossen, wie der Stromkreis geschlossen ist — also solange der Horndruckknopf betätigt wird oder die Leitungen direkt an den Batteriepolen angeschlossen sind.

Dreht man bei geschlossenem Stromkreis in dieser Stellung die Einstellschraube jetzt langsam nach links, so wird schließlich ein Hornton einsetzen und zunehmend kräftiger werden. Um die genaue Einstellung zu treffen, wann das Horn am lautesten ist, muß man den Schraubenzieher immer kurz wegnehmen, denn das Horn muß frei schwingen können. Durch vorsichtige Einstellung findet man bald den Punkt der größten Lautstärke.

Zur richtigen Toneinstellung wird das Horn mit seiner zugehörigen Blattfeder am Rahmen festgeschraubt oder in einen Schraubstock eingespannt. (Notfalls kann man es auch an einem Rasenmäher, einer Schubkarre oder ähnlichem anschrauben; es soll nur an einer verhältnismäßig schweren Masse befestigt sein.)

Die richtige Einstellung

Über die Hörner und Fanfaren ist noch einiges zu sagen — z. B. wieviel Hörner man am Wagen haben darf, wie laut sie sein dürfen, wann man Relais braucht, usw. Auf diese Dinge gehen wir in einem getrennten Kapitel ein.

Hier sollte nur gezeigt werden, daß die elektrischen Geräte des Wagens nicht beißen und — wenn man sich nur etwas in ihre Funktion hineindenkt — gar nicht so kompliziert sind, wie man befürchtet.

Fingerzeig: *In diesem Abschnitt und den folgenden ist häufig von „Klemmen" die Rede. Ein Laie, der das Manuskript des Buches las, stolperte gleich über diesen Ausdruck und fragte: „Was ist eine Klemme? Wo etwas festgeklemmt oder -geklammert wird?"*

Der Ausdruck „Klemme" wird heute nicht mehr wörtlich verstanden, sondern besagt nur allgemein, daß es sich um einen elektrischen Anschluß handelt, gleichgültig, wie er mechanisch beschaffen ist. Da die elektrischen Anschlüsse eine Nummer tragen, sprechen die elektrisch vorbelasteten Leute einfach von „Klemme 15", „Klemme 50" oder ähnlichem, und legen damit fest, welcher elektrische Anschluß gemeint ist.

Die Prüflampe

Das zweitwichtigste Werkzeug

Wie im Vorwort gesagt, mag die Gliederung des Buches etwas verworren erscheinen.

Wenn es sich schon um ein Selbsthilfe-Buch und nicht um ein Lehrbuch handeln soll, müßte man mit der Ursachen-Ermittlung und der Behebung von Störungen beginnen, die während der Fahrt auftreten.

Wie gleichfalls schon gesagt, sollte Ihnen das erste Kapitel aber die tiefverwurzelte Angst vor der Elektrik nehmen.

Um Störungen in der elektrischen Anlage einzukreisen, brauchen Sie nichts weiter als Ihre Intelligenz, ein paar kleine Hinweise und eine Prüflampe. Leider reichen unsere fünf Sinne nicht dazu aus, das Vorhandensein eines elektrischen Stromes oder einer Spannung festzustellen, und ohne Prüflampe ist wenig zu machen.

Selbst gemacht

Für die Arbeiten an der elektrischen Anlage des Autos besteht die einfachste Prüflampe nur aus einer Glühlampe von etwa 5 Watt (z. B. einer Schlußlicht-Glühlampe) und einem ganz normalen Kabel von etwa 50 cm Länge, dessen beide Enden abisoliert wurden. Das eine Ende hält man an den Sockel der Glühlampe, den Mittelpol der Glühlampe hält man irgendwo an die Masse des Wagens (blanke Stelle, Motorgehäuse usw.) und mit dem anderen Ende des Kabels tastet man die Klemmen ab, an denen „Strom" vorhanden sein soll. Mit einer solchen provisorischen Prüflampe kann man sich unterwegs helfen, wenn man die eigentliche Prüflampe zu Hause vergessen hat, was einem „Elektro-Experten" (und das sind Sie ja schon bald) nicht passieren sollte.

Zwar kann man sich eine Prüflampe aus einer Fassung, einer Glühlampe, zwei Kabeln mit Bananenstecker und Krokodilklemmen selbst herstellen, doch gibt es in den besseren Zubehörgeschäften fertige Prüflampen zu kaufen.

Käufliche Prüflampen sind häufig als Abtastgriffel ausgeführt, bei dem die Glühlampe geschützt in einem Metallgehäuse sitzt. Unter einer abschraubbaren Spitze sitzt eine Nadel, mit der man die Leitungsisolierung durchpicken kann und so feststellt, ob die Leitung „Strom" führt. Am anderen Ende des Kabels der Prüflampe sitzt eine Krokodilklemme.

Eine Prüflampe kann man sich natürlich auch selbst basteln, wobei man bei der einfachsten Lampe nur zwei Drähte an den Sockel bzw. den Kontakt lötet. Hier wurde eine asymmetrische Biluxlampe verwendet, deren einer Faden durchgebrannt war. Solche Glühlampen mit höherer Leistungsaufnahme sind oft erwünscht, denn sie können nur dann aufleuchten, wenn der in der Leitung liegende Schalter oder die Sicherung genügend Strom durchlassen, also kein größerer Spannungsabfall auftritt.

Bei manchen Prüflampen ist die Glühlampe direkt in einen Abtastgriffel eingesetzt und es ist nur ein freies Kabel mit Krokodilklemme vorhanden. Bei solchen Prüflampen klemmt man die Krokodilklemme an Masse und kann dann mit der Spitze des Abtastgriffels die Klemmen auf Stromführung abtasten. Unter der abschraubbaren Spitze hat der Abtastgriffel vielfach eine Nadel, so daß man isolierte Kabel „anpicken" und feststellen kann, ob sie „Strom führen".

Pannenleuchte als Prüflampe

Manchmal möchte man bei Arbeiten mit der Prüflampe beide Hände freihaben (z. B. beim Einstellen des Zündzeitpunktes). Man kann dann bei einer Prüflampe mit Abtastgriffel das Kabel an die stromführende Klemme aufklammern und den Abtastgriffel auf Masse legen, doch rutscht er meist gerade dann ab, wenn man das Aufleuchten der Prüflampe beobachten möchte.
Es ist dann nur eine Frage der Geduld und des Geldbeutels, ob man sich nicht eine zweite Prüflampe anschafft oder baut, deren beide Kabel mit Krokodilklemmen versehen sind.
Am einfachsten ist die Sache mit einer kleinen Magnethaftleuchte zu lösen, wie man sie als Pannenhilfe ja ohnehin haben sollte. Da derartige Pannenleuchten vielfach mit Zentralstecker für die Steckdose des Wagens versehen sind, besorgt man sich eine gesonderte Steckdose und schließt dort an den beiden Polen etwa 30 bis 40 Zentimeter lange Kabel an, an denen man jeweils eine Krokodilklemme anbringt. Damit man kein Kurzschluß-Feuerwerk macht, muß die Steckdose mit den Anschlüssen der beiden Verlängerungskabel isoliert werden. Beim Gebrauch als Prüflampe wird die Steckdose mit den beiden Verlängerungskabeln auf den Stecker der Magnethaftleuchte aufgesteckt. Die Magnethaftleuchte kann man dann an die Karosserie heften, die Anschluß-Krokodilklemmen an Masse und den entsprechenden Pluspol legen, so daß man beide Hände zum Arbeiten frei hat.

Die „Strom"führung

Kennen Sie den?
Ein Elektromeister soll in einer Wohnung eine Deckenleuchte aufhängen. Dazu nimmt er seinen Lehrling mit, der auf die Leiter steigt.
„Fritz, faß' mal an den linken Draht."
Fritz tut's.
„Spürst du etwas?"
„Nein, Meister."
„Gut, dann führt die andere Leitung den Saft."
Und damit wären wir schon beim Thema. „Strom führen" ist ein oft gebräuchlicher, aber nicht korrekter Begriff. Wenn man mit der Spitze einer käuflichen Prüflampe eine Leitung anpickt, so kann man feststellen, ob diese Leitung „Spannung führt". Geht man mit einer solchen Prüflampe an einen Leitungs-

Legt man eine Scheinwerfer-Glühlampe zwischen Klemme 1 der Zündspule und Masse, so wird diese durch den hohen Spannungsabfall — hervorgerufen durch den stärkeren Strom — nur schwach aufleuchten. (Sind die Unterbrecherkontakte geschlossen, so liegt an Klemme 1 des Verteilers „Masse"). Eine schwache Glühlampe wird hell aufleuchten und ein Voltmeter zeigt praktisch die volle Bordnetzspannung an. (Dieses Bild wird Ihnen auf Seite 143 noch einmal begegnen).

anschluß und leuchtet die Prüflampe auf, so sagt man, „hier liegt Spannung an".

Zwar kennen die Elektriker den Unterschied zwischen Strom und Spannung, aber aus Bequemlichkeit sagen sie oft, die Leitung „führt Strom" oder „da ist Saft drin".

Um es einfach zu erklären:

Wenn in einer Leitung ein Strom fließt, so ist ein Verbraucher an eine Lichtmaschine oder eine Batterie angeschlossen; es fließt ein Strom von der „Stromquelle" zum Verbraucher.

Tastet man mit einer schwachen Prüflampe die beiden Pole einer Batterie oder der Lichtmaschine an, so stellt man fest, daß dort „Spannung anliegt", die Prüflampe leuchtet hell auf (oder auch nicht, wenn die Batterie leer ist oder die Lichtmaschine steht). Der Stromverbrauch der schwachen Prüflampe fällt dabei nicht ins Gewicht. Bei einem Voltmeter (Spannungsmesser) ist der Stromverbrauch noch geringer, man stellt die sogenannte „Klemmenspannung" fest, das ist die Spannung, die eine unbelastete Stromquelle hat.

Legt man ein Voltmeter mit dem einen Anschluß an die Klemme 1 einer angeschlossenen Zündspule und mit dem anderen an Masse, so liegt an Klemme 1 praktisch die volle Spannung. Tastet man die Klemme 1 mit einer schwachen Glühlampe ab, so wird sie fast voll aufleuchten. Legt man dagegen eine Scheinwerfer-Glühlampe zwischen Klemme 1 und Masse, so wird diese nur noch dunkel glimmen.

Für uns gilt vorerst ganz einfach: Die Klemme 1 „führt Strom", sie hat „Saft"

Fingerzeig: *Im Abschnitt „Werkzeuge und Ersatzteile" finden Sie eine Zusammenstellung über die wichtigen „Nothelfer", aber sie sollten keine Fahrt ohne zwei bis drei Meter Kupferkabel von etwa 1 mm^2 Querschnitt und eine Rolle Isolierband antreten!*

Werkzeuge und Ersatzteile

Weitere Hilfsmittel

Was machen Sie, wenn Sie irgendwo an unzugänglicher Stelle eine Schlitzschraube einsetzen müssen, Ihnen die Schraube aber immer wieder von der Schraubenzieherklinge herunterfällt und Sie die Schraube nicht mit den Fingern der anderen Hand an ihren Platz bringen können?

Kleiner Schraubentrick

Die Elektriker haben dafür einen Schraubenzieher, der sich mit seiner Klinge im Schlitz der Schraube festkeilt, so daß die Schraube nicht abfallen kann. Sie haben einen solchen nicht oder noch nicht!
Und was machen Sie?
Ganz einfach. Sie schaben mit einem scharfen Gegenstand etwas von der Vergußmasse der Batterie ab. Drehen die Masse zu einem Kügelchen, drücken sie auf die Schraubenzieherklinge und dann die Schraube darauf. Mühelos können Sie jetzt die Schraube überall einsetzen. (Sie können sie auch nach unten halten, die Schraube klebt richtig fest.) Anstelle der Vergußmasse können Sie auch einen Kaugummi nehmen, aber der ist selten zur Hand. Bei dem früher gebräuchlichen Gewebe-Isolierband konnte man auch ein Stück Isolierband zwischen Schraubenzieherklinge und Schraubenschlitz klemmen. Trotzdem, so fest wie das Teerkügelchen hielt die Sache nie.
Diesen Trick können Sie leider aber nur bei den Batterien mit vergossenen Zellendeckeln anwenden, die neuartigen Batterien mit geschlossenen Kunststoffgehäusen sind leider nicht brauchbar.

Das käufliche Werkzeug

Man kann sich zwar eine ganz edle Ausrüstung von hochwertigem Werkzeug im Spezialladen kaufen, doch sehr wirtschaftlich ist das gerade nicht, denn schließlich arbeitet man ja nicht jeden Tag stundenlang an der elektrischen Ausrüstung. Selbst „Edelbastler" kaufen sich nicht in allen Fällen das Teuerste, sondern sind nur bei häufig gebrauchten Werkzeugen etwas wählerischer.

Schraubenzieher

Man sollte wenigstens drei Stück besitzen, mit Klingenbreiten von 4, 6 und 8 mm, weil zu schmale Klingen in breiteren Schraubenschlitzen keine genügende Anzugskraft ergeben und sie zerdrücken. Zweckmäßig sind geriffelte oder gewaffelte Klingen, da sie weniger leicht aus den Schlitzen herausrutschen. Einen Radioschraubenzieher mit 3 mm Klingenbreite für Lüsterklemmen kann man häufig auch gebrauchen.
Kreuzschlitzschrauben finden sich u. a. an Scheinwerfern, Deckgläsern von Leuchten und zur Befestigung von elektrischem Zubehör an der Karosserie. Es empfehlen sich die Schraubenzieher-Größen 1 und 2.

Das wäre so das wichtigste Werkzeug, das man benötigt. 1 = Etui mit mehreren Schraubenzieher- und Kreuzschlitzschraubenzieher-Einsätzen sowie Steckschlüsseleinsätzen, 2 = Seitenschneider, 3 = Abisolierzange (bei etwas Übung kann man darauf verzichten), 4 = Fühlerlehrensatz, wie er zur Einstellung der Unterbrecherkontakte und des Ventilspiels benötigt wird, 5 = einfache Pinzette, 6 = schmaler Schraubenzieher für die Madenschrauben der Lüsterklemmen, 7 = sogenannter Klemmschraubenzieher.

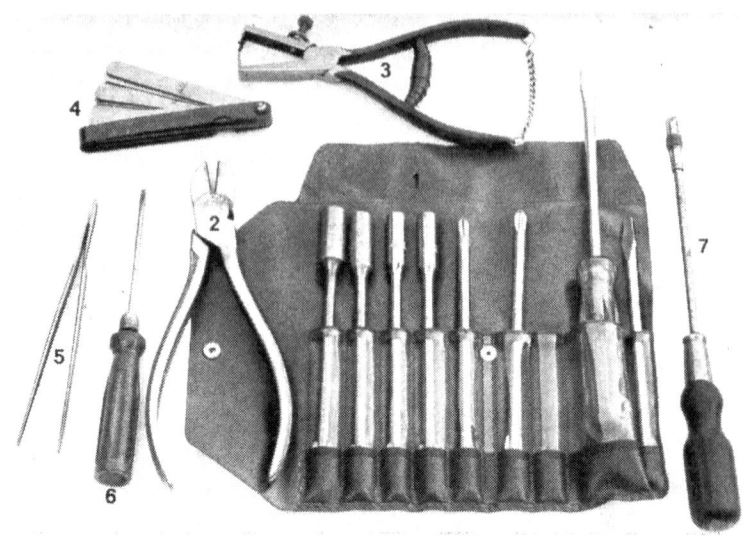

Ein Schraubenzieher mit Klemmvorrichtung zum Einsetzen von Schrauben an unzugänglichen Stellen ist zwar nicht unbedingt nötig, aber recht praktisch. (Man kann die Schraube auch mit Teer oder Kaugummi an die Klinge kleben.)

Schraubenschlüssel

Für kleinere Muttern kommt man zwar mit den gewöhnlichen Maul- oder Gabelschlüsseln in der Schlüsselweite von 7 bis 14 mm aus, doch mit Steckschlüsseln läßt sich meist besser arbeiten, so daß man sich einen Satz mit $1/4$-Zoll-Vierkant besorgen sollte, den es im Werkzeugladen, in Kauf- und Versandhäusern schon recht preiswert gibt.

Ein Trick zu Steckschlüsseln

Kleinere Muttern — etwa bis zu Schlüsselweite 14 — haben beim Abschrauben die unangenehme Eigenschaft in die Tiefe des Steckschlüssels hineinzurutschen. Wenn man sie dann wieder aufschrauben will, sitzen sie entweder am Schlüsselgrund oder haben sich vielleicht sogar quer gestellt. Meist bekommt man sie dann nur mühselig aus dem Steckschlüssel heraus, um sie von Hand wieder ansetzen zu können. Füllen Sie den Steckschlüssel so weit mit Plastilin, Kaugummi oder ähnlichem „Klebstoff", daß die in den Steckschlüssel eingelegte Mutter etwa 2 mm vom Rand des Steckschlüssels liegt. So können Sie die Mutter evtl. auch mit dem Steckschlüssel wieder auf die Schraube aufdrehen.

Die Zangen

Als erstes braucht man einen Seitenschneider. Kombizangen haben zwar auch eine Schneide, mit der man Draht abzwicken kann, doch sind sie meist zu stumpf. Die wichtigste Zange ist eine spezielle Zange zum Anquetschen von Flach- und Rundsteckern, denn mit einer normalen Kombizange oder Wasserpumpenzange bringt man den erforderlichen hohen Quetschdruck nicht auf. Quetschzangen gibt es schon in einfacher Ausführung zum Preis von 12 Mark, teurere Ausführungen kosten bis zu 30 Mark. Für unsere Zwecke reicht eine billige (siehe Seite 68). Daneben ist eine einstellbare Abisolierzange recht zweckmäßig. Man kann die Isolierung auch mit dem Seitenschneider abtrennen, ohne die Kupferseele einer Leitung zu beschädigen, aber dazu gehört schon etwas Übung, Abisolierzange also doch zu empfehlen.

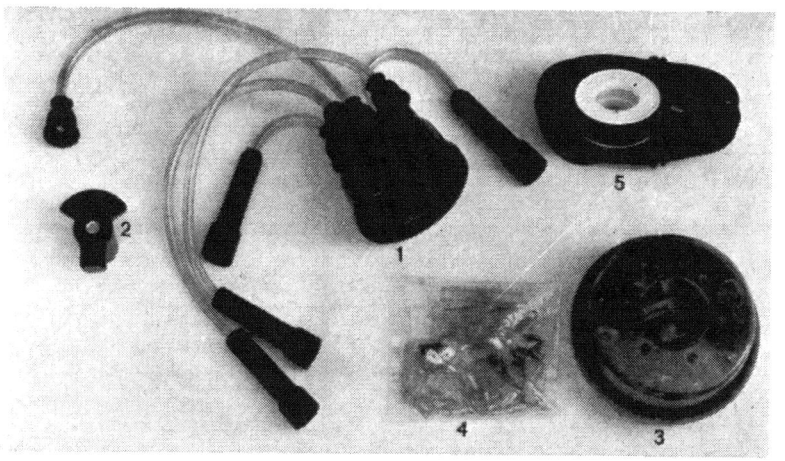

Ersatzteilzusammenstellung für gehobene Ansprüche. 1 = Verteilerkappe mit passenden Zündkabeln und Kerzensteckern, 2 = passender Verteilerläufer fürs Auto, 3 = Glühlampenersatzkasten, 4 = Beutel mit verschiedenen Steckern und Steckverbindern für Leitungsarbeiten, 5 = einige Meter Kupferleitung von wenigstens 1,5 mm² und 1 Rolle Isolierband. Der Lampenersatzkasten gehört auf jeden Fall ins Auto. Der Verteilerläufer ist nicht so teuer, daß man ihn nicht als Reserve mitführen kann.

Sonstiges

Zum korrekten Einstellen des Unterbrecher-Kontaktabstandes braucht man noch eine Fühlerlehre, die dem Kontaktabstand Ihres Wagens entspricht, also z. B. 0,4 mm. Da Sie aber vielleicht auch die Ventile an Ihrem Wagen selbst einstellen, ist ein Fühlerlehrensatz günstiger, denn dort hat man meist die Stärken von 0,05 bis 0,5 mm vereinigt.

Je nachdem, wie der Zündkerzenschlüssel aus dem Bordwerkzeug beschaffen ist, sollte man doch vielleicht einen besseren kaufen, der möglichst in der Länge verstellbar ist und eine Gummieinlage oder Federn zum Festhalten der Zündkerze hat.

Welche Ersatzteile mitführen?

Einige Meter Kupferleitung verschiedenen Querschnitts, eine Auswahl der am Wagen gebräuchlichen Flach- und Rundstecker, einige Steckverbinder und Lüsterklemmen.

Beim Isolierband hat man die Wahl zwischen Kunststoffband und dem gewöhnlichen Textilband mit Gummiimprägnierung. Das Kunststoffisolierband ist sauberer, läßt sich aber bei Kälte schlechter verarbeiten.

Einen für Ihren Wagen passenden Sicherungssatz und einen Ersatzkasten mit den passenden Glühlampen.

Das wäre das Notwendigste. Als vorsichtiger Mensch sollten Sie aber einen für Ihren Wagen passenden Verteilerläufer dabei haben, denn wenn er defekt ist, kann man nichts mehr improvisieren.

Mit Uhu oder Nagellack kann man Kriechfunkenstrecken an der Zündspule oder in der Verteilerkappe notfalls isolieren. Ein Zündkerzensatz ist auch empfehlenswert, während ein Unterbrecherkontaktsatz eigentlich nur bei Auslandsreisen unbedingt ratsam ist.

Die Zündkerzenkabel

Eigentlich scheint ein ganzer Zündkerzenkabelsatz überflüssig. Wie aber im Abschnitt „Der Motor hat Zündaussetzer" noch gesagt wird, kann man mit entstörten Zündkabelsätzen die unangenehmsten Überraschungen erleben. Nicht nur die Entstörkabel mit Grafitseele oder Widerstandsdraht können der Zündspannung den Weg zu den Zündkerzen erschweren, auch die normalen Zündkabel mit Entstörstecker, wenngleich die Entstörstecker weniger häufig defekt werden.

Wenn der Motor unter Zündaussetzern leidet, hat man durch Austauschen

Diese Leuchtbrille ist im Zubehörhandel für rund 10 DM erhältlich. Bei Arbeiten im Dunkeln braucht man keine Taschenlampe in den Mund zu nehmen, um das Licht an der richtigen Stelle zu haben, und trotzdem mit beiden Händen arbeiten zu können. Wenn man die Brille im Handel nicht erhält, so kann man sich beim Importeur, der Firma Interconti, Heilbronn, Postfach 148, nach einer Bezugsquelle erkundigen.

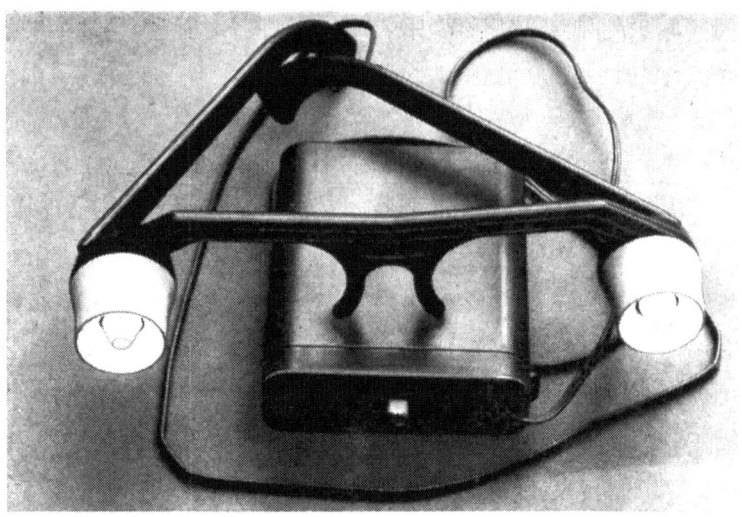

des Zündkabelsatzes mit wenigen Handgriffen eine Störquelle mit Sicherheit ausgeschaltet.

Einen passenden Zündkabelsatz mit Entstörsteckern kann man meist fertig kaufen, kann ihn sich aber auch selbst anfertigen, wie es im Abschnitt „Arbeiten an Leitungen und Steckern" beschrieben ist.

Das leuchtende „Nasenfahrrad"

Zum Schluß noch ein sehr praktisches Hilfsmittel: Eine Leuchtbrille. An einem Brillengestell sind zwei kleine Leuchten angebracht, die aus einem Batterieetui gespeist werden. Hat man dieses „Nasenfahrrad" aufgesetzt, so fallen die Lichtstrahlen genau dorthin, wo man hinblickt, man hat bei Dunkelheit also beide Hände zur Arbeit frei.

Der Motor setzt plötzlich aus

Schreck auf der Landstraße

Sie fahren mehr oder weniger vergnügt mit ihrem Wagen dahin. Ohne jede Vorwarnung stellt der Motor plötzlich seine Arbeit ein. Er stottert nicht, er arbeitet nicht mit verminderter Leistung, er hat einfach ausgesetzt und wird durch den Schwung des Wagens angetrieben.

Das schlagartige Aussetzen des Motors hat die Fehlermöglichkeiten schon soweit eingeschränkt, daß Sie für die Diagnose nur noch wenige Handgriffe machen müssen.

Kein Benzin mehr? Kraftstoffleitungen gebrochen? Benzinpumpe defekt? Vergaserdüsen verstopft?

All diese Überlegungen können Sie sich fast immer schenken. Wenn ein Motor aus heiterem Himmel während der Fahrt schlagartig aussetzt, so kann es mit Sicherheit nur die Zündung sein. (Selbst bei schneller Fahrt auf der Autobahn und entsprechend hohem Kraftstoffverbrauch wird sich der Motor bei Störungen in der Kraftstoffzufuhr fast immer durch einige „Stotterer" anmelden.)

Mit dem noch verfügbaren Schwung können Sie nach dem Auskuppeln meist noch eine Stelle erreichen, wo Sie den nachfolgenden Verkehr nicht stören. Beim Ausrollen nach rechts schalten Sie den Blinker ein.

Erstens um die Nachfolger zu warnen.

Zweitens um die erste Prüfung vorzunehmen.

Wenn der Blinker arbeitet, so haben Sie schon festgestellt, daß sich die Batteriekabel nicht gelöst haben, daß Strom zum Zündschloß gelangt und an der Klemme, an der das Kabel zur Zündspule angeschlossen ist, wieder austritt, denn an dieser Klemme ist auch der Blinker angeschlossen.

Beginn der Fehlersuche

Bei einem plötzlichen Aussetzen des Motors gilt der erste Blick dem Hauptzündkabel zwischen der Zündspule und dem Mittelanschluß des Verteilers. Sitzt es richtig in den Anschlüssen? Sind die Primärleitungen vom Zündschloß an Klemme 15 der Zündspule und Klemme 1 von der Zündspule zum Verteileranschluß in Ordnung oder vielleicht abgebrochen?

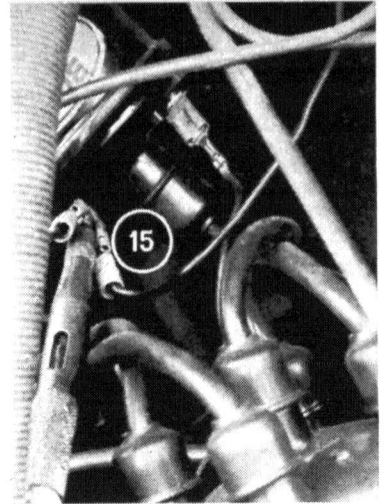 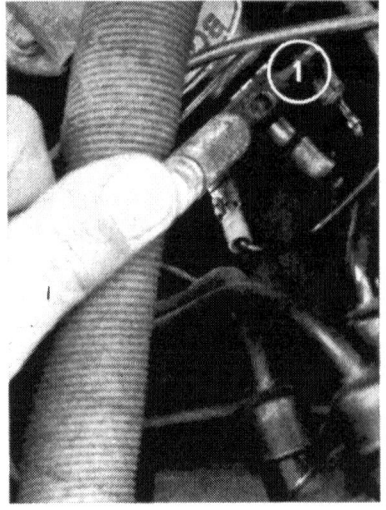

Links: Bei eingeschalteter Zündung tastet man mit der Prüflampe, deren einer Pol an Masse liegt, zuerst Klemme 15 der Zündspule ab. Die Prüflampe muß aufleuchten.

Rechts: Anschließend wird die Klemme 1 an der Zündspule und evtl. am Verteiler abgetastet. Auch hier muß die Prüflampe aufleuchten, doch kann sie das nur, wenn die Unterbrecherkontakte geöffnet sind. Entweder dreht man den Motor so weit durch, daß sich die Unterbrecherkontakte öffnen, oder man klemmt zwischen die Unterbrecherkontakte ein Stück **Papier**.

Nach dem Anhalten öffnen Sie die Motorhaube. Jetzt gibt es zwei Möglichkeiten:

1. Sie wissen in großen Zügen darüber Bescheid, wie eine Zündanlage arbeitet und kennen die einzelnen Teile.
2. Die Zündanlage ist für Sie ein Buch mit sieben Siegeln und Sie wissen nicht, was die einzelnen Teile zu bedeuten haben und wie man sie nennt. (Dann müssen Sie allerdings zuerst im übernächsten Kapitel nachschlagen.)

Die jetzt folgenden Prüfungen brauchen nicht in der Reihenfolge vorgenommen zu werden in denen sie beschrieben sind. Die Reihenfolge ist mehr von der bequemen Arbeit und der guten Zugänglichkeit der einzelnen Aggregate abhängig, als von der Wahrscheinlichkeit, mit der ein Fehler auftreten kann. Auch die unterschiedliche Anordnung der Aggregate bei den verschiedenen Fahrzeugtypen spielt eine Rolle.

Genau hinsehen

Zuerst machen Sie eine einfache Sichtkontrolle. Steckt das Haupt-Zündkabel richtig in der Zündspule und dem Verteiler?

Liegt es nicht (falls überhaupt möglich) auf dem heißen Auspuffrohr an und die Isolierung ist durchgeschmort?

Sind die Leitungen an Klemme 1 und 15 der Zündspule nicht abgebrochen? Verteilerkappe abnehmen und nachsehen, ob Verteilerläufer richtig sitzt und nicht ausgebrochen oder verbrannt ist.

 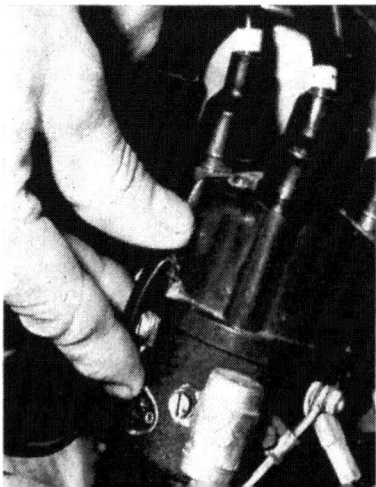 

Links: Die Klemmfedern für die Verteilerkappe kann mit der Daumen- oder Fingerspitze leicht seitlich abklappen.

Rechts: Damen, die zu wenig Kraft in den Fingern haben, können allerdings auch eine Schraubenzieherklinge zum Abklappen der Klemmfedern benutzen.

So klemmt man bei abgenommener Verteilerkappe und geschlossenen Unterbrecherkontakten einen Papierstreifen zwischen die Kontakte und jetzt müssen die Klemmen 1 und 15 der Zündspule bei eingeschalteter Zündung unter Spannung stehen, was man mit der Prüflampe kontrolliert.

Ist die Unterbrecherfeder nicht gebrochen, der auf dem Verteilernocken gleitende Schleifklotz noch vorhanden und läßt sich der Unterbrecherhebel noch bewegen oder sind die Unterbrecherkontakte geöffnet, weil die Isolierbuchse des Unterbrecherhebels plötzlich auf ihrem Lagerbolzen gefressen hat und sich der Hebel nicht mehr bewegt?
Hat sich nicht plötzlich die Schraube der Unterbrechergrundplatte gelöst, so daß der ganze Unterbrechersatz zur Seite geschwenkt wurde und sich die Kontakte nicht mehr öffnen können?
Dreht sich die Verteilerwelle überhaupt noch, wenn Sie den Motor am Keilriemen drehen oder den Wagen (bei eingelegtem 4. oder 3. Gang) hin- und herrucken?
Manche dieser Hinweise mögen etwas an-den-Haaren-herbeigezogen wirken, aber Sie können sich kaum vorstellen, was da alles passiert.
Erst dann, wenn nach dem Augenschein alles in Ordnung ist, greifen Sie zur Prüflampe, legen den einen Pol an Masse und beginnen mit der Kontrolle durch die Prüflampe.
Daß hierbei die Zündung eingeschaltet sein muß, ist wohl selbstverständlich.

Suche mit der Prüflampe

Leuchtet die Prüflampe an der Klemme 15 der Zündspule nicht auf, so braucht man, wie gesagt, nicht weiter zu suchen. Irgendwo auf dem Weg vom Zündschloß zur Zündspule ist die Leitung unterbrochen. Sofern die Leitung an Klemme 15 der Zündspule selbst gebrochen ist, braucht man sie nur wieder anzuschließen und der Motor wird wieder anspringen.
Das „Wiederanschließen" ist leichter gesagt als getan, denn die modernen Flachsteckverbindungen sind zwar sehr nützlich (nämlich für den Geldbeutel der Fahrzeughersteller), aber praktisch für den Autofahrer sind sie nicht. Bei den altertümlichen Schraubanschlüssen konnte man die Mutter lösen, aus der abisolierten Leitung eine Öse drehen und das Kabel wieder unter die Mutter klemmen. Die modernen Flachsteckzungen besitzen zwar in der Mitte ein Loch (hier federt eine Nase des Flachsteckers ein), doch ist dieses Loch leider so klein, daß man keine Litze mit normalem Querschnitt hindurchführen kann. Ohne weitere Hilfsmittel kann man die Leitung nur um die Flachsteckzunge herumlegen und gut verdrehen. Besser ist es, wenn man sie wenigstens mit etwas Isolierband sichert. Noch besser: Sie lesen im Abschnitt „Strippensalat" nach, wie man sich ausrüstet.

Hilfsleitung ziehen

Wenn die Zuleitung zur Klemme 15 der Zündspule auf der sichtbaren Länge in Ordnung ist, aber trotzdem kein „Strom" ankommt, so muß man eine provisorische Leitung von einem Pluspol zur Klemme 15 der Zündspule ziehen.

(Auf der Straße eine neue Leitung vom Zündschloß zur Zündspule ziehen, verlangt im allgemeinen soviel Zeit und Körperverrenkungen, daß man sich diese Qual nicht antun sollte. Das Provisorium kann man zu Hause mit wesentlich mehr Ruhe abstellen oder abstellen lassen.)

Sitzt die Batterie im Motorraum, so greift man die Zuleitung am Pluspol der Batterie ab, man klemmt das provisorische Kabel zur Zündspule entweder mit dem dicken Anlasserkabel in die Batterieklemme oder wickelt die lang genug abisolierte Leitung herum. Vorsicht, daß das blanke Ende des provisorischen Kabels nicht an Masse kommt — gegebenenfalls Isolierband herumwickeln. Das provisorische Kabel darf auch nicht auf dem heißen Auspuff aufliegen oder sich in den Ventilatorflügel verwickeln können!

Wenn die Batterie weit entfernt von der Zündspule angeordnet ist, so kann man schlecht ein Kabel an ihr anschließen und man muß eine andere Pluszuführung suchen. Nehmen Sie die Prüflampe zu Hilfe und tasten Sie alle erreichbaren Klemmen bei eingeschalteter Zündung daraufhin ab, ob sie Strom führen. Die Prüflampe muß dabei genau so hell aufleuchten, wie sie es tut, wenn sie direkt an die beiden Batteriepole angeschlossen wird.

Manche Klemmen sind unbrauchbar. Notfalls käme ein Anschluß an die Plusklemmen für die Rück- oder Standleuchten in Frage. Natürlich muß dann während der Fahrt das Standlicht eingeschaltet werden, damit die Zündspule Strom erhält.

Da die Möglichkeiten für einen direkten Plusanschluß bei den verschiedenen Fahrzeugen recht unterschiedlich sind, muß ich die Suche danach auch Ihnen etwas überlassen.

Motor abstellen

Wenn Sie den Motor nach solch einer provisorischen Verbindung abstellen wollen, müssen Sie die Verbindung trennen. Vorsicht, daß das Kabel — wenn Sie es an der Zündspule lösen — nicht an Masse kommt und einen Kurzschluß erzeugt!

Sofern Sie das provisorische Pluskabel zur Zündspule an das Stand- oder Schlußlicht angeschlossen haben, brauchen Sie nur das Standlicht auszuschalten, um den Motor abzustellen. Anschließend dürfen Sie das Standlicht in der Dunkelheit bei eingestelltem Wagen aber nicht einfach wieder einschalten, denn nicht alle Zündspulen sind dauerstromsicher — auch hier muß die provisorische Verbindung dann wieder getrennt werden.

Ob die Zündspule bei einwandfreier Primärwicklung (Spannung an den Klemmen 1 und 15) überhaupt eine ausreichende Zündspannung liefert, kann man feststellen, wenn man das Hauptzündkabel aus der Verteilerkappe abzieht und etwa 8 bis 10 mm von einem an der Masse liegenden Teil hält. Natürlich darf man das Zündkabel nicht an der metallischen Kabelkralle anfassen wie es im Bild gezeigt ist, sonst bekommt man bei eingeschalteter Zündung und öffnenden Unterbrecherkontakten einen kräftigen Schlag.

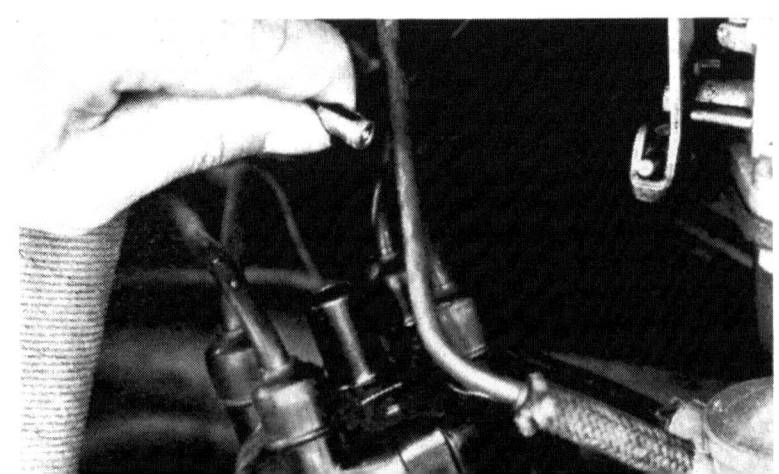

Links: Nach dem Aufsetzen der Verteilerkappe werden die Klemmfedern einfach wieder seitlich angedrückt, wobei man die Verteilerkappe mit der anderen Hand festhält, damit sie nicht abkippen kann.
Rechts: Die Verteilerkappe kann man nicht verkehrt aufsetzen, denn am Verteilergehäuse sitzt meist eine Nase und in der Verteilerkappe befindet sich eine entsprechende Aussparung bzw. umgekehrt.

Arbeitete der Blinker beim Rechtsheranfahren nicht, so ist der Fall ziemlich klar — die Stromzuführung zum Zündschloß ist mit großer Wahrscheinlichkeit unterbrochen. Wenn das zutrifft, ist der Fall häßlicher, denn — sofern es sich um einen Wagen handelt, der durch Drehen des Zündschlüssels angelassen wird — bezieht auch der Magnetschalter des Anlassers seinen Strom vom Zündschloß. Sie können den Wagen also nicht mehr mit dem Zündschlüssel starten. Eine provisorische Kabelverbindung zur Zündspule sorgt zwar dafür, daß die Zündung wieder arbeitet, doch zum Anlassen müssen Sie entweder eine Hilfsleitung zum Anlasser-Magnetschalter ziehen oder den Wagen anschieben.

Es kommt kein Strom zum Zündschloß

Sofern man zu Beginn der Prüfungen feststellt, daß die Prüflampe bei eingeschalteter Zündung an Klemme 15 der Zündspule aufleuchtet, tastet man als nächstes die Klemmen 1 an der Zündspule und dem Verteiler ab. Diese Klemmen können aber nur dann stromführend sein, wenn die Unterbrecherkontakte geöffnet sind. Bleibt die Prüflampe dunkel, so nimmt man die Verteilerkappe sowie evtl. den Verteilerläufer ab und klemmt ein Stück Papier oder ein Streichholz zwischen die Unterbrecherkontakte, so daß sie voneinander isoliert sind. Die Prüflampe muß jetzt an den Klemmen 1 der Zündspule und des Verteilers aufleuchten.

Leuchtet die Prüflampe an den Klemmen 1 nicht auf, so überlegt man weiter: Kommt vielleicht der Anschlußdraht des Kondensators an Masse? Es ist allerdings sehr unwahrscheinlich, daß dieser Fehler während der Fahrt schlagartig auftritt. Bei Arbeiten am Zündverteiler kann der Anschlußdraht aber schon einmal so verbogen worden sein, daß er am Verteiler oder Kondensator anliegt und sich die Isolierung allmählich durchscheuert; wie gesagt, sehr seltener Fehler.

Verteileranschlüsse in Ordnung

Ist die Durchführung des Anschlusses von Klemme 1 am Zündverteiler in Ordnung? Früher war die Isolation aus Bakelit, das bei starkem Anziehen der Mutter brechen und dann im Laufe der Zeit verloren gehen konnte. Heute ist die Buchse meist aus Nylon, so daß der Fehler kaum noch auftritt.
Hat sich die Mutter, unter der Flachsteckerzunge und Kondensatoranschluß festgeklemmt sind, gelöst?
Bei Zündverteilern, an denen das Kabel von der Zündspule zum Verteiler angeschraubt und nicht mit einem Stecker befestigt ist, können sich die Mutter zur Befestigung der Durchführungsschraube und die Mutter für das Kabel gleichzeitig gelöst haben.

Wenn bei eingeschaltetem Zündschalter an Klemme 15 der Zündspule kein Strom ankommt, so kann man annehmen, daß entweder das Zündschloß oder die Zuleitung defekt ist. Einen provisorischen Plusanschluß kann man an der Klemme B + des Reglers vornehmen. Diese Klemme steht auch bei ausgeschalteter Zündung immer unter Spannung und von hier zieht man eine Behelfsleitung zur Klemme 15 der Zündspule (Pfeil).

(Es soll keiner sagen, das könnte nicht gleichzeitig geschehen, ich habe einen solchen Fall vor einigen Jahren auf der Autobahn erlebt. Hier kam die Durchführungsschraube an das Verteilergehäuse, so daß die Klemme 1 des Verteilers immer an Masse lag. Natürlich wird die Primärwicklung der Zündspule hierbei dauernd von Strom durchflossen, der Unterbrecher ist kurzgeschlossen und es kommt kein Zündfunke mehr zustande. Leider habe ich dabei vergessen zu fragen, ob das schlagartig geschah oder sich durch Zündaussetzer angemeldet hat. Da der Gedanke zu diesem Buch neueren Datums ist, lasse ich mir erst seit einiger Zeit den Verlauf einer Störung genau erzählen.)

Auf jeden Fall könnte eine gelockerte Schraube zum schlagartigen wie zu „stotternden" Aussetzern führen.

Es besteht vielleicht noch die Möglichkeit, daß der Kondensator „durchgeschlagen" ist, obwohl ich einen solchen Fall noch nicht kennengelernt habe. Wenn man also trotz allen Suchens zwar „Strom" an Klemme 15 der Zündspule hat, an den Klemmen 1 der Zündspule und des Verteilers aber nicht, so klemmt man die Leitung von der Klemme 1 des Verteilers zum Kondensator ab und prüft dann noch einmal.

Störungen durch Wasser

Wenn der Motor beim Durchfahren einer Wasserpfütze schlagartig wegbleibt, ist die Diagnose klar, es ist Wasser auf den Verteiler oder die Zündspule gespritzt und der Zündstrom fließt jetzt direkt zur Masse.

(Es gibt immer noch Wagen, bei denen Zündspule und Verteiler nicht genügend gegen Spritzwasser geschützt sind.)

Man wischt Zündspulen-Oberteil, die Verteilerkappe innen und außen sowie die Zündkabel trocken.

Der Motor wird jetzt in den meisten Fällen sofort wieder anspringen.

Tut er das nicht, so „kriecht" der Zündfunken immer noch weg. Die Ursache sind Kriechfunkenstrecken an der Isolierkappe der Zündspule oder innerhalb der Verteilerkappe. Was man hier tun kann, lesen Sie im Abschnitt „Zündaussetzer".

Der Motor hat Zündaussetzer
Weitere Überraschungen

Wenn der Wagen während der Fahrt zu „stottern" beginnt, kann es entweder an der Kraftstoffversorgung oder an der Zündung liegen. Ganz genau kann man das fast nie unterscheiden, wenn man die unterschiedlichen Fehler noch nicht erlebt hat.

Die Störungsmerkmale

Bleibt der Motor kurzzeitig ganz weg, um dann schlagartig mit voller Kraft wieder einzusetzen, ist es meistens (aber nicht ganz sicher) die Kraftstoffanlage. Auch bei „Schaukelpferdbewegungen" (kurzes Ziehen und Zurückbleiben des Motors) dürfte der Fehler in der Kraftstoffanlage zu suchen sein. Da sich dieses Buch aber mit der Elektrik im Auto befaßt, soll vorausgesetzt werden, daß die Kraftstoffversorgung in Ordnung ist.
Bei dieser Art von Fehler — den Zündaussetzern — fährt man ebenfalls an einer Stelle rechts heraus, an der man den nachfolgenden Verkehr nicht behindert.
Das „Stottern" des Motors erweckt zuerst einmal den Verdacht auf einen Wackelkontakt. Man stellt den Motor also nicht ab, sondern läßt ihn im Leerlauf weiter arbeiten. Nach dem Öffnen der Motorhaube wird aber zuerst die Zündspule auf eine Kriechfunkenstrecke überprüft. Die Zündspule kann ewig lang mit einer solchen Kriechfunkenstrecke arbeiten, die sich im Laufe der Zeit durch Schmutz und Feuchtigkeit eingegraben hat. (Die Zündspannung kriecht dann ganz oder teilweise aus dem inneren Anschluß heraus über den Isolierstoff zur Masse bzw. der Klemme 1 oder 15. Kommt Wasser auf die Zündspule — z. B. beim Durchfahren einer Pfütze — so wird die Zündung ganz aussetzen. Siehe auch Bilder in vorderer Umschlagklappe.)

Zündaussetzer durch Luftfeuchtigkeit

Irgendwann wird sich die Kriechfunkenstrecke aber auch unter anderen Umständen bemerkbar machen. Es kann durchaus der Fall sein, daß die Zündaussetzer immer dann auftreten, wenn Sie an einer nebligen Wiese vorbeifahren oder ein Waldstück passieren, in dem die Luftfeuchtigkeit höher ist. (Wenn Sie zufällig beobachtet haben, ob die Zündaussetzer mit diesen Veränderungen der durchfahrenen Strecke zusammenhängen, so haben Sie schon festgestellt, daß der Fehler nur auf der Hochspannungsseite zu suchen ist.)
Eine Zündspule mit einer solchen Kriechfunkenstrecke kann man ohne weiteres dadurch „reparieren", daß man die Kriechspur mit einem Taschenmesser oder ähnlichem so tief ausschabt, daß man wieder auf „gesundes Fleisch" kommt.

Wenn die Klemme 1 am Verteiler nicht richtig festsitzt, so können sich durch den Wackelkontakt natürlich ebenfalls Zündstörungen ergeben. Trotzdem, mit Gewalt sollte man die Befestigungsmutter nicht anziehen, da sonst die Isolierbuchse im Verteiler zerstört werden kann. Rechts: Oben eine Isolierbuchse aus Bakelit, die bei zu starkem Anziehen der Befestigungsmutter häufig zerbrach. Darunter die heute meist verwendeten Isolierbuchsen aus Nylon, die wesentlich widerstandsfähiger sind und nicht zerdrückt werden können.

Zu Hause brauchen Sie die Zündspule nicht gegen eine neue auszutauschen. Sie kaufen sich bloß für alle Fälle eine neue. Vielleicht fahren Sie dann — wie es bei mir nach solch einem Schaden der Fall war — noch fünf Jahre oder länger mit der „reparierten" Zündspule herum. Nach einem solchen Schaden werden Sie dann aber immer daran denken, die Oberfläche der Zündspule sauber zu halten und gelegentlich abzuputzen. Die heute hergestellten Zündspulen haben meist einen Isolierdeckel aus Polyesterpreßmasse. Hier ergeben sich keine Brandkanäle durch Kriechfunken. Wenn man eine neue Zündspule kauft, sollte man eine solche mit Polyester-Isolierdeckel verlangen.

Liegt ein Wackelkontakt vor?

Wenn die Zündspule äußerlich in Ordnung ist, wackelt man einmal an allen erreichbaren Klemmen und Leitungen der Zündanlage, also am Hauptzündkabel an der Zündspule und Verteiler, an den Leitungsanschlüssen von Klemme 15 und 1 der Zündspule, an der Klemme 1 des Verteilers, an der Verteilerkappe selbst und eventuell auch an den Zündkerzenkabeln.

Verstärken sich hierbei die Zündaussetzer, so hat man den Fehler ziemlich schnell gefunden, aber leider ist das sehr selten. Entweder wird die betreffende Mutter nachgezogen, der Stecker abgezogen und wieder aufgeschoben, die Leitung ersetzt usw.

Ändert sich der Motorlauf bei diesen Handgriffen aber nicht, so würde ich ein provisorisches Kabel vom Pluspol der Batterie zur Klemme 15 der Zündspule ziehen, weiterfahren und darauf warten, daß die Störungen wieder beginnen. Schließlich kann ja auch ein Wackelkontakt im oder am Zündschloß liegen, der nach Anschluß des provisorischen Kabels aber verschwinden würde. Wo die Unterbrechung liegt, kann man dann in Ruhe zu Hause feststellen.

Ist nach dieser „Probefahrt" noch immer „der Wurm drin", so muß man sich überlegen, ob der Fehler so störend ist, daß er unbedingt behoben werden sollte oder ob man notfalls noch weiterfahren kann.

(Wenn man auf einer Urlaubsfahrt ist, genügend Zeit und schönes Wetter hat, kann die Suche nach der Störung recht unterhaltsam sein. Aber das ist Geschmacksache.)

Natürlich kann der Fehler — wie beim schlagartigen Aussetzen — entweder auf der Primärseite oder auf der Sekundärseite liegen.
Einen allgemeingültigen Fahrplan zur Störungssuche kann man auch hier nicht bringen. Ich muß Ihnen sagen, wie ich vorgehen würde, wobei die Handgriffe und Überlegungen davon diktiert sind, wo ich die Fehler am häufigsten erlebt habe.
Sofern die Zündspule keine Kriechfunkenstrecke hat, kann man sie mit gutem Gewissen vergessen, denn Fehler in der Sekundärwicklung sind überaus selten, Fehler in der Primärwicklung kommen so gut wie gar nicht vor.

Starre Suchmethode taugt nichts

Nach dem erneuten Anhalten wird der Motor stillgesetzt und jetzt nimmt man zuerst die Verteilerkappe ab. Hat sie eventuell Kriechfunkenstrecken zwischen der Mittelelektrode und den einzelnen Seitenelektroden bzw. zwischen den letzteren?
Diese Kriechfunkenstrecken können sich langsam im Laufe der Zeit gebildet haben, ohne daß sie sich bisher bemerkbar machten. Sie können sich gerade auf dieser Fahrt soweit vertieft haben, daß sie die Störung verschuldeten. Auch hier kann wieder die schwankende Luftfeuchtigkeit die zeitweilige Störung verursachen.
Auch eine solche Kriechfunkenstrecke in der Verteilerkappe kann man ausschaben, so daß die Verteilerkappe wieder richtig arbeitet. Eine solche Verteilerkappe sollte man aber sobald wie möglich durch eine neue ersetzen. Sie wollen ja nicht (wie ich) wissen, wie lange sie noch bis zur nächsten Störung hält. (Bei mir haben zwei derartig „reparierte" Verteilerkappen noch vier bzw. sechs Wochen gehalten, bis das Elend von neuem los ging.) Für viele Verteiler gibt es neuerdings Verteilerkappen aus Polyester, die gegen solche Kriechfunkenstrecken weitgehend unempfindlich sind. Während die Verteilerkappen aus Bakelit meist etwas stumpffarbig wirken, sind solche aus Polyester in ihrer Farbe kräftiger. Im Vergleich zu Bakelitkappen sind Polyesterkappen fühlbar schwerer.
In der Mitte der Verteilerkappe sitzt innen eine Schleifkohle, die von einer Feder auf den Verteilerläufer gedrückt wird. Diese Schleifkohle muß noch vorhanden sein. Zwar sitzt die Schleifkohle mit einer Nut in einer Windung der Schraubenfeder und wird so von dieser gehalten, doch kann sie mal beim unvorsichtigen Trockenwischen der Verteilerkappeninnenseite verlorenge-

Die Verteilerkappe

Beim Abnehmen der Verteilerkappe muß man darauf achten, daß die Schleifkohle, die auf den Verteilerläufer drückt, nicht verloren geht.
Zwar ergibt sich durch die verlorene Schleifkohle kein Zündaussetzer, sondern höchstens eine Zündstörung, aber die Feder kann den Verteilerläufer anfräsen.

Rechts im Bild ein Verteilerläufer, der durch die Schraubenfeder der Schleifkohle angefräst wurde. Hier nützt es nichts, wenn man nur eine neue Schleifkohle einsetzt, sondern man muß auch einen neuen Verteilerläufer verwenden. Die Riefen im Messingblech des Verteilerläufers fräsen die Schleifkohle ab und im Laufe der Zeit wird die Verteilerkappe innen mit Kohlestaub überzogen, so daß sich jetzt wirkliche Zündstörungen ergeben können.

gangen sein. Die Schraubenfeder drückt nun direkt auf das Messingblech in der Mitte des Verteilerläufers, wobei sich in der ersten Zeit noch keine Zündstörung ergibt. Nach und nach kann die aus Stahl bestehende Schraubenfeder aber das dünne Messingblech des Verteilerläufers buchstäblich durchfräsen, so daß es dann zuerst zum zeitweiligen, und nach und nach zum vollkommenen Aussetzen der Zündung kommt.

Der Verteilerläufer

Als nächster Sündenbock kommt der Verteilerläufer selbst in Frage. Nachdem die Fernentstörung der Zündanlage vorgeschrieben wurde, erhielten die Zündkerzenkabel zuerst am kerzen- und verteilerseitigen Ende Entstörstecker. Später kam man dann dahinter, daß man am Verteiler ja nur einen Entstörwiderstand im Verteilerläufer braucht, da die störende Zündspannung nacheinander immer nur zu einem Zündkabelanschluß überspringt.

Der entstörte Verteilerläufer wurde „erfunden" und eine neue Störungsquelle. Der aus Draht bestehende Entstörwiderstand kann ganz ausgebrannt sein, was man auf den ersten Blick sieht, er kann aber auch einen von außen nicht sichtbaren Fehler haben.

Schließlich können auch noch Funken direkt vom Mittelpol des Verteilerläufers zum Rand kriechen und von dort zeitwillig zu einer Elektrode in der Verteilerkappe überspringen, weil dieser Weg für die Hochspannung bequemer sein kann, als der durch den Entstörwiderstand.

Übrigens, sitzt der Verteilerläufer wirklich richtig und fest auf dem Verteilernocken? Wackeln Sie mal leicht daran! Vielleicht ist er gebrochen oder ausgebrochen! Sie brauchen dann nicht unbedingt auf die Werkstatt zu schimpfen, die die letzte Inspektion durchgeführt hat.

Ich war dabei, als man bei einem Wagen, der zur ersten Inspektion in die Werkstatt kam, einen solchen ausgebrochenen Verteilerläufer entdeckte. Da der Besitzer des Wagens denselben gerade vom Werk geholt und sofort eine Urlaubsreise angetreten hatte, in deren Verlauf er die erste Inspektion durchführen ließ, war es glaubhaft, daß er noch nie einen Handgriff daran getan hatte, zumal er sich gerade auf der Hochzeitsreise befand. (Und da faßt man kaum solche Dinge wie einen Verteilerläufer an.)

Der Verteilerläufer war also im Werk so eingebaut worden. (Bruchstücke des ausgebrochenen Verteilerläufers lagen nicht im Verteiler.)

Nach diesen Verteilerläufer-Erlebnissen werden Sie einsehen, daß ein Reserve-Verteilerläufer nicht zu verachten ist!

Sind Verteilerkappe und Verteilerläufer nach dem äußeren Anschein in Ordnung, so betrachtet man bei abgezogenem Verteilerläufer den Unterbrecher. Der Unterbrecherhebel muß sich leicht bewegen lassen und von der Feder einwandfrei zurückgeholt werden. Dreht er sich mit seiner Isolierbuchse zu schwer auf dem Lagerbolzen, so kann er zeitweise hängen bleiben. Die Buchse kann auch auf dem Lagerbolzen gefressen haben und der Unterbrecherhebel hat sich auf der Isolierbuchse losgedreht. (Unterwegs kann man einen solchen Fehler schwerlich beheben, wenn man nicht einen besonders großen Werkzeugsatz mitschleppt.) Damit der Fehler gar nicht erst auftritt, schauen Sie lieber einmal zu Hause nach, ob sich der Unterbrecherhebel leicht auf dem Lagerbolzen dreht. (Allerdings soll er auch nicht wackeln.)
Ist der Schleifklotz am Unterbrecherhebel fest angenietet oder vielleicht lose? Sind die Unterbrecherkontakte einwandfrei oder vielleicht blau angelaufen? (Kleine Krater und Höcker dürfen sie haben.)
Blau angelaufene Unterbrecherkontakte lassen auf einen defekten oder losen Kondensator schließen, wobei der Kondensator allerdings nur zeitweilig eine innere oder äußere Unterbrechung hat, da die Zündung ja „stottert".
Hat die Sichtkontrolle keinen Fehler ergeben, so setze ich einen neuen Verteilerläufer ein, den ich ebenso wie einen Zündkabel-Reservesatz immer bei mir habe. (Bei den entstörten Zündanlagen, ob entstörter Verteilerläufer, Entstörstecker der Zündkerzen oder den entstörten Zündkabeln kann man nämlich die unangenehmsten Überraschungen erleben.)
Die Möglichkeit, daß die Fliehkraft- oder Unterdruckverstellung an den zeitweiligen Zündaussetzern schuld sind, ist verschwindend gering. Wenn Sie aber hieran unterwegs arbeiten, dann sind Sie schon ein Experte, der dieses Buch gar nicht braucht. Was über Fliehkraft- und Unterdruckverstellung zu sagen ist, lesen Sie im Kapitel „Noch einmal die Zündung – ganz gründlich".

Arbeitet der Unterbrecher?

Wenn ein Motor, der vor einigen Stunden oder am Tag vorher noch einwandfrei gelaufen ist, beim Anlassen nicht anspringt, obwohl er vom Anlasser munter durchgedreht wird, so ist mit großer Wahrscheinlichkeit die Verteilerkappe auf der Innenseite feucht, andere Fehler kommen erst unter „ferner

Der Motor springt nicht an

Links: Ein verbrannter Entstörwiderstand im Verteilerläufer führt zu Beginn nur zu Zündaussetzern, doch mit zunehmender Zerstörung kommt es schließlich so weit, daß die Zündung ganz aussetzt. Rechts: Die Zündspannung, die nicht mehr vom Mittelanschluß des Verteilers zur umlaufenden Elektrode über den Widerstand fließt, führt buchstäblich zu einem eingebrannten Krater.

Auch ausgebrochene Verteilerläufer können im Laufe der Zeit zu Zündstörungen führen, wenn der Läufer sich zuerst auf der Verteilerwelle verkantet, bevor er ganz heruntergefliegt. (Ein solcher Schaden braucht nicht in der Werkstatt passiert zu sein, es soll auch Autos gegeben haben, die mit derartigen Verteilerläufern ausgeliefert wurden.)

liefen". Verteilerkappe und Zündkabel können auch außen feucht sein, und das im Winter verwendete Streusalz kann sich mit der Straßenfeuchtigkeit hierauf niedergeschlagen haben. Kappe und Kabel gut abwischen.

Verteilerkappe abnehmen, trockenwischen oder mit Kontakt- bzw. Chromschutzspray einsprühen, das die Feuchtigkeit unterkriecht.

Natürlich können hier auch die Fehler vorliegen, die im Kapitel „Der Motor setzt plötzlich aus" aufgezählt wurden, doch ist das ziemlich unwahrscheinlich. Wenn zwischen einem abgezogenen Kerzenstecker mit eingesetztem Nagel und bei einem Abstand von etwa 10 mm von Masse bei durchdrehendem Motor ein satter Zündfunke überspringt, so ist die Zündanlage mit großer Wahrscheinlichkeit in Ordnung. Kerze herausschrauben; wenn sie naß oder feucht ist, so ist der Motor „ersoffen" und muß mit durchgetretenem Gaspedal bei nicht gezogener Starthilfe (Choke) gestartet werden.

Ein seltener Fall ist auch eine im ausgelenkten Zustand hängende Fliehkraftverstellung. Auch hier ist es möglich, daß der Motor nicht anspringt, aber trotzdem zu frühen Zündzeitpunkt gibt es meist vereinzelte Zündungen, bei denen der Motor „zurückschlägt".

Stark verringerte Motorleistung

Sofern keine mechanischen Ursachen oder Kraftstoffmangel vorliegt, kann der Fehler an einem falschen Zündzeitpunkt liegen. Sitzt das Verteilergehäuse fest und arbeitet die Fliehkraft-Zündverstellung?

Auch hier können außerdem die schon beschriebenen Fehler auftreten.

Die einfache Batterie-Zündanlage

Wenn man von der Zündung nichts weiß

Batterie, Zündspule, Verteiler und Zündkabel sowie etwas einfache Kupferleitung — auf Ehre: mehr Teile hat die Zündanlage nicht!
Die ganzen anderen elektrischen Einrichtungen Ihres Wagens können Sie ausbauen, wenn Sie nur fahren wollen. (Eine Einschränkung muß ich allerdings machen; wenn die Zündung aus der Batterie leben soll, dann muß die Batterie — je nach ihrem Speichervermögen für elektrischen Strom — nach 10 bis 20 Stunden wieder nachgeladen werden. In dieser Zeit werden Sie aber sicher zu Hause sein, so daß Sie auf die Lichtmaschine verzichten können.) Der Reihe nach ganz kurz —

■ Die Batterie: Sie liefert — sofern sie geladen ist — den Strom für die Zündung. Mehr brauchen Sie davon jetzt nicht zu wissen.
■ Die Zündspule: Da man mit der erbärmlichen Batteriespannung von nur 6 oder 12 Volt an den Zündkerzen keinen Zündfunken erzeugen kann, formt man die Batteriespannung in der Zündspule um — es kommen dann so rund 10 000 bis 25 000 Volt heraus.
■ Der Verteiler: Er verteilt die von der Zündspule gelieferte Hochspannung zu den Zündkerzen. (Er hat zwar noch andere Aufgaben, doch die werden später erklärt.)
■ Die Zündkerzen: An ihren Elektroden springen die Funken über, die das Kraftstoff-Luft-Gemisch im Zylinder entzünden.
■ Die Zündkabel: Sie stellen die Verbindung für den hochgespannten Strom von der Zündspule zum Verteiler und von dort zu den Zündkerzen her.
■ Etwas einfache Kupferleitung: Damit verbindet man die Zündspule mit der Batterie, außerdem führt eine kleine Hilfsleitung von der Zündspule zum Verteiler.
Das ist alles. Damit kann man die erforderlichen Zündfunken erzeugen. (Siehe auch Bild in vorderer Umschlagklappe.)

Die wichtigen Teile

Jetzt werden Sie vielleicht sagen, das sei doch ein beträchtlicher Aufwand für ein paar kümmerliche Fünkchen, wo Sie doch jedesmal einen Funken erzeugen, wenn Sie den Stecker eines größeren Haushalt-Stromverbrauchers aus der Steckdose ziehen.
Sie haben recht! Mit einer derartigen Abreißzündung und dem dabei entstehenden Öffnungsfunken hat man schon vor rund hundert Jahren gearbeitet. (Siegfried Markus verwendete sie 1875 zur Zündung des Gasgemischs in seinem Benzinkraftwagen.)
Leider kam man damit nicht so richtig zurecht, und so müssen wir uns heute mit ein paar Teilen mehr herumschlagen.

Der Abreißfunken

39

So sieht die Zündanlage schematisch als Schaltbild aus. Bei geschlossenem Zündschalter und Unterbrecher wird die Primärwicklung in der Zündspule vom Strom durchflossen.
Beim Öffnen der Unterbrecher-Kontakte wird der Strom unterbrochen, das Magnetfeld der Zündspule bricht zusammen und in der Sekundärwicklung wird eine hohe Spannung induziert, die dem umlaufenden Verteilerfinger zugeführt wird. Dieser Verteilerfinger läuft mit der gleichen Drehzahl des Unterbrechers um (durch die gestrichelte Linie dargestellt) und verteilt die Zündspannung zu den einzelnen Elektroden der Verteilerkappe, von denen aus sie über die Zündkabel den Zündkerzen in der richtigen Zündfolge zugeführt wird.

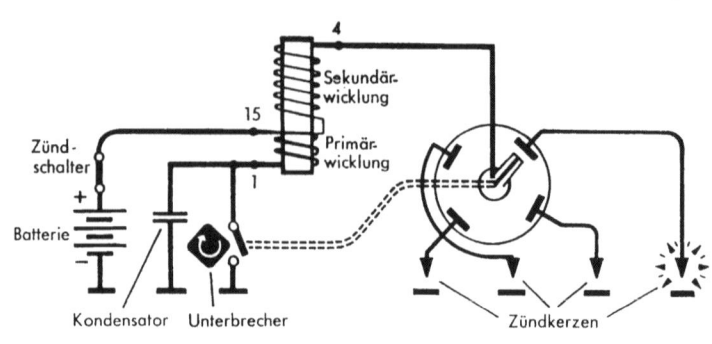

Der Öffnungsfunke, den Sie meinen, entsteht immer dann, wenn eine stromführende Leitung unterbrochen wird. Je größer der Strom in dieser Leitung ist, um so kräftiger wird der Funke. (Dieser Öffnungsfunke ist auch die Ursache dafür, daß die Kontakte eines Schalters nicht das ewige Leben haben. Je schneller man die Schalterkontakte trennt, um so besser. Bei jedem Trennen der Kontakte reißt der Funken trotzdem kleinste Materialteilchen aus den Kontakten heraus. Im Laufe der Zeit kann sich hierdurch ein zusätzlicher Widerstand ergeben, der einen Spannungsabfall mit sich bringt und für die schlechtere Leistung des an dem Schalter angeschlossenen Verbrauchers verantwortlich ist.)

Einfache Batterie-Zündanlage

Der Primärkreis

Auch dann, wenn Sie keinen Schaltplan lesen können, werden Sie bei etwas Phantasie aus obiger Darstellung herauslesen können, wie die Batterie-Zündung arbeitet.

Sind Zündschalter und Unterbrecher geschlossen, so fließt ein Strom vom Pluspol der Batterie über den Zündschalter durch die Primärwicklung zur Masse (kurze schwarze Striche im Schaltbild sind die Massezeichen). Von hier fließt der Strom zum Minuspol der Batterie zurück. Dieser Strom fließt solange, wie Zündschalter und Unterbrecher geschlossen sind und die Batterie noch nicht entladen ist. (Nun habe ich eben behauptet, der Zündschalter — also das Zünd-Anlaßschloß des Wagens wäre für die Zündanlage überflüssig, jetzt ist er schon im Schaltbild eingezeichnet. Gewiß, aber der Strom zur Zündspule braucht ja nicht über den Zündschalter zu fließen, sondern man kann eine direkte Leitung vom Pluspol der Batterie zur Klemme 15 der Zündspule ziehen.)

Neben dem Unterbrecher ist der sogenannte Kondensator eingezeichnet, der mit dem einen Ende der Zündspulen-Primärwicklung (Klemme 1) und der Masse verbunden ist. Zu dieser Anordnung sagt man auch „parallel" geschaltet". Durch den Kondensator kann kein Strom fließen, denn wie man sieht, besteht zwischen den beiden Kondensatorpolen keine leitende Verbindung.

Der durch die Primärwicklung fließende Strom magnetisiert den Eisenkern der Zündspule. Aus dem Eisenkern wird jetzt solange ein Elektromagnet, wie der Strom durch die Primärwicklung fließt. (Die Elektriker drücken das hochtrabend so aus: Der Strom in der Primärwicklung baut ein Magnetfeld auf!)

Neben dem Unterbrecherhebel ist ein Nocken mit einem Pfeil gezeichnet Dieser Pfeil gibt an, daß sich der Nocken dreht. Diese Drehung erfolgt ab-

hängig von der Drehung der Kurbelwelle, beim Viertaktmotor mit der halben Drehzahl der Kurbelwelle. Da sich die Nockenwelle, die die Ventile betätigt, gleichfalls mit der halben Drehzahl der Kurbelwelle dreht, sagt man auch: „Der Verteilernocken dreht sich mit Nockenwellendrehzahl".
Jedesmal, wenn ein Höcker des Verteilernockens auf den Unterbrecherhebel aufläuft, werden die Unterbrecherkontakte getrennt — der Unterbrecher wird geöffnet und der Primärstrom wird unterbrochen. In der Stellung zwischen zwei Höckern ist der Unterbrecher geschlossen, der Primärstrom kann fließen.
In dem Augenblick, wo der Primärstrom unterbrochen wird, hört die Magnetisierung des Zündspulen-Eisenkerns auf.
(Wieder hochtrabend ausgedrückt: Das Magnetfeld bricht zusammen.)
Durch das zusammenbrechende Magnetfeld entsteht augenblicklich in der Sekundärwicklung — die aus sehr vielen Windungen dünnen Drahtes besteht — ein hochgespannter Strom. (Die Elektriker sprechen davon, daß er „induziert" wird).

Der Sekundärkreis

Die in der Sekundärwicklung entstehende Hochspannung wird jetzt einer Zündkerze zugeführt, wo sie an den Elektroden den Luftspalt überschlägt. Der dabei entstehende Funke entzündet das Kraftstoff/Luft-Gemisch im Zylinder.
Natürlich muß die Hochspannung der Zündkerze des Zylinders zugeführt werden, dessen Kolben gerade das „Frischgas" verdichtet hat und jetzt Arbeit abgeben kann.
Diese Zuführung zur richtigen Zündkerze erfolgt durch den Verteiler. In dem Schemabild sind Unterbrecher und Verteiler durch eine doppelte, gestrichelte Linie verbunden. Diese Doppellinie stellt keine elektrische Verbindung dar, sondern zeigt nur an, daß der Unterbrechernocken und der Verteilerläufer (der nach rechts oben zeigende schwarze Strich im Verteiler) mechanisch starr miteinander verbunden sind, sich also abhängig voneinander drehen.
Die an der Klemme 4 der Zündspule vorhandene Zündspannung wird zum Verteilerläufer geführt.
Von dort schlägt der Zündfunke über eine kleine Luftstrecke zu einer der Elektroden in der Verteilerkappe, von der aus die Zündspannung weiter durch das Kerzenkabel zur Zündkerze des Zylinders geführt wird, in dem der Verbrennungstakt erfolgen soll.

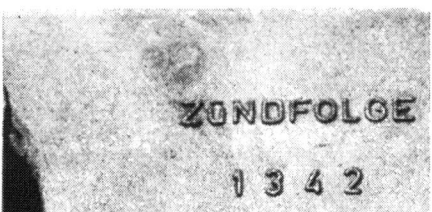
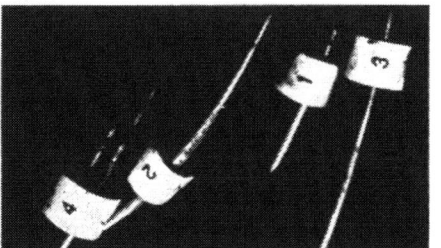

Die Zündfolge eines Motors ist oft auf dem Motorblock der Verteilerkappe oder an den Zündkabeln angegeben.
Links eine Marelli-Verteiler-Kappe mit Angabe, welches Zündkabel für welchen Zylinder hier eingesteckt wird.
Rechts oben: Die Angabe der Zündfolge auf einem BMW-Zylinderkopfdeckel und darunter die Kennzeichnungsmuffen an den BMW-Zündkabeln.

Die Zündkerzen zünden nicht in der Reihenfolge der Zylinder, also z. B. bei einem Vierzylinder-Reihenmotor 1–2–3–4, sondern entweder 1–3–4–2 oder 1–2–4–3, da sich nur so ein gleichmäßiger Zündabstand ergibt. (Diese Reihenfolge der Zündung erreicht man dadurch, daß die Zündkabel in dieser Reihenfolge in die Anschlüsse der Verteilerkappe eingesteckt werden.) Für die Fahrzeugtypen, für die ein Buch der Reihe „Jetzt helfe ich mir selbst" erschienen ist, wird die Zündfolge dort angegeben.

Die Zündspannung fließt also beim Funkenüberschlag von der Sekundärwicklung über die Klemme 4, den Verteiler zur Zündkerze, schlägt dort in Form des Zündfunkens zur Masse über, (die untere Begrenzungslinie), von dort über die Batterie zur Klemme 15 der Primärwicklung. Dort ist die Sekundärwicklung mit der Primärwicklung verbunden, so daß der Stromkreis geschlossen ist.

Der Kondensator

Wir müssen jetzt noch einmal auf den Kondensator zurückkommen, dessen Aufgabe bisher nicht erklärt wurde.

In dem Augenblick, in dem sich die Unterbrecherkontakte öffnen, will der Strom durch die Primärwicklung noch weiter fließen (sagen wir ruhig durch den Schwung, obwohl das recht vereinfacht ist) und ist dadurch in der Lage, den gerade beginnenden Luftspalt zwischen den Unterbrecherkontakten in Form eines Lichtbogens – des sogenannten Öffnungsfunkens – zu überschlagen. Durch den Kondensator wird diese „Schwungelektrizität" aufgespeichert, so daß der Öffnungsfunke weitgehend unterdrückt wird, wodurch die Unterbrecherkontakte weniger stark abgenutzt werden. (Siehe auch Kapitel „Das Horn".) Durch den Kondensator wird der Primärstrom außerdem schlagartig unterbrochen, wodurch sich eine höhere Zündspannung ergibt. Die im Kondensator während der Unterbrecheröffnung gespeicherte elektrische Energie kann sich beim Schließen der Unterbrecherkontakte wieder ausgleichen, wodurch der Kondensator für die nächste Ladung frei wird.

Genug des grausamen Spiels mit der trockenen Beschreibung. Schauen wir uns die Einzelteile der Zündung an.

Die Zündspule

Es wurde schon gesagt, daß man zur Erzeugung eines Zündfunkens etwa 10 000 Volt benötigt, und daß die Zündspule die Batteriespannung von 6 oder 12 Volt entsprechend umformt. Auf welche Weise geht das nun vor sich?

Der Transformator

Sie kennen doch sicher von Ihrer Wohnung oder von Ihrem Haus einen Klingeltransformator und wissen auch, was er macht. An der einen Seite ist er an das Wechselstromnetz von 220 Volt angeschlossen, an der anderen Seite gibt er 3, 5 oder 8 Volt zum Betrieb der elektrischen Klingel ab.

Bei einem gewöhnlichen Transformator sind bekanntlich zwei Wicklungen auf einen Eisenkern aus Blechlamellen aufgewickelt. (Der Eisenkern ist nur deshalb nicht massiv, weil man durch die voneinander isolierten Blechlamellen die Entstehung von sogenannten Wirbelströmen vermeiden kann und Ummagnetisierungsverluste verhindert. Siehe auch „Horn"-Kapitel.)

Die eine Wicklung – mit vielen Windungen dünnen Drahts – ist mit dem Lichtnetz verbunden. Die andere Wicklung – mit wenigen Windungen dicken Drahts – führt zur Klingel. Obwohl beide Wicklungen nicht miteinander ver-

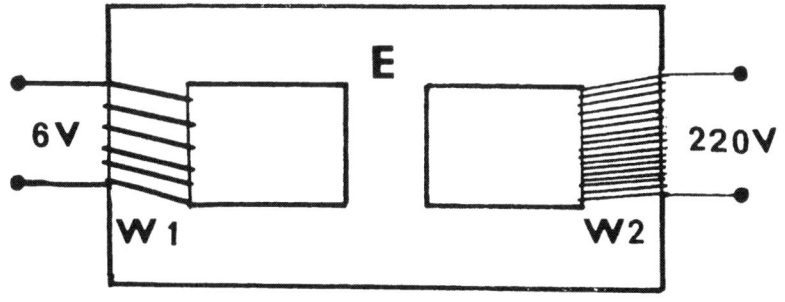

Schema eines Transformators. E = Eisenkern, W 1 und W 2 sind die Wicklungen. Die unterschiedlichen Windungszahlen der beiden Wicklungen werden als Übersetzungsverhältnis bezeichnet. Hat die Wicklung W 2 z. B. 2200 Windungen und die Wicklung W 1 60 Windungen, so kann man, wenn man an die Wicklung W 2 eine Spannung von 220 Volt anlegt, an der Wicklung W 1 eine Spannung von 6 Volt abnehmen. Umgekehrt –: legt man an die Wicklung W 1 eine Spannung von 6 Volt, so kann man an der Wicklung W 2 eine Spannung von 220 Volt abnehmen. So ähnlich arbeitet auch eine Zündspule.

bunden sind, holt man aus der klingelseitigen Wicklung einen Strom heraus. Dieser merkwürdige Umstand ist auf die sogenannte Induktion zurückzuführen.

Der Wechselstrom im Haushaltnetz ändert hundertmal in der Sekunde seine Richtung. Er baut jedesmal, wenn er fließt, ein Magnetfeld im Eisenkern auf. Wenn der Strom wieder zu Null wird, bricht das Magnetfeld zusammen. Beim Zusammenbrechen des Magnetfeldes wird in der klingelseitigen Wicklung eine Spannung „induziert".

Die an den beiden Wicklungen anliegenden Spannungen verhalten sich dabei wie die Windungszahlen: man spricht – genau wie bei einem Zahnradpaar – von einem Übersetzungsverhältnis. Hat die eine Wicklung z. B. 220 Windungen und die andere 10 Windungen, so kann man, wenn man die 220 Windungen an das Haushaltsnetz von 220 Volt anschließt, an der Wicklung mit 10 Winddungen eine Spannung von 10 Volt abnehmen. Die Wicklung, die an der Speisespannung anliegt, wird immer als Primärwicklung bezeichnet, die Wicklung, die die transformierte Spannung abgibt, wird als Sekundärwicklung bezeichnet.

Die Primärwicklung kann also eine höhere Windungszahl haben als die Sekundärwicklung (wie beim Klingeltrafo) oder auch eine geringere Windungszahl (wie bei der Zündspule).

Unterschied zwischen Zündspule und Transformator

Bei einer Zündspule kann man die Windungen der Sekundärwicklung für das erforderliche hohe Übersetzungsverhältnis aber nicht mehr unterbringen, denn die Primärwicklung muß eine Mindestzahl von Wicklungen haben, damit der durch sie hindurchfließende Strom den Eisenkern genügend magnetisch erregt.

Wollte man die hohe Sekundärspannung von 10 000 Volt einfach durch das entsprechende Übersetzungsverhältnis erreichen, so müßte die Sekundärwicklung bei einer 6-Volt-Anlage etwa 1600mal so viel Windungen haben wie die Primärwicklung, bei einer 12-Volt-Anlage immer noch 800mal so viel. Die Zündspule würde dadurch so groß, daß nur noch ein Teil der Sekundärwicklung von den magnetischen Kraftlinien durchflossen würde. Hier wendet man einen Kunstgriff an: Dadurch, daß man den Strom in der Primärwicklung schlagartig unterbricht, wird in der Sekundärwicklung eine wesentlich höhere Spannung induziert, wie es nach dem reinen Übersetzungsverhältnis zwischen Primär- und Sekundärwicklung möglich wäre.

Jetzt erhebt sich bei der Zündspule die Frage, wie das „Transformieren" überhaupt möglich ist, wo man doch nur Wechselstrom und nicht Gleichstrom transformieren kann. Nun, durch das Unterbrechen des Primärstroms im Augenblick der Unterbrecheröffnung wird der Gleichstrom „zerhackt".

Links: Schnitt durch eine Zündspule.
Rechts: Schematischer Aufbau einer Zündspule.

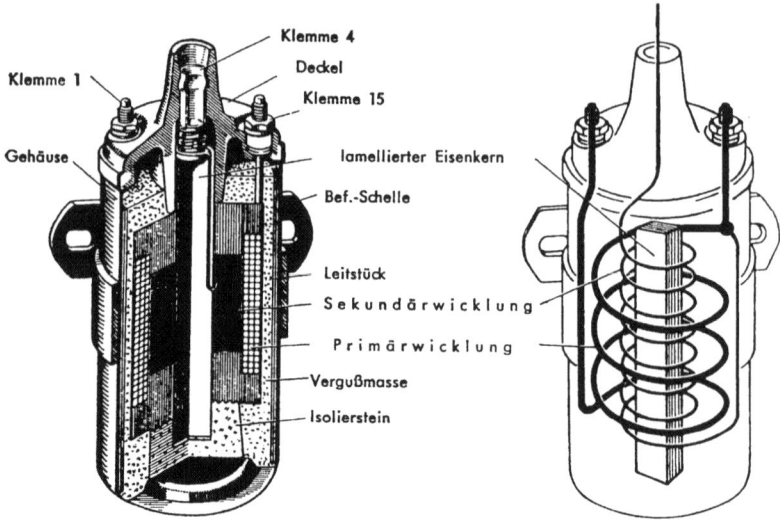

Zerhackter Gleichstrom läßt sich aber genauso transformieren wie der Wechselstrom des Haushaltsnetzes.

Die Primärwicklung aus dickem Draht ist an die beiden Klemmen 15 und 1 der Zündspule gelegt. Im Fahrzeug ist die Klemme 15 der Zündspule mit dem Zünd-Anlaßschalter verbunden. Die Klemme 1 der Zündspule mit dem isolierten Anschluß des Verteilers.

Die Sekundärwicklung — also die Wicklung, die die Zündspannung liefert — ist im Inneren der Zündspule mit dem einen Ende der Primärwicklung verbunden, so daß sie über diese an Masse liegt (man spart sich so einen getrennten Anschluß). Das andere Ende der Sekundärwicklung ist mit der Klemme 4 verbunden, und hier ist das Zündkabel eingesteckt, das zum Verteiler führt.

Versuchsweise Erzeugung des Zündfunkens

Wenn Sie wissen wollen, wie einfach der Zündfunken erzeugt wird, so machen Sie nachstehenden Versuch:
Ziehen Sie ein Kerzenkabel von einer Kerze ab und aus dem Verteiler heraus. Aus der Klemme 4 der Zündspule ziehen Sie das dicke, zum Verteiler führende Hochspannungskabel heraus und stecken hierfür das aus dem Verteiler gezogene Zündkabel hinein. Auf den Kerzenstecker stecken Sie eine Zündkerze, die Sie mit ihrem Eisenkörper auf die Minusklemme der Batterie oder sonst irgendwie an Masse legen. Jetzt lösen Sie das dünne Kabel an Klemme 1 der Zündspule und schließen an dieser Klemme ein kurzes Stück Kabel an, dessen andere Seite natürlich auch etwas abisoliert sein muß. Schalten Sie nun die Zündung des Wagens ein und begeben Sie sich wieder an Ihre improvisierte Zündanlage. Tupfen Sie jetzt mit dem freien Ende des an Klemme 1 angeschlossenenen Kabels auf Masse (z. B. an den Motor) und ziehen Sie das Kabel wieder von Masse ab, so springt an der Zündkerze ein schwacher Funke über.
(Statt der Klemme 15 der Zündspule den Strom über den Zünd-Anlaßschalter zuzuführen, könnten Sie ein Kabel vom Pluspol der Batterie zur Klemme 15 ziehen, auch dann würden Sie auf die beschriebene Art einen Zündfunken erhalten.)

So einfach ist die Entstehung des Zündfunkens!
Obwohl die Zündspannung 10000 Volt oder noch mehr betragen kann, ist diese hohe Spannung nicht gefährlich, da nur ganz winzige Ströme fließen. Sie können das Experiment also bedenkenlos machen.

Auch wenn Sie einmal bei laufendem Motor ein Kerzenkabel, dessen Isolierung nicht ganz einwandfrei ist, von einer Zündkerze abziehen und dabei einen elektrischen Schlag bekommen, so brauchen Sie keine Angst vor ihm zu haben. Sie müssen nur darum besorgt sein, daß Sie nicht vor Schreck mit der Hand in den laufenden Ventilator kommen, beim Zurückschrecken nicht ausrutschen oder einen ähnlichen Folgeschaden erleiden.

Bei dem Versuch haben Sie sicher zu Ihrer Verwunderung festgestellt, daß der Funke, der zwischen Masse und dem abisolierten Ende des an Klemme 1 der Zündspule angeschlossenen Kabels beim Abziehen auftrat, wesentlich kräftiger war als das Fünkchen an den Elektroden der Zündkerze.
Aha, wieder der leidige Öffnungsfunke!
Dieser Öffnungsfunke ist schuld daran, daß der Zündfunke selbst so jämmerlich ausfiel!

Einfluß des Öffnungsfunkens

Wie weiter vorn gesagt, wird die erforderliche hohe Zündspannung in der Zündspule nicht durch das eigentlich erforderlich hohe Übersetzungsverhältnis zwischen Primär- und Sekundärwicklung erreicht, sondern durch die schlagartige Unterbrechung des Stroms in der Primärwicklung.
Das Abziehen des an Klemme 1 angeschlossenen Kabels ist aber keine schlagartige Unterbrechung, wie man aus dem Öffnungsfunken erkennen kann. Der Öffnungsfunke entsteht durch den „Schwung" des Stromes in der Primärwicklung; der Strom will eigentlich noch weiter fließen und dabei ergibt sich im ersten Moment der Öffnungsfunke. Erst wenn der Abstand zwischen dem Kabel und der Masse etwas größer geworden ist, reißt der Funke ab.
Das Abziehen des Kabels geht zwar sehr schnell vor sich, aber doch nicht so schnell, daß kein Funke mehr gezogen würde. Könnte man diesen Öffnungsfunken unterdrücken, so würde die Spannung in der Sekundärwicklung der Zündspule so hoch, daß ein kräftiger Funke entstehen würde. In der Praxis unterdrückt man den Öffnungsfunken auch, und damit kommen wir zum Verteiler, in dem ein Schalter sitzt, der Ihnen während der Fahrt das „unbequeme Unterbrechen des Primärstromes von Hand" abnimmt.

Der Name sagt es schon — der Verteiler muß etwas verteilen — nämlich die Zündspannung. Der Einfachheit halber hat man in ihm aber noch den Unterbrecher für den Primärstromkreis untergebracht, und außen hat man den zu dem Unterbrecher gehörenden Kondensator aufgehängt. (Unterhalb des Unterbrechers ist die automatische Zündverstellung angeordnet und außerhalb sitzt vielfach noch die Unterdruckdose für die Unterdruckverstellung. Da diese Einrichtungen für das Verständnis der Verteiler-Arbeitsweise im Augenblick noch nicht wichtig sind, werden sie später behandelt.)
Im Verteiler dreht sich die sogenannte Verteilerwelle, die von der Nockenwelle angetrieben wird, und — wie schon gesagt — mit der halben Drehzahl der Kurbelwelle läuft. (Bei einem Viertaktmotor leistet ja jeder Zylinder auf zwei Kurbelwellenumdrehungen nur einen Arbeitstakt; auf zwei Kurbelwellenumdrehungen entfallen also vier Zündungen.)

Der Zündverteiler —
warum er
so wichtig ist

Auf die Verteilerwelle ist ein Nockenstück aufgesteckt, dessen vier Nocken den Unterbrecherhebel bei jeder Umdrehung der Verteilerwelle viermal anheben; die Unterbrecherkontakte werden also viermal geöffnet.

Das Oberteil des Verteilers ist die aus Isolierstoff bestehende Verteilerkappe. In ihr rotiert ein ebenfalls aus Isolierstoff bestehender Verteilerläufer, der auf die Verlängerung der Verteilerwelle — das Nockenstück — aufgesteckt ist.

Der Unterbrecher

Der Unterbrecher macht genau das, was Sie im Versuch mit der Zündspule gemacht haben: er unterbricht den Strom in der Primärwicklung der Zündspule, jedoch genau im richtigen Zündzeitpunkt.

Von der Klemme 1 der Zündspule führt ein Kabel an die Klemme 1 des Verteilers, die gegen Masse isoliert am Verteilergehäuse sitzt. Mit ihr ist der sogenannte Unterbrecherhebel — der isoliert auf einer Achse sitzt — durch ein kurzes Kabel verbunden.

Auf der Unterbrechergrundplatte ist der sogenannte Kontaktträger mit dem festen Kontakt aufgeschraubt. Auf den feststehenden Kontakt, der an Masse liegt, legt sich der Kontakt des Unterbrecherhebels, wenn er nicht durch einen Nocken von ihm abgehoben wird.

Verteilung des Zündfunkens

Jedesmal, wenn die Kurbelwelle zwei Umdrehungen gemacht hat, hat sich die Verteilerwelle einmal gedreht und die vier Nocken des Nockenstücks haben die Unterbrecherkontakte viermal geöffnet, so daß die Zündspule vier Hochspannungsstromstöße für die Zündfunken erzeugt hat — für jede Zündkerze einen.

Die vier Hochspannungsstromstöße müssen von der Zündspule zu den vier Zündkerzen „verteilt" werden. Auch diese Aufgabe übernimmt der Verteiler. Von ihr hat er seinen Namen, obwohl in und an ihm die schon beschriebenen anderen Einrichtungen wie Unterbrecher, Kondensator, Fliehkraftverstellung und Unterdruckverstellung untergebracht sind.

Die von der Zündspule abgegebenen Hochspannungsstromstöße werden durch ein Zündkabel von der Klemme 4 der Zündspule zum Mittelanschluß der Verteilerkappe geführt. Von diesem werden sie zu der Schleifkohle geführt, die innen in der Mitte der Verteilerkappe zu sehen ist.

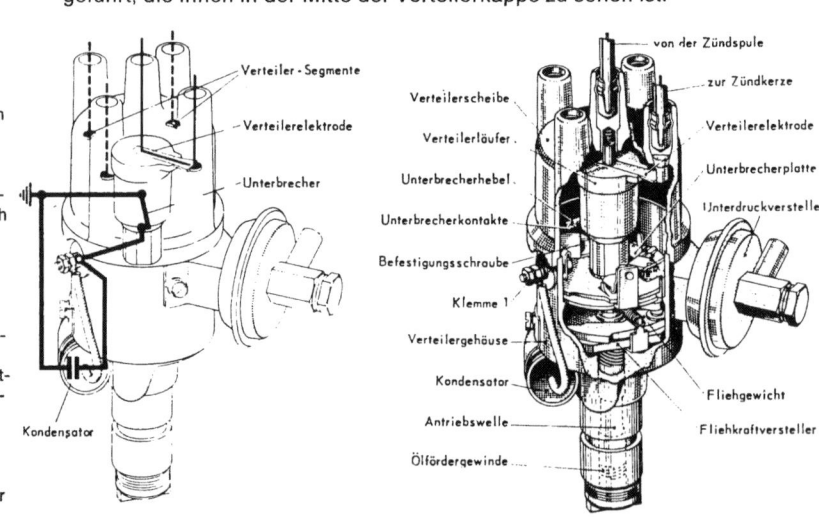

Teilschnitt durch einen Verteiler. Der Aufbau der Verteiler ist bei allen Wagen weitgehend gleich und unterscheidet sich nur durch die Art der Zündverstellung. Es gibt Verteiler, die nur eine Fliehkraftverstellung besitzen, Verteiler mit ausschließlicher Unterdruckverstellung und Verteiler mit Fliehkraft- und Unterdruckverstellung. Ob ein Verteiler Unterdruckverstellung hat, erkennt man an der Unterdruckdose, die außen am Verteiler angeflanscht ist.

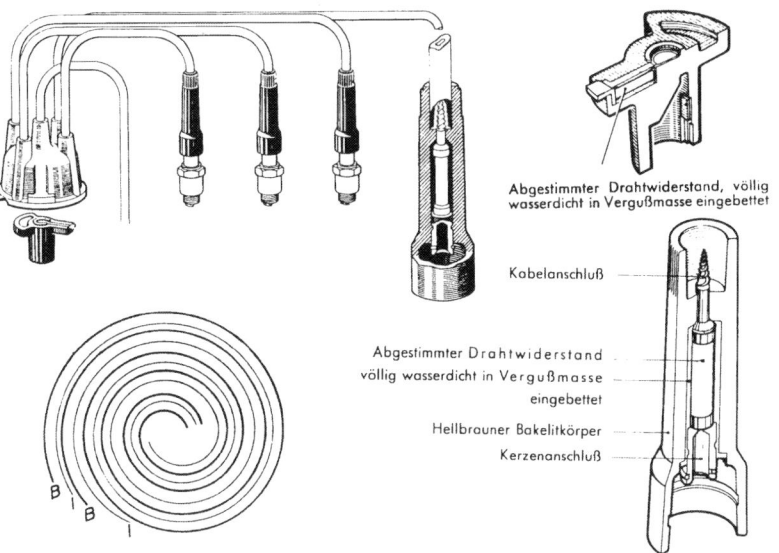

Abgestimmter Drahtwiderstand, völlig wasserdicht in Vergußmasse eingebettet

Kabelanschluß

Abgestimmter Drahtwiderstand völlig wasserdicht in Vergußmasse eingebettet

Hellbrauner Bakelitkörper

Kerzenanschluß

Weitere Einzelheiten der Zündanlage: Oben eine Zusammenstellung der Zündkabel mit entstörtem Verteilerläufer und entstörten Verteilersteckern. Rechts: ein entstörter Verteilerläufer und ein Zündkerzenstecker. Die Entstörung dient nur der sogenannten Fernentstörung (Rundfunk- und Fernsehgeräte außerhalb des Fahrzeugs) und reicht bei einem eingebauten Autoradio nicht aus. Links unten: Schematische Darstellung eines Kondensators. Die beiden Belege werden durch Stanniolbänder gebildet, die Isolation I durch dünnes Isolationspapier.

Die Schleifkohle drückt auf den sich mit der Verteilerwelle drehenden Verteilerläufer oder Verteilerfinger. Im Augenblick der einzelnen Zündungen steht die sogenannte umlaufende Elektrode des Verteilerläufers immer einer festen Elektrode, der Verteilerkappe gegenüber, d. h. sie bewegt sich gerade daran vorbei. Zwischen umlaufender und fester Elektrode liegt ein kleiner Luftspalt, den der Hochspannungsstromstoß in Form eines kleinen Funkens überschlägt. Die umlaufende Elektrode des Verteilerläufers kommt also nicht mit den festen Elektroden in Berührung. Man spricht demzufolge auch von einem „Überschlagverteiler".

Die zu den festen Elektroden übergeschlagene Hochspannung wird über die Zündkabel zu den Zündkerzen geführt. Da die Elektrizität praktisch zeitlos weitergeleitet wird, springt der Zündfunke an den Zündkerzen in dem Augenblick über, in dem sich die Unterbrecherkontakte öffnen, der Hochspannungsstromstoß in der Zündspule induziert wird und im Verteiler an den Elektroden überschlägt.

Im Verteilerläufer ist zwischen der Auflage für die Schleifkohle der Verteilerkappe und der umlaufenden Elektrode ein Widerstand eingebaut, der zur Fernentstörung der Zündanlage dient. Durch den Widerstand werden die Störwellen der Zündanlage gedämpft, so daß sie den Rundfunk- und Fernsehempfang außerhalb des Wagens nicht stören können.

Verteiler-Schleifkohle

Die Zündkabel sind entweder normale Kupferkabel mit kräftiger Isolierung und entstörten Zündkerzensteckern oder Widerstandskabel mit einfachen Zündkerzensteckern.

So, das wäre das wichtigste über die Zündanlage: das, was Sie von ihrem Auto und ihrer Funktion wissen müssen, wenn der Motor unterwegs schlagartig aussetzt und Sie ihn vielleicht durch wenige Handgriffe wieder zum Laufen bringen können.

Die Zündkabel

Ein paar allgemeine Begriffe

Zwischen Plus und Minus

Was in den vorangegangenen Kapiteln beschrieben wurde, war meist Praxis. Sie brauchen aber nicht zu befürchten, daß jetzt die theoretische Elektrik kommt. In diesem Kapitel will ich Ihnen nur einige Dinge erzählen, auf die Sie vielleicht schon lange eine Antwort haben möchten.

Die sogenannte „Masse"-Leitung

Wenn ich viel Geld hätte und an der Börse spekulieren würde, dann würde ich mir Kupferaktien kaufen und die Eisenblechaktien abstoßen.
Nachdem Kunststoffautos gelegentlich schon im Versuch sind, werden sie eines Tages vielleicht doch noch Wirklichkeit. Der Kupferbedarf für unsere Autos wird dann um etwa die Hälfte ansteigen und die Kupferpreise werden anziehen. Aus wird es sein mit der sogenannten „Masse" und die Automobilproduzenten werden behaupten, die Autos müßten teurer werden, da die erforderliche zweite Kupferleitung zu den elektrischen Verbrauchern teurer sei als das Eisenblech, das bisher für die Karosserie benötigt wurde und daneben „kostenlos" die Rückleitung des Stroms übernommen hätte. Na ja, auf der anderen Seite werden Sie dann viel Ärger einsparen, denn die „Fahrzeugmasse" als Stromleitung ist ohnehin nur eine Bequemlichkeitslösung!
Schlechte Masseverbindungen sind oft schon bei neuen Autos nicht selten; je älter ein Auto wird, umso häufiger sind die Störungen, die auf die „kostenlose" Stromrückleitung zurückzuführen sind.
Was hat es nun eigentlich mit der „Masse" auf sich?
Bekanntlich benötigt jedes elektrische Gerät zwei Leitungsanschlüsse. Bei Gleichstrom übernimmt die eine Leitung die Hinleitung des Stromes, die andere die Rückleitung. Bei Wechselstrom — also im Haushalt — wechselt der Strom laufend seine Richtung, einmal ist die eine Leitung die Hinleitung, einmal die andere. Zu den elektrischen Geräten des Haushalts — sei es eine Lampe, ein Bügeleisen oder ein anderes Gerät — führt also stets eine Doppelleitung. (Heute findet man allerdings häufig drei Leitungen, doch die eine hat nur Schutzaufgaben, sie erdet das Gerät.)

Nur ein Kupferweg

Beim Auto macht man sich das viel einfacher, hier verwendet man nur eine Hinleitung und überläßt die Rückleitung der „Masse".
Die Zuleitung wird durch ein mehr oder weniger starkes Kupferkabel gebildet, die Rückleitung durch die Blechkarosserie; die sogenannte „Masse".
Da die Karosserie — also die elektrische Rückleitung — bei fast allen Wagen aus Eisenblech besteht, erhebt sich die Frage, warum man für die Zuleitung die teuren Kupferleitungen verwendet.
Nun, die Metalle sind nicht gleichartig „stromfreundlich". Manche Metalle leiten den Strom gern weiter, manche weniger gern. Je lieber sie den Strom

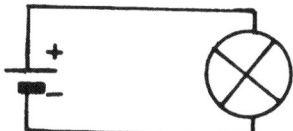

Oben: Normalerweise ist ein Stromverbraucner durch zwei Leitungen mit dem Pluspol und dem Minuspol einer Spannungsquelle (hier der Batterie) verbunden.

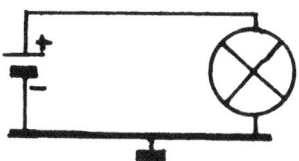

Unten: Beim Auto wird die Verbindung vom Minuspol zu dem einen Anschluß des Verbrauchers meist durch die sogenannte „Masse" gebildet. Die hier durch den unteren dick gezogenen Strich und das daran befindliche Massezeichen dargestellt wird. (Siehe auch Kapitel 8, in dem die Schaltzeichen erläutert werden.)

weiterleiten, um so geringer ist der Spannungsverlust in einem Draht aus dem betreffenden Metall. Die Eigenschaft des gern oder weniger gern „stromleiten" nennt man auch Leitfähigkeit.

Das Metall, das den Strom am liebsten weiterleitet, ist Silber, doch würden die elektrischen Leitungen dann ziemlich teuer. Kupfer ist kaum weniger stromfreundlich, dafür aber erheblich billiger, so daß man für die elektrischen Leitungen des Autos Kupfer verwendet.

Gegenüber dem Silber oder dem Kupfer ist Eisen für die Stromleitung direkt „stur". Eine elektrische Leitung aus Eisen, die den Strom ebenso gut leiten kann wie eine Leitung aus Kupfer, müßte einen Querschnitt haben, der ungefähr achtmal so groß wäre. Statt einer Kupferleitung von 1 mm Durchmesser könnte man also auch eine Eisenleitung von fast 3 mm Durchmesser verwenden, doch hat Eisen auch noch die dumme Eigenschaft, daß man es nicht so gut verarbeiten kann wie Kupfer, so läßt es sich z. B. wesentlich schwieriger löten.

Da die Querschnittsfläche der Blechkarosserie sehr viel größer ist, als ein Eisendraht sein müßte, der eine Kupferleitung vollwertig ersetzt, könnte man eigentlich keine Einwendungen dagegen machen, daß die Stromrückleitung der Blechkarosserie übertragen wird. Der Ärger, den die Masserückleitung macht, ergibt sich erst dort, wo ein Stromverbraucher — also ein Scheinwerfer, eine Blinkerleuchte, ein Lüftermotor oder ähnliches — an die „Masse" angeschlossen wird. An der Verbindungsstelle mit dem Eisenblech tritt häufig Korrosion (Rost) auf, die den Stromübergang erschwert. Aus diesem Grund ist die „Eindraht-Stromführung" gar nicht so vernünftig, wie man vielleicht denken könnte.

Minus oder Plus an Masse?

Von einem Pol der Batterie führt ein dickes Kabel zu einer Anschlußklemme des Anlassers, ein zweites von dem anderen Batteriepol zur „Masse" der Karosserie oder des Fahrgestells. Dieses Kabel wird vielfach durch ein geflochtenes, blankes Kupferband — dem sogenannten Masseband — gebildet. Bei den meisten europäischen und amerikanischen Wagen ist der Minuspol der Batterie (der Polkopf, der auf der Oberfläche ein Minuszeichen „—" trägt) mit der Fahrzeugmasse verbunden. Man sagt dazu: Minus an Masse.

Vorwiegend bei englischen Fahrzeugen ist der Pluspol der Batterie (der Polkopf, der auf der Oberfläche ein Pluszeichen „+" trägt) mit der Fahrzeugmasse verbunden. Hier spricht man von Plus an Masse.

Einen wirklich plausiblen Grund für dieses Kuddelmuddel gibt es nicht, aber die Engländer fahren ja auch seit Ewigkeiten links!
Auf jeden Fall wird die eine Leitung zu den elektrischen Geräten immer von der Masse gebildet.

Masse für den Motor Vielleicht ist Ihnen schon einmal aufgefallen, daß auch ein starkes Masseband von der Karosserie zum Motor führt. Dieses Masseband ist nötig, da der Motor heute ja immer elastisch in Gummielementen aufgehängt ist. Die evtl. vorhandene Masseverbindung zum Motor über die Lager der Räder, die Antriebswellen usw. genügt nicht für die hohe Stromaufnahme des Anlassers. Wenn das Masseband von der Karosserie zum Motor fehlt oder sich am Motor oder der Karosserie gelöst hat, dann muß der Strom für den Anlasser über Betätigungszüge für den Choke oder ähnliche dünne Wege fließen. Diese dünnen Verbindungen glühen aus oder schmelzen durch. Nicht nur, daß die Instandsetzung ziemlich teuer ist (auch wenn man es selbst macht, braucht man doch die Ersatzteile und einen erheblichen Zeitaufwand), die Brandgefahr ist mindestens ebenso unangenehm!

Schlechte Masseverbindungen Haben Sie schon einmal an einem bei Dunkelheit vor Ihnen fahrenden Wagen beobachtet, daß die Rückleuchten bei normaler Fahrt gleich hell leuchten, bei aufleuchtenden Bremsleuchten, die eine aber nur recht dunkel brannte, die andere dagegen mit normaler Helligkeit? Gleichzeitig wurde aber auf der Fahrzeugseite mit der dunkel brennenden Bremsleuchte auch die Rückleuchte dunkler. Das ist nichts Geheimnisvolles, sondern nur eine schlechte Masseverbindung des Leuchtengehäuses, meist durch Korrosion bewirkt. Der rückfließende Strom muß sich durch die schlechte Masseverbindung zwängen und das gelingt ihm nicht recht.

Schlechte Masseverbindung bei Scheinwerfern Bei einem entgegenkommenden Wagen brennt der eine Scheinwerfer einwandfrei, der andere sieht so aus, als würde nur das Standlicht brennen. Wird der hellbrennende Scheinwerfer nun von Fern- auf Abblendlicht umgeschaltet bzw. umgekehrt, so sieht der andere Scheinwerfer immer noch so aus, als sei das Standlicht eingeschaltet. Hier sind nicht beide Glühfäden der Zweifadenlampe in dem dunkelbrennenden Scheinwerfer defekt, sondern der dunkelbrennende Scheinwerfer hat eine schlechte Masseverbindung. Während der Strom durch den eingeschalteten Glühfaden des hellbrennenden Scheinwerfers sofort an Masse gelangt, ist ihm das bei dem dunkelbrennenden Scheinwerfer nicht möglich. Hier fließt der Strom zuerst durch den jeweils eingeschalteten Glühfaden, dann (da er nicht zur Masse gelangen kann) durch den anderen nicht eingeschalteten Glühfaden, von dort zum nicht eingeschalteten Glühfaden des hellbrennenden Scheinwerfers und erst, nachdem er diesen passiert hat, zur Masse.

Ist das Fernlicht eingeschaltet, so fließt der Strom im dunkelbrennenden Scheinwerfer über den dortigen Fernlichtglühfaden, dann durch den Abblendglühfaden und zuletzt über den Abblendfaden des hellbrennenden Scheinwerfers zur Masse. Bei Abblendlicht fließt der Strom im dunkelbrennenden Scheinwerfer zuerst über den Abblendfaden, dann über den Fernlichtfaden und schließlich über den Fernlichtfaden des hellbrennenden Scheinwerfers zur Masse.

Der Strom für den dunkelbrennenden Scheinwerfer fließt also immer hintereinander über drei Glühfäden, die jetzt natürlich nur schwach aufglühen. Sofern ein solcher Wagen kein Abblendrelais besitzt, brennt übrigens in

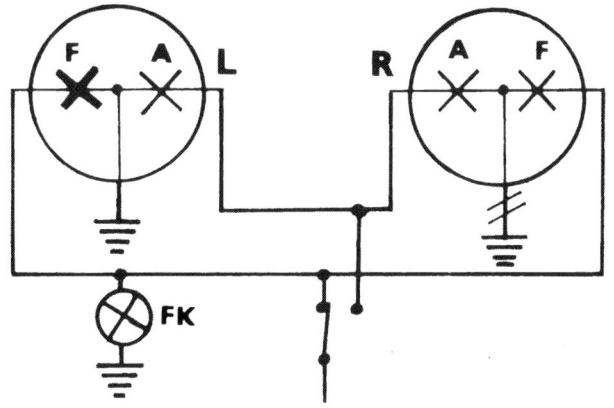

So wirkt sich eine schlechte Masseverbindung bei Scheinwerfern aus. Der rechte Scheinwerfer R hat eine schlechte Masseverbindung, was durch die durchgestrichelte Masseleitung angegeben ist. (Hier ist noch das Erdungszeichen als Masse eingetragen, wie es auch bei anderen Schaltplänen häufig der Fall ist.) Wenn der Abblendschalter auf Fernlicht steht, so leuchtet der Fernlichtfaden F des linken Scheinwerfers L hell auf und auch die Fernlichtkontrolle FK

beiden Schaltstellungen des Abblendschalters die Fernlichtkontrolle! Tritt das also einmal am eigenen Wagen auf, so braucht man gar nicht umständlich zu suchen, sondern dem dunkelbrennenden Scheinwerfer nur eine anständige Masseverbindung zu besorgen.

Die sogenannte „Masse" bewirkt also nichts weiter, als daß man einige Meter Kupferleitung einspart, dafür aber einen Haufen Ärger einhandelt!

Gute Masseverbindungen sind also mindestens ebenso wichtig wie gute Zuleitungen!

Spielereien mit der Batterie

Machen wir ein Experiment. (Wenn Ihnen im Augenblick nicht danach ist, sich die Finger schmutzig zu machen oder Sie gerade zu weit von Ihrem Wagen entfernt sind, so genügt es natürlich auch, wenn Sie das Experiment nur in Gedanken mitmachen. Schöner wäre es natürlich, Sie würden es selbst vornehmen.)

Haben Sie eine Batterie mit außenliegenden Polbrücken (das sind die länglichen Bleistege, die die einzelnen Zellen der Batterie miteinander verbinden), so steht dem Experiment nichts im Wege. Liegen die Polbrücken unter der Vergußmasse (was bei 12 V-Batterien meistens der Fall ist), so müssen Sie sich entweder eine Batterie mit freiliegenden Polbrücken besorgen oder Sie dürfen unserem Experiment nur „zuschauen".

Zuerst besorgen Sie sich einen möglichst dünnen blanken Draht — z. B. den etwa 0,5 mm starken verkupferten Verpackungsdraht, mit dem gelegentlich Pakete „verschnürt" sind. Der Draht sollte etwa 1 m lang sein; außerdem benötigen Sie noch zwei Zangen zum Anfassen des Drahtes. Nun bauen Sie die Batterie Ihres Wagens aus und stellen sie — wenn möglich ins Freie — etwas entfernt von brennbaren Gegenständen auf eine Kiste oder die Erde. (Jetzt habe ich vergessen, Ihnen zu sagen, daß Sie noch eine normale Glühlampe — z. B. Schlußlichtlampe von 5 Watt — in die Rocktasche stecken sollen, die der Spannung Ihrer Autobatterie entspricht. Wenn Sie noch eine Scheinwerfer-Zweifadenlampe besitzen, so nehmen Sie diese auch mit.)

An der ausgebauten Batterie halten Sie das eine Ende des Drahtes an den Sockel der 5-Watt-Glühlampe, drücken das andere Ende des Drahtes auf einen Polkopf der Batterie und den Mittelanschluß der Glühlampe setzen Sie auf

Erhitzt sich der Draht?

den anderen Polkopf auf. Jetzt wird die Glühlampe aufleuchten und sich dabei leicht erwärmen. Der Draht selbst erwärmt sich nicht.

Wenn Sie nun anstelle der 5-Watt-Lampe die Scheinwerferlampe nehmen, so wird diese bei dem Versuch wesentlich wärmer, der Draht bleibt aber auch hierbei kalt.

Nun schneiden Sie den Draht in drei gleichlange Stücke, packen das erste Drahtstück mit zwei Zangen an den beiden Enden und drücken das eine Drahtende auf den Plus- oder Minuspolkopf der Batterie, das andere Ende auf die gegenüberliegende Polbrücke. Der Draht wird nach kurzer Zeit hellrot glühen und evtl. sogar schmelzen. Jetzt nehmen Sie das zweite Stück, pressen das eine Ende wieder auf einen Polkopf, das andere aber auf die Polbrücke neben diesem Kopf, so daß jetzt zwei Batteriezellen benutzt werden. Zum Glühendwerden benötigt der Draht jetzt nur noch die halbe Zeit. Anschließend legen Sie das dritte Drahtstück mit seinen Enden an den Plus- und an den Minus-Polkopf und jetzt benötigt der Draht nur noch ein Drittel der Zeit des ersten Versuches, um glühend zu werden.

Die Reihenschaltung

Mit diesen Versuchen haben Sie schon allerhand von Strom, Spannung und Widerstand gelernt, ohne daß Sie sich mit einer Formel herumschlagen mußten. Eine 6-Volt-Batterie hat drei Zellen und jede dieser Zellen hat 2 Volt. Diese 3 Zellen sind in Reihe oder hintereinander geschaltet, d. h. die Spannungen addieren sich. 2 V + 2 V + 2 V = 6 V. (In Wirklichkeit haben die Batteriezellen bei einer voll geladenen Batterie eine Spannung von etwa 2,1 bis 2,2 Volt, die gesamte 6-Volt-Batterie also 6,3 bis 6,6 Volt. Trotzdem spricht man immer nur von einer 6-Volt-Batterie oder einer 6-Volt-Anlage). Wie wir gesehen haben, ist das Drahtstück, das an den Plus- und an den Minuspol der Batterie gelegt wurde, schneller glühend geworden als die Drahtstücke, die nur an eine oder zwei Zellen der Batterie gelegt wurden. Jetzt könnte man glauben, daß für das schnellere Glühendwerden des Drahtes die höhere Spannung verantwortlich ist. Nun, die Spannung spielt zwar auch eine Rolle, doch die Ursache für das Glühendwerden des Drahtes ist der Strom, der durch den Draht fließt. Da eine höhere Spannung aber in der Lage ist, einen höheren Strom durch den Draht zu treiben, wird er bei 6 Volt schneller glühend als bei 2 Volt. Verdoppelt man die Spannung, so kann sie den doppelten Strom durch einen Verbraucher treiben, verdreifacht man sie, so wird auch der Strom auf das Dreifache ansteigen. Der Versuch zeigte auch gleich die Wirkung der Sicherung im Auto. Solange eine Glühlampe zwischen

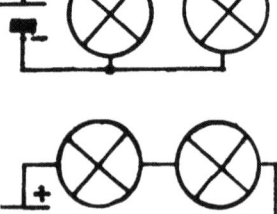

Rechts oben: Bei der sogenannten Parallel- oder Serienschaltung liegen alle Verbraucher mit dem einen Anschluß an der Plusklemme, mit dem anderen Anschluß an der Minusklemme der Spannungsquelle.

Rechts unten: Sind die Verbraucher in Reihe geschaltet (Hintereinanderschaltung), so liegt die eine Verbraucher mit einem Anschluß am Pluspol, der letzte Verbraucher am Minuspol. Dazwischen sind die Verbraucher untereinander mit ihren Anschlüssen verbunden.

Draht und Batteriepol geschaltet war, wurde der Draht nicht heiß. Erst dann, wenn er zwei Batteriepole direkt verband, wurde er glühend.

Ab und zu kommt es im Auto schon einmal vor, daß eine Leitung mit durchgescheuerter Isolation direkt an die Fahrzeugmasse kommt, und jetzt hat man den gleichen Effekt wie bei unseren Drahtversuchen. Die Leitung würde heiß, schließlich glühend werden und zum Schluß vielleicht sogar schmelzen, wobei es zu einem Brand kommen könnte. Um das zu verhindern, hat man in die Leitung ein kurzes, ganz dünnes Drahtstück oder einen Blechstreifen gelegt. Bei einem Kurzschluß — also wenn die blanke Leitung direkt an Masse kommt — wird dieses Drahtstück oder der Blechstreifen schnell glühend und schmilzt durch, so daß kein weiterer Strom mehr in der Leitung fließen kann; wir haben die Sicherung.

Aufgabe und Wirkung der Sicherung

Damit die durchschmelzenden Sicherungen keinen Schaden anrichten können, sind sie im Sicherungskasten an ungefährlicher Stelle untergebracht. Wie lange es dauert, bis eine Leitung glühend wird und schließlich schmilzt, hängt nicht nur von der Spannung (und damit vom fließenden Strom) ab, sondern auch davon, wie dick die Leitung ist, vom sogenannten Querschnitt.

„Mein neuer Wagen hat eine 12-Volt-Anlage. Nun habe ich von dem Vorgänger her, der nur eine 6-Volt-Anlage hatte, noch einen Autostaubsauger, den ich natürlich nicht wegwerfen möchte. Gibt es vielleicht einen Zwischenstecker mit Transformator, der die Spannung von 12 V auf 6 V heruntertransformiert? Wenn nicht, könnte man einen Vorwiderstand verwenden und wie groß müßte der sein?"

Kleine Volt-, Watt- und Ampere-Kunde

Solche Fragen an den Briefkastenonkel einer Autozeitschrift sind nicht selten. Dazu wäre zuerst zu sagen, daß man nur Wechselstrom hinauf- oder heruntertransformieren kann.

Mit einem Vorwiderstand kann man natürlich die überschüssige Spannung vom Verbraucher fernhalten, aber dazu braucht man wenigstens die nötigsten Formel-Grundlagen. Die ganzen Zusammenhänge zwischen Spannung, Strom und Widerstand sind im Ohmschen Gesetz festgehalten. Wer sich für die Dinge interessiert und solche Probleme hat, wie oben angeführt, der kann sich darüber im letzten Kapitel genauer informieren. Hier soll nur ein kurzer Einblick in die Zusammenhänge gegeben werden, damit man weiß, was man wo anschließen darf.

Kehren wir noch einmal zu dem Versuch mit dem Draht zurück, der direkt zwei Batteriepole miteinander verbunden hat. Man kann sich ja vorstellen, daß man ein Drahtstück nur so lang macht, daß es beim Anschluß an die beiden Pole einer Zelle — also an 2 Volt — zwar glühend wird, aber noch nicht schmilzt. Legt man es dagegen an zwei Zellen — also an 4 Volt — so schmilzt es durch. So ähnlich geht es auch mit Verbrauchern, die für eine bestimmte Spannung ausgelegt sind und dann an die doppelte gelegt werden. Eine Glühlampe, die für eine Spannung von 6 Volt bestimmt ist, wird beim Anschluß an eine 12-Volt-Batterie zwar kurzzeitig wesentlich heller aufleuchten, aber bald durchgebrannt sein. Die Stromverbraucher werden aus diesem Grunde immer gekennzeichnet und dürfen dann nur an der Spannung betrieben werden, für die sie bestimmt sind.

Die zulässige Spannung

Nun findet man aber oft außer der Spannungsangabe noch die Leistungs-

aufnahme oder die Stromstärke angegeben. Zum Beispiel bei einer Glühlampe „6 V / 15 W" (das W steht für Watt).
Was hat es damit auf sich?
Die Leistung Watt errechnet sich aus der Spannung mal der Stromstärke. Durch eine Glühlampe von 15 Watt fließt bei einer Spannung von 6 Volt ein Strom von 2,5 Ampere (Ampere [A] ist das Maß für die Stromstärke), denn Volt mal Ampere ist gleich Watt.
Muß man auch diesen Wert beim Einbau einer Glühlampe berücksichtigen? Vom elektrischen Standpunkt aus nicht, denn hier ist lediglich die Spannung maßgebend. Der Strom, der durch die Glühlampe fließt, stellt sich automatisch ein. Der Aufdruck 15 Watt gibt lediglich darüber Auskunft, wie hell die Glühlampe leuchten wird. Eine Glühlampe von 15 Watt wird heller leuchten als eine Glühlampe von 5 Watt.
Da für viele Glühlampen am Kraftfahrzeug vom Gesetzgeber eine bestimmte Mindestleistungsaufnahme oder eine Höchstleistungsaufnahme vorgeschrieben wird, muß die Leistungsaufnahme aus der Sockelinschrift erkenntlich sein. So dürfen z. B. die Fernlichtfäden der Zweifadenlampe für asymmetrisches Abblendlicht beim Personenwagen nicht mehr als 45 Watt aufnehmen.
Wie man sieht, ist es im allgemeinen gleichgültig, welche Leistungsaufnahme ein Verbraucher hat; wesentlich ist, daß die Spannung stimmt. (Die Leitungen im Kraftfahrzeug sind so ausgelegt, daß sie sich auch dann nicht erhitzen, wenn mal ein Verbraucher mit geringer Leistungsaufnahme gegen einen Verbraucher mit etwas höherer Leistungsaufnahme ausgetauscht wird. Man kann also eine normale Zündspule mit einer Leistungsaufnahme von 10 Watt gegen eine Hochleistungszündspule mit einer Leistungsaufnahme von 20 oder 30 Watt austauschen, vorausgesetzt, daß die Spannungsabgabe gleich ist.)

Birnen, Lampen, Leuchten

„Er war nie eine Leuchte, aber das kommt sicher daher, daß er als Kind einmal auf die Birne gefallen ist."
So formlos, wie man vom Kopf als „Birne" spricht und einen Klassenprimus als „Leuchte" bezeichnet, kann man es bei der Beleuchtungsanlage des Autos zwar auch machen, aber es ist schon recht laienhaft. Da die folgenden Bezeichnungen anschließend immer wieder vorkommen, wollen wir aufzeigen, was sie bedeuten.
Das, was im allgemeinen Sprachgebrauch oft als Glühbirne bezeichnet wird, ist fachgerecht ausgedrückt eine Glühlampe.
Wenn eine Beleuchtungseinrichtung gestreutes Licht ausstrahlt, so ist das keine Lampe, sondern eine Leuchte. Man spricht also z. B. von einer Blinkleuchte, einer Kennzeichenleuchte usw.

Die sogenannten Biluxlampen. Links eine Zweifaden-Scheinwerferlampe für asymmetrisches Abblendlicht, in der Mitte eine Zweifaden-Scheinwerferlampe für symmetrisches Abblendlicht und rechts eine Zweifadenlampe, wie sie z. B. für das Schluß-Bremslicht verwendet wird. Der Glühfaden mit der geringeren Leistungsaufnahme von 5 Watt ist für das Schlußlicht zuständig, der Glühfaden mit der höheren Leistungsaufnahme von 15 Watt für das Bremslicht.

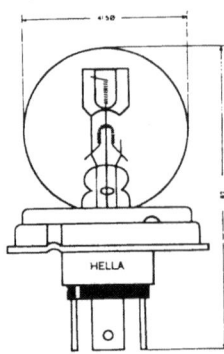 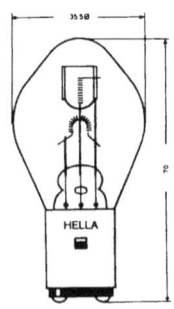 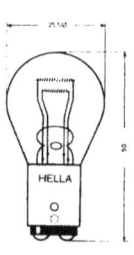

Links: Starke Oxydschicht an der Federzunge eines Sicherungskastens. (Leider ist das im Foto nicht so deutlich wie in Wirklichkeit.) Diese Oxydschicht behindert den Stromdurchgang so stark, daß sich ein hoher Spannungsabfall ergibt und die Funktion des an diese Sicherung angeschlossenen Verbrauchers in Frage gestellt wird.
Rechts: So verrottet können die Anschlüsse eines Relais sein, das für Spritzwasser zugängig ist. Natürlich hat ein so aussehendes Relais kaum noch die Wirkung eines Fernschalters. Liegt das Relais wirklich an ungünstiger Stelle, so sollte man die Klemmen wenigstens mit einem Unterschutz aus der Spraydose einsprühen.

Strahlt eine Beleuchtungseinrichtung vorwiegend gerichtetes Licht aus, so handelt es sich um einen Scheinwerfer, also z. B. Fernlichtscheinwerfer oder Nebelscheinwerfer. Die zusätzlichen Fernlichtscheinwerfer werden gelegentlich fälschlich auch als Weitstrahler bezeichnet.
Die Glühlampen für Scheinwerfer werden üblicherweise als Biluxbirnen oder -lampen bezeichnet, doch ist das eigentlich nur ein Name, die fachgerechte Bezeichnung ist „Zweifaden-Scheinwerfer-Glühlampe", denn hier sind zwei Glühfäden in einem Glaskolben eingeschmolzen. Da dieser Ausdruck natürlich viel zu lang ist, spricht man ganz allgemein von Bilux-Lampen, wenn dieser Name auch nur den Zweifaden-Scheinwerfer-Glühlampen von Osram zukommt und dieser Firma geschützt ist.
Zweifaden-Glühlampen findet man aber auch noch als Schlußlicht-Bremslicht-Lampen. Auch hier sind zwei Glühfäden in einem Glaskolben eingeschmolzen.

Der Spannungsabfall

Für einen Akrobaten ist der Spannungsabfall in seinem Drahtseil mehr als unangenehm, er ist gefährlich.
Ganz so schlimm wie bei dem Drahtseil eines Akrobaten wirkt sich der Spannungsabfall in der elektrischen Anlage des Autos zwar nicht aus, doch auch hier ist er recht unangenehm.
Der Ausdruck „Spannungsabfall" begegnet einem in der Elektrik immer wieder, aber der Laie kann sich nur schwer etwas darunter vorstellen.
Ganz grob gesagt, ein Spannungsabfall ist ein Energieverlust. Wenn eine Autobatterie z. B. eine Spannung von 12 Volt hat und mit dieser Spannung ein Verbraucher betrieben werden soll, so kann, je nach Zustand der Leitungen, Schalterkontakte, Sicherungs- und Klemmenanschlüsse ein mehr oder weniger großer Teil der Spannung verlorengehen; ein Teil der Spannung „fällt ab". Wie stark die Spannung abfällt, ist von den Widerständen in der elektrischen Anlage abhängig und von der Stärke des fließenden Stroms. Diese Widerstände sind recht mannigfaltiger Art und werden u. a. durch oxydierte Klemmen und zu schwache Schalterkontakte gebildet.

Rohrleitungen als Widerstände gesehen

Um den Spannungsabfall verständlich zu machen, soll er an einem Beispiel erläutert werden:
Stellen Sie sich ein enges langes Betonröhrensystem vor, das eine Vielzahl von zusätzlichen starken Verengungen enthält, gelegentlich findet sich auch noch ein Schutthaufen im Röhrensystem.
Die Betonröhren sollen die elektrischen Leitungen darstellen, die Verengungen die Widerstände an den Schalterkontakten und die Schutthaufen die Verunreinigungen und Korrosionen an den Klemmverbindungen.
Jetzt müssen sich ein ziemlich dicker Mann (der starke Strom) und ein dünner Mann (der schwache Strom) durch das Röhrensystem hindurchzwängen.
Je nach Länge des Röhrensystems und nach Zahl der Widerstände wird der dicke Mann am Ziel mehr oder weniger stark abgekämpft sein, seine Spannkraft hat stark nachgelassen.
Bei gleicher Länge des Röhrensystems und gleichen Widerständen wird der dünne Mann weniger erschöpft sein, denn er brauchte sich nicht so kräftig hindurchzuzwängen, seine Spannkraft hat weniger stark nachgelassen.
Trotzdem die Spannkraft bei beiden Männern nachgelassen hat (bei dem dicken Mann stark, bei dem dünnen Mann weniger) kommen sie, die den Strom versinnbildlichen, am Ende des Röhrensystems genau so stark heraus wie sie hineingekrochen sind. (Wir wollen davon absehen, daß der dicke Mann vielleicht etwas von seinem Fett verloren hat, denn alle Vergleiche hinken mehr oder weniger stark.)
Nun macht man die Betonröhren im Durchmesser wesentlich größer, baut weniger starke Verengungen ein und auch die Schutthaufen werden kleiner gemacht (bleiben sie gleich groß, so stören sie in den größeren Röhren wenigstens weniger).
Es ist wohl selbstverständlich, daß beide Männer in diesem System weniger an Spannkraft verlieren, als in dem engen Röhrensystem mit den größeren Widerständen.
Sehen Sie, ein dünnes Röhrensystem strapaziert einen dünnen Mann weniger als einen dicken. Man kann das Röhrensystem aber auch so erweitern, daß der dicke Mann hierin nicht mehr Spannkraft verliert, wie der dünne Mann im engeren System. Selbstverständlich wird der dünne Mann im weiten System noch weniger strapaziert wie im engeren, jetzt handelt es sich für ihn fast um einen Spaziergang und er hat gar keinen „Spannungsverlust".
Ich weiß, jetzt liegt schon wieder ein Fachmann auf der Lauer, der heuchlerisch fragt: „Und wenn die Röhren so dünn sind, daß sie keinen der Männer durchlassen?
Kommt dann gar kein Strom am Röhrenende heraus?"
(Gut, wenn die Röhren dünn und dünner werden, dann schicken wir eben einen Hund, eine Katze oder gar eine Maus hindurch.)
Je enger die Röhren für einen bestimmten Passagier — einen Strom — werden, um so größer ist der Spannungsabfall! Je dünner die Passagiere in einem bestimmten Röhrenquerschnitt sind, um so weniger groß ist ihr Spannungsabfall!
(Gewiß, man hätte auch einen Wasserstrom zum Vergleich heranziehen können, aber es dürfte eindringlicher wirken, wenn man sich selbst in die Situation eines „Röhrenwurms" versetzt, der nach und nach seine Spannkraft verliert.
Auf diese Art könnte man theoretisch auch die zuviel getrunkenen Bierchen abarbeiten, aber das hat mit der Elektrik nichts mehr zu tun.)

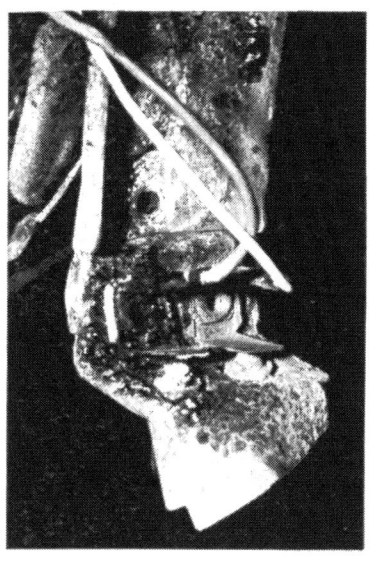 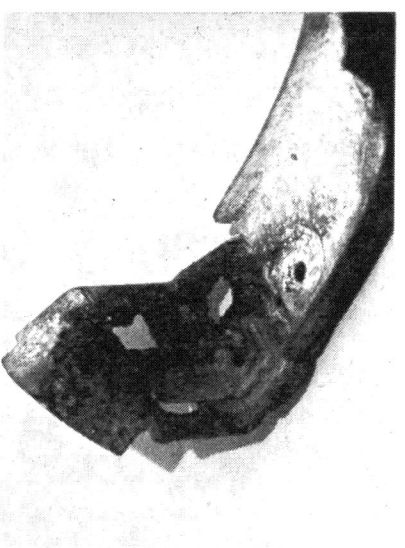

Links: Ein Bilderrätsel. Was ist das?
Nur die innere Lampenhalterung einer Blinkleuchte, die nicht genügend gegen das Eindringen von Wasser abgedichtet war. (Serienmäßig, der Wagen war nicht einmal zwei Jahre alt.)
Rechts: Als die eine Glühlampe ausgewechselt werden sollte, brach der Kontaktanschluß aus dem verrotteten Blechträger heraus. Manche Leuchten sind so schlecht gegen Wasser abgedichtet, daß man sie ab und zu untersuchen sollte, um unzulässigen Spannungsabfall oder schlimmeres zu verhindern.

Der in einem elektrischen Leitungszug auftretende Spannungsabfall ist an und für sich schon unangenehm, doch er wirkt sich noch unangenehmer aus, als man bei flüchtiger Überlegung annehmen könnte.
Beträgt der Spanungsverlust in einer Leitung bei einer 12-Volt-Anlage z. B. 1,2 Volt, so wären das 10 %. Der Leistungsverlust des an diese Leitung angeschlossenen Verbrauchers beträgt aber schon 19 %! Handelt es sich bei diesem Verbraucher gar um eine Glühlampe, so beträgt der Lichtverlust sogar über 30 %! Warum das so ist, können Sie — sofern es Ihnen nicht zu langweilig ist — im letzten Kapitel nachlesen.
Mir selbst erscheint die Sache reichlich langweilig, und ich bin der Ansicht, man sollte sich mit der Theorie nur dann befassen, wenn es gar nicht anders geht.
Nachdem ich die Spannungsabfälle an über zwanzig Fahrzeugen — alten, mittelalterlichen und brandneuen — gemessen hatte, bin ich zu einem einfachen Rezept gekommen:
Alle wichtigen Stromverbraucher, bei denen es darauf ankommt, daß sie wirklich mit voller Leistung arbeiten, werden soweit wie möglich ohne überflüssige Anschlüsse direkt über Relais von der Lichtmaschine mit Strom versorgt.
Was man dabei zu machen hat, lesen Sie im Kapitel „Leitungen".

Spannungsabfall zieht Leistungsverlust nach sich

Schaltzeichen, Schaltbilder und Klemmenbezeichnungen

So läuft der Strom

Dem normalen Autofahrer erscheint wohl nichts an seinem Wagen so unheimlich, wie das Gewirr der elektrischen Leitungen. Sie laufen in scheinbar unberechenbaren, planlosen Bahnen. Eine Störung in der elektrischen Anlage, die man oft einem sagenhaften, nicht existenten Parasit, dem „Kupferwurm", zuschreibt – vergällt manch einem die ganze Freude am Auto. Solange man einen Fehler schnell erkennen kann – sei es nun eine durchgebrannte Glühlampe oder ein aus der Zündspule herausgezogenes Kabel – kommt man mit der Elektrik noch ganz gut zurecht. Ausgesprochen unangenehm wird es erst dann, wenn der Fehler irgendwo im Leitungsnetz zu liegen scheint und hier steht man beim ersten Mal so davor, wie der bekannte Ochse vor der Apotheke.

Gerade die vielfältigen Leitungen, Klemmen, Sicherungen und Schalter machen die elektrische Anlage auf den ersten Blick erschreckend unübersichtlich, doch gibt es hierfür einige Wegweiser, ohne die selbst ein ausgefuchster Autoelektriker auf stundenlanges Messen und Suchen angewiesen wäre.

Wegweiser für den Stromverlauf

- die unterschiedlichen Farben der elektrischen Leitungen;
- die bei allen deutschen Wagen einheitlichen Klemmenbezeichnungen für die verschiedenen Anschlüsse;
- der Schaltplan.

Mit diesen Wegweisern wird dem elektrofeindlichsten Autofahrer die Suche nach einer Störung so leicht gemacht, daß er nur noch die beiden schon genannten wichtigsten Werkzeuge braucht:
Die angeborene Intelligenz,
die Prüflampe.

Wenn Sie in der Lage sind, einen Schaltplan zu lesen (und jede bessere Bedienungsanleitung enthält einen solchen – die Bände der Reihe „Jetzt helfe ich mir selbst" haben in der rückseitigen Umschlagklappe sogar einen bunten, leicht faßlichen Schaltplan), so können Sie mit etwas Überlegung schnell dahinter kommen, wo ein Fehler liegen kann.

Vielleicht sagen Sie jetzt: ja, meine Bedienungsanleitung enthält zwar einen Schaltplan, aber die dort verwendeten „Geheimzeichen" sind mir unverständlich.

Gewiß, die in den Schaltplänen erscheinenden Schaltzeichen wirken oft wie ägyptische Hieroglyphen, doch wenn man das hierfür gültige „Alphabet" kennt, kann man einen Schaltplan fast so schnell lesen wie ein Buch.

In der „Bilderschrift" der Elektrik unterscheidet man zwischen:
Schaltzeichen – Schaltbilder – Schaltplänen – Kabelverlegungsplänen.

Die Schaltzeichen

Schaltzeichen sind nur Symbole für ein elektrisches Bauelement. Anstelle eines langen Wortes verwendet man hier einfach ein stilisiertes Bild. Fast alle Schaltzeichen sind genormt, so daß sie stets die gleiche Bedeutung haben. (Hin und wieder kommt es allerdings vor, daß die Schaltzeichen von einem Zeichner noch ein klein wenig vereinfacht oder abgeändert werden, aber in diesem Fall braucht man keine Phantasie aufzuwenden, um zu erkennen, was gemeint ist.)

Die Schaltbilder

Schaltbilder sind die Darstellungen eines Geräts, wobei mehrere Schaltzeichen zusammengefasst sind. So ist z. B. das in der Schaltzeichen-Zusammenstellung mit „Z" bezeichnete Relais schon ein Schaltbild, denn hier ist ein Schalter nach „P" und ein Elektromagnetsystem nach „Y" zusammengefasst.

Der Schaltplan

Wie man den Stromverlauf eines Flusses aus einer Landkarte entnehmen und (wenn der Kartenmaßstab groß genug ist) feststellen kann, wo zum Beispiel Widerstände in Form von Flußbetteinengungen vorliegen oder wo der Fluß in einer Staustufe Generatoren antreibt, hat man für den Stromverlauf in der elektrischen Anlage eines Kraftfahrzeugs ähnliche „Landkarten". Was die Landkarte für die Darstellung des Flusses ist, ist der Schaltplan für den elektrischen Strom. Aus diesem Schaltplan kann man die ganzen Zusammenhänge ablesen.
Der Schaltplan ist eine Zusammenstellung von elektrischen Symbolen und ihren Verbindungen.

Der Kabelverlegungsplan

Nun gibt es für die Darstellung eines Flußverlaufs auch noch sogenannte Panoramakarten, auf denen der Fluß und seine angrenzenden Gebiete reliefartig dargestellt sind, so daß sich auch ein Nichtfachmann schnell ein Bild von der Beschaffenheit der Gegend machen kann. Etwas ähnliches ist für den Stromverlauf in Autos der sogenannte Kabelverlegungsplan, in dem die zusammengefaßten Kabel und die einzelnen Aggregate mehr oder weniger natürlich dargestellt sind.
(Der Schaltplan mit seinen elektrotechnischen Symbolen ist nämlich nicht jedermanns Sache, denn um ihn lesen zu können, muß man zuerst einmal die Bedeutung der Symbolik kennen und außerdem die Bezeichnung der verschiedenen Anschlußklemmen.)

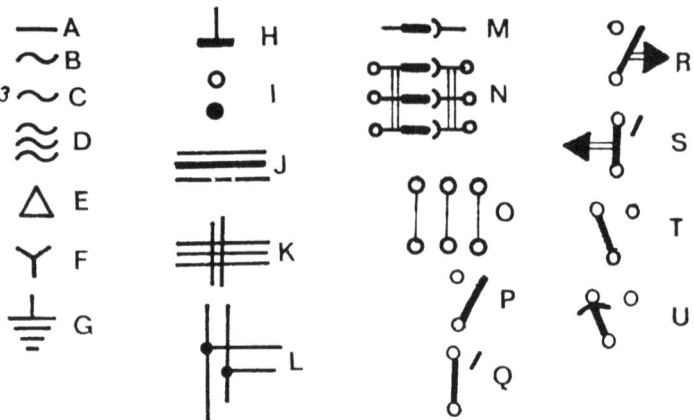

Die wichtigsten Schaltzeichen

A = Gerader Strich. Bedeutet „Gleichstrom".
B = Wellenlinie. Bedeutet „Wechselstrom".
C = Wellenlinie mit einer „3" davor. Bedeutet Dreiphasen-Wechselstrom („Drehstrom"). Früher nur in der allgemeinen Elektrik von Interesse; durch die Drehstrom-Lichtmaschine kann dieses Zeichen auch in Auto-Schaltplänen auftauchen.
D = Dreifache Wellenlinie. Wie unter C.
E = Dreieck. Bedeutet Drehstrom-Dreieckschaltung (eine Schaltungsart bei Drehstrom-Lichtmaschinen.)
F = Stern. Bedeutet Drehstrom-Sternschaltung (eine Schaltungsart bei Drehstrom-Lichtmaschinen.)
G = Erdung. Dieses Zeichen findet man noch sehr häufig als Fahrzeugmasse, obwohl es nicht normgerecht ist.
H = Fahrzeugmasse. Bei Fahrzeugschaltplänen kann man das Zeichen nach „G" dem nach „H" gleichsetzen.
(Vielfach wird das Zeichen nach „G" nur deswegen gebraucht, weil der Schaltplanzeichner ein Gewohnheitstier ist, denn das Zeichen „H" ist „relativ" neu.)
I = Anschlußstellen. Kreis bedeutet lösbare Verbindung (Schraub- oder Steckverbindung. Punkt bedeutet nicht lösbare Verbindung (Löt- oder Quetschverbindung.)
J = Leitungen. Wenn man Leitungen in einem Schaltplan unterschiedlich machen muß, so kann man sie verschieden stark oder auch gestrichelt darstellen.
K = Sich in einem Schaltplan kreuzende Leitungen. Diese Leitungen sind gegeneinander isoliert, haben also nichts miteinander zu tun.
L = Abzweigung von Leitungen. Der schwarze Punkt gibt die Verbindung an.
M = Steckverbindung. Links der Steckerstift, rechts die Steckhülse oder die Steckdose.
N = Mehrpolige Steckverbindung. Die dünneren schwarzen Linien bedeuten, daß die Stecker isoliert miteinander verbunden sind.
O = Anschlußklemmen (z. B. Lüsterklemmen).
P = Einpoliger Schalter zum Ein- und Ausschalten einfacher Anlagen (z. B. Nebellampen).
Q = Einpoliger Schalter, sogenannter Öffner. Im normalen Betrieb ist er immer geschlossen. (Findet sich selten im Kraftfahrzeug.)

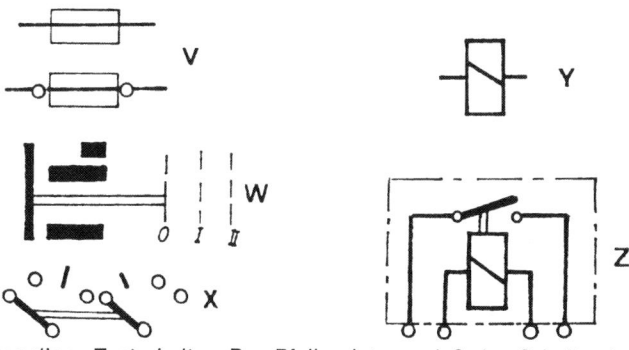

R = Einpoliger Tastschalter. Der Pfeil zeigt an, daß der Schalter in dieser Richtung unter Federwirkung steht. Wenn er von Hand geschlossen wird, so öffnet er sich wieder von selbst, z. B. Hupenknopf.

S = Einpoliger Tastschalter. Wird er durch Druck geöffnet, so schließt er sich anschließend wieder unter Federwirkung (Öldruckkontrollschalter).

T = Umschalter, z. B. um von Hörnern auf Fanfaren oder umgekehrt zu schalten.

U = Umschalter ohne Unterbrechung. Während des Umschaltens erhalten kurzzeitig beide Klemmen Strom. Diese Ausführung findet man als Abblendschalter, so daß Fern- und Abblendlicht kurzzeitig gemeinsam brennen.

V = Sicherungen. Oben: allgemeine Darstellung. Unten: mit Anschlußklemmen.

W = Zweistufiger Zugschalter. Stellung 0 = ausgeschaltet. Stellung I = zwei Pole miteinander verbunden (z. B. Stromzuführung vom Pluspol zu den Stand- und Rückleuchten). Stellung II = drei Pole miteinander verbunden (z. B. Stromzuführung vom Pluspol zu den Stand- und Rückleuchten sowie den Scheinwerfern.)

X = Zweifach-Vierstellenschalter mit je einer Offenstellung. Die dünnen Verbindungslinien zwischen den beweglichen Schalterkontakten zeigen an, daß sie isoliert miteinander verbunden sind. (Schalterausführungen gibts wie Sand am Meer, so daß wir unmöglich auch nur einen Teil wiedergeben können. Sofern man überhaupt über die Funktion Bescheid wissen muß, kann man diese mit etwas Phantasie aus der Darstellung im Schaltplan entnehmen. Üblicherweise braucht man aber nur die Klemmenbezeichnung zu kennen.)

Y = Elektromagnetisches Triebsystem. Das ist ein Eisenkern mit einer Wicklung. Wird diese Wicklung vom Strom durchflossen, so wird der Eisenkern magnetisch und kann z. B. ein Eisenplättchen – einen sogenannten Anker – anziehen.

Z = **Schaltbild** eines Relais oder auch Magnetschalters. Zusammenfassung der Schaltzeichen „P" und „Y".

Wird die Wicklung des Triebsystems vom Strom durchflossen, so wird der Schalteranker angezogen und schließt einen Kontakt. Die beiden dünnen Striche zwischen Triebsystem und Anker geben keine mechanische Verbindung an, sie zeigen nur die Wirkung der magnetischen Kraft. Manchmal findet man auch noch eine Pfeilspitze nach Bild R oder S am Anker angegeben; sie soll nur anzeigen, daß der Anker unter Federwirkung zurückgeht. Die strichpunktierte Linie bedeutet nur „Gehäuse". Gilt bei allen Geräten. Siehe auch unter „g – h – i"

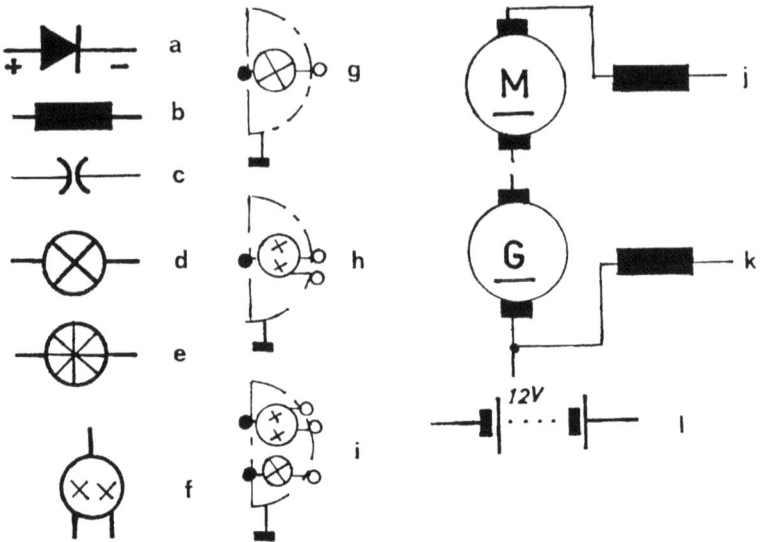

a = Trocken-Gleichrichter (Diode), läßt den Strom nur in einer Richtung passieren, macht also Gleichstrom aus Wechsel- oder Drehstrom. Der positive Strom fließt von hier von + nach −. Schaltzeichen kommt bei Drehstrom-Lichtmaschinen vor.

b = Wicklung allgemein. Eine Wicklung in diesem Sinn sind z. B. die Feldspulen der Lichtmaschine oder des Anlassers. Auch hier gibt es viele unterschiedliche Ausführungen, die wir nicht alle wiedergeben können. (Ist ein Rechteck nur schwarz umrandet statt schwarz ausgefüllt, so handelt es sich um einen Ohmschen Widerstand. Ein solcher wäre z. B. der Vorwiderstand des Heizgebläses.)

c = Funkenstrecke, z. B. Zündkerze oder Luftspalt zwischen umlaufendem Verteilerfinger und feststehender Verteilerelektrode.

d = Einfache Glühlampe oder Leuchte.

e = Glühlampe oder Leuchte zur Mehrfachverwendung. Z. B. wenn die Glühlampen der Bremsleuchten gegebenenfalls auch als Blink-Glühlampen eingesetzt werden (Fahrzeuge mit Zweikreis-Brems-Blink-Schaltung).

f = Zweifaden-Glühlampe, z. B. Scheinwerfer-Glühlampe für Fern- und Abblendlicht, Glühlampe mit zwei Glühfäden für Schluß- und Brems- oder Blinklicht.

g = Scheinwerfer mit einer Glühlampe (z. B. Nebelscheinwerfer). Die gestrichelte Umrandung gibt wiederum das Gehäuse an. Da manche Zeichner zu bequem sind, um die Feder mehrmals abzusetzen, ziehen sie das Gehäuse durch − gemeint ist das gleiche.

h = Scheinwerfer mit Zweifaden-Glühlampe für Fern- und Abblendlicht.

i = Scheinwerfer mit Zweifaden-Glühlampe für Fern- und Abblendlicht sowie Einfadenglühlampe für Standlicht.

j = Reihenschlußmotor (z. B. Anlasser). Das „M" gibt an, daß es sich um einen Motor handelt, der darunter liegende Strich bedeutet − wie schon bei „A" gesagt − „Gleichstrom".

k = Nebenschlußgenerator (z. B. Lichtmaschine). Das „G" gibt an, daß es sich um einen Generator handelt, also einen Stromerzeuger, der darunter

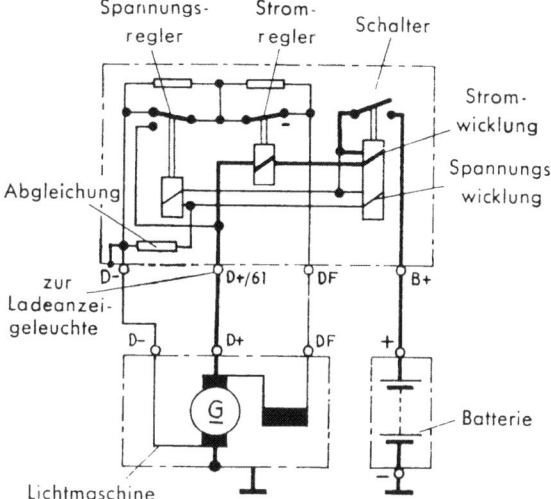

So sieht ein Teilschaltplan in neuer normgerechter Darstellung aus. Hier handelt es sich um die Zusammenschaltung von Lichtmaschine, Regler und Batterie. Einen kompletten Schaltplan findet man in der hinteren Umschlagklappe

liegende Strich bedeutet wiederum „Gleichstrom". (Die kleinen schwarzen Rechtecke direkt am Kreis, in den Schaltzeichen „j" und „k" geben nur die Kohlebürsten an.)

I = Batterie. Je ein kurzer dicker und ein langer dünner Strich bedeuten eine Zelle — bei der Autobatterie also 2 Volt. Drei solcher Zellen würden also eine 6-Volt-Batterie kennzeichnen. Für eine 12-Volt-Batterie wären 6 Zellen erforderlich. Der Einfachheit halber zeichnet man hier nur zwei Zellen, die man durch Punkte miteinander verbindet und gibt die Spannung gesondert an.

Die Verbindungsstrippen

Vergleicht man einen Schaltplan mit einer Landkarte, so entsprechen die Schaltzeichen etwa den Symbolen für Städte, Dörfer, Burgen, Flugplätzen usw., doch möchte man natürlich auch wissen, wie die einzelnen Punkte miteinander verbunden sind; durch Ströme und Straßen. So wie die wichtigsten Straßen eine Nummer haben und man sich selbst bei weit auseinander liegenden Orten nur immer an die Nummer der Europa- oder Bundesstraße halten muß, um ans Ziel zu gelangen, so haben auch die Verbindungsstraßen — die Leitungen — zwischen den einzelnen elektrischen Aggregaten im Auto eine Nummer. (Hier sind allerdings auch die untergeordneten „Wege" gekennzeichnet, damit man sich auf keinen Fall verfahren kann.)

Anstelle der Bundesstraßennummer taucht im elektrischen Schaltplan die „Klemmenbezeichnung" auf.

(Schon in der Fußnote zum Kapitel „Das Horn" wurde darauf hingewiesen, daß eine „Klemme" im vorliegenden Sinn kein Gegenstand ist, sondern nur eine Anschlußbezeichnung.)

Ursprünglich wurden die Klemmenbezeichnungen von der Firma Bosch eingeführt, sind heute aber in Deutschland genormt, so daß man bei den deutschen Wagen für gleichartige Geräteanschlüsse auch die gleiche Klemmenbezeichnung hat.

Warum eine bestimmte Anschlußklemme gerade diese Nummer hat und keine andere, ist schwer zu sagen. (Ebensogut können Sie danach fragen, warum der Schriftzug für den Buchstaben A nicht für den Buchstaben B gewählt wurde und umgekehrt.)

Wichtigste Klemmenbezeichnungen:

Klemme	von	Leitung nach
1	Zündspule	Zündverteiler (Unterbrecheranschluß)
4	Zündspule	Zündverteiler (Hochspannungsleitung)
15	Zündschalter	Zündspule, Blinkgeber und sonstige Tagesverbraucher
30	Batterie (+) über Anlasser	Lichtschalter, Zündschalter
30	Anlasser	Lichtmaschine
30/51	Batterie +	Relais
31	Batterie −	Masse
31	Verbraucher	Masse
31 b	Endabstellung Wischermotor	Wischerschalter
49	Zündschalter Klemme 15	Blinkgeber 15 bzw. 49
49 a	Blinkgeber	Blinkerschalter
50	Anlaßschalter (Zündschloß)	Anlasser-Magnetschalter
51 od. B +	Lichtmaschine (Regler)	Anlasser (Klemme 30) Batterie +
53	Wischerschalter	Wischermotor (Ankerwicklung) Klemme 54 d bzw. 53
53 a	Wischerschalter oder 54	Endabstellung Wischermotor, Klemme 54 d bzw. 53 a
56	Lichtschalter	Abblendschalter
56 a	Abblendschalter	Scheinwerfer (Fernlicht)
56 b	Abblendschalter	Scheinwerfer (Abblendlicht)
57	Lichtschalter	Standlicht
	über Schalter	Nebelscheinwerfer
58	Lichtschalter	Schlußleuchte, Begrenzungsleuchte, Standlicht, Kennzeichenbeleuchtung
85	Relais- oder Schaltschützwicklung	Masse
86	Relais- oder Schaltschützwicklung	Batterie + über Schalter
87	Relais oder Schaltschütz-Arbeitskontakt	Verbraucher
87 a	Relais-Ruhekontakt	Verbraucher
D +	Lichtmaschine +	weggebautem Regler
D −	Lichtmaschine −	weggebautem Regler
DF	Lichtmaschinenklemme für Feldwicklung	weggebautem Regler
L	Blinkerschalter	Blinkleuchte vorn und hinten links
R	Blinkerschalter	Blinkleuchte vorn und hinten rechts
P	Zünd-Anlaßschloß	Parklichtschalter
G	Kraftstoff-Anzeige	Tankgeber

Neben diesen allgemein gebräuchlichen Klemmenbezeichnungen findet man vereinzelt noch folgende zusätzliche Klemmenbezeichnungen:

Klemme	von	Leitung nach
PR	Parklichtschalter	Parklicht vorn und hinten rechts (Begrenzungsleuchte u. Schlußleuchte)
PL	Parklichtschalter	Parklicht vorn und hinten links (Begrenzungsleuchte u. Schlußleuchte)
Hp	Magnetwicklung im Schrittschaltrelais des Kombirelais	Blinker- und Abblendlichtschalter
K 1	Lichtschalter	Klemme 30 a (+)
K 2	Lichtschalter	Kennzeichenbeleuchtung
R	(am Kombirelais)	Klemme 56 b des Lichtschalters
R	(am Zündschloß)	Hupe
30 a	Klemme 30 über Sicherung	Zeituhr, Klemme K 1 des Lichtschalters, Innenleuchten, Scheibenwischerschalter
15 Bl	vom Kombirelais	Klemme 15
49	Blinkgeber im Kombirelais	Klemme 15 BL
56 a 1	Abblendschalter	Abblendrelais (Fernlicht)
56 b 1	Abblendschalter	Abblendrelais (Abblendlicht)

So wie hier aufgeführt, gelten diese Klemmenbezeichnungen ebenso wie die Kabelfarben nur für deutsche Fahrzeuge;
Sehr wichtig: Bei den Fiat-Typen ist höchste Vorsicht bei den Leitungen zwischen Lichtmaschine und Regler geboten. Hier gehört
Klemme 51 der Lichtmaschine an Klemme 51 des Reglers,
Klemme 67 der Lichtmaschine an Klemme 67 des Reglers.
(Da es bei alten Bosch-Anlagen am Regler ebenfalls eine Klemme 51 gibt, die jedoch an Batterie-Plus liegt, ergeben sich (auch in Werkstätten) oft verhängnisvolle Fehlanschlüsse. Vielfach wird auch noch die Fiat-Klemmenbezeichnung 67 als 61 der deutschen Bezeichnung gelesen, was ebenfalls schlimme Folgen hat.
Inwieweit der angeblich schlechte Ruf der Fiat-Elektrik auf Klemmenverwechslungen an Lichtmaschine und Regler zurückzuführen ist, läßt sich wohl nie feststellen.)

Farbkennzeichnung

Ein weiteres Orientierungsmittel in den Schaltbildern und den Schaltplänen sowie am Fahrzeug selbst, sind die Farbkennzeichnungen der Leitungen. Wie die Schaltzeichen und die Klemmenbezeichnungen sind auch die Kabelfarben genormt. Aber — manche Kraftfahrzeughersteller haben ein eigenes Kabel-Farbenschema, und andere Arten der Farbenzeichnung sind wieder bestimmten Firmen geschützt. (Außerdem soll es auch bei großen Firmen vorgekommen sein, daß bestimmte Kabelfarben ausgegangen sind; dann hat man verwendet, was gerade zur Hand war!)
Die Grundfarben sind:
ro = rot, sw = schwarz, br = braun, ws = weiß, ge = gelb, gn = grün, gr = grau, hb = hellblau. Die Leitungen in dieser Farbe können noch durch eine Kennfarbe (farbige Wendel oder farbige Manschetten) zusätzlich unterschieden werden. Farben wie oben, zusätzlich li = lila. Dann bedeutet z. B. sw/ws = Grundfarbe schwarz, Kennfarbe weiß.
Es bedeutet:

Farbe	von	zu
rot	Anlasser	Lichtmaschine
	Anlasser	Lichtschalter Kl. 30
	Lichtschalter Kl. 30	Zündschalter Kl. 30
	Lichtschalter Kl. 30	Sicherung
	Sicherung	Radio, Uhr, Deckenleuchte usw.
schwarz	Batterie	Anlasser
	Batterie	Masse (sofern keine blanke Leitung)
	Zündschalter	Zündspule, Anzeigeleuchten, Sicherung
schwarz/rot	Sicherung	Bremsleuchte
schwarz/weiß-grün	Sicherung	Blinkerschalter
schwarz/weiß	Blinkerschalter	Blinkleuchte links
schwarz/grün	Blinkerschalter	Blinkleuchte rechts
weiß/schwarz	Lichtschalter	Abblendschalter
weiß	Abblendschalter	Fernlicht
gelb	Abblendschalter	Abblendlicht
grau	Lichtschalter	Sicherung
grau/schwarz	Sicherung	Schlußleuchte, Standlicht, Kennzeichenleuchte, links
grau/rot	Sicherung	Schlußleuchte, Standlicht, Kennzeichenleuchte rechts
hellblau	Ladekontrolle	Klemme 61 des Reglers
hellblau/weiß	Sicherung	Fernlichtkontrolle
hellblau/grün	Öldruckschalter	Öldruckkontrolle
hellblau/schwarz	Kraftstoffbehälter	Kraftstoffanzeige
braun	sämtliche Verbraucher	Masse

Leitungen und was dazu gehört

Der Strippensalat

Die heute im Auto verwendeten Leitungen haben eine öl- und benzinfeste Kunststoffisolierung. Muß man einmal eine Leitung ersetzen, oder will man eine neue Leitung für einen zusätzlichen Verbraucher wie Nebelscheinwerfer, Drehzahlmesser usw. einziehen, so darf man kein gummiisoliertes Kabel verwenden, wie es z. B. im Haushalt als Bügeleisenschnur oder ähnliches verwendet wird. Eine solche Gummiisolierung quillt unter Öl- oder Benzineinfluß (auch schon unter deren Dämpfen) und löst sich auf. Sie ist außerdem auch nicht scheuerfest und so handelt man sich bald kleineren oder größeren Ärger ein.

Nun verwendet man heute im Haushalt aber oft auch kunststoffisoliertes dreiadriges Kabel, wobei die Einzelleitungen weiß, rot und schwarz sind.

Jetzt könnte man in Versuchung kommen, die kunststoffisolierte Schnur vom Toaströster z. B. für die Installation einer Fanfarenanlage zu verwenden (besonders, wenn Sie sich aus Toast nichts machen). Auch das gibt Ärger! Nicht nur mit Ihrer Frau, sondern besonders mit den Fanfaren, die in diesem Fall längst nicht so laut ertönen, wie man sich erhofft hat.

Es wurde ja schon davon gesprochen, daß die Leitungen je nach der Stromaufnahme der Verbraucher einen mehr oder weniger starken Querschnitt haben müssen, wenn die Verbraucher die volle Leistung abgeben sollen. Der Querschnitt des kunststoffisolierten Haushaltskabels reicht aber nur für ganz untergeordnete Verbraucher aus.

Nicht an Leitungen sparen

Die für die elektrischen Verbraucher im Auto nötigen Leitungen bekommt man in Auto-Elektrowerkstätten. (Natürlich haben auch normale Autowerkstätten elektrische Leitungen für die nötigen Reparaturen, doch hat man dort selten mehr als drei verschiedenfarbige Leitungen und meist nur in ein oder zwei Querschnitten auf Lager. In ausgesprochenen Auto-Elektrowerkstätten hat man die Leitungen dagegen in allen gebräuchlichen Kabelfarben und Querschnitten vorrätig.)

Wenn man eine Leitung an seinem Wagen ersetzen muß, braucht man sich nicht unbedingt an die dort vorhandene Kabelfarbe zu halten, doch hat das natürlich seine Vorteile bei einer späteren Reparatur in der Werkstatt, weil der Monteur weniger suchen muß. Beim zusätzlichen Einbau eines Verbrauchers haben die verschiedenfarbigen Leitungen den Vorteil, daß man sofort weiß, welche Kabelfarbe von einer Schalterklemme am Instrumentenbrett zu welcher Klemme des Verbrauchers geführt werden muß.

Wie gesagt, werden die Leitungen in verschiedenen Querschnitten geliefert, denn eine Leitung zu einer Parkleuchte braucht weniger Strom durchzulassen als eine Leitung zu zwei Fernscheinwerfern, kann also dünner sein.

Um einen unzulässigen Spannungsabfall und eine unzulässige Erwärmung zu vermeiden, sind für die einzelnen Leitungen bestimmte Normquerschnitte vorgeschrieben. Der Spannungsabfall darf in den Leitungen für 6-Volt-Anlagen 0,4 Volt betragen, in den Leitungen von 12-Volt-Anlagen 0,8 Volt. Lediglich die Lichtmaschinen- und die Anlasserleitungen machen eine Ausnahme; die Lichtmaschinenleitung darf bei 6 Volt nur einen Spannungsabfall von 0,15 Volt haben, bei 12 Volt von 0,3, die Anlasserleitung bei 6 Volt einen Spannungsabfall von 0,25 Volt, bei 12 Volt einen solchen von 0,5 Volt.

Mindest-Leiterquerschnitte

0,5 mm^2	für gering belastete Leitungen, z. B. von Kennzeichen-, Schluß- und Kontrolleuchten, Kraftstoff-Vorratsanzeiger;
0,75 mm^2	für mäßig belastete Leitungen, z. B. von Brems-Schlußleuchten, Scheibenwischer, Zündanlagen;
1 mm^2	z. B. für Fahrtrichtungsanzeiger;
1,5 mm^2	für Scheinwerfer-Einzelleitungen ab Sicherung und Horn bis 6 Ampere;
2,5 mm^2	für Scheinwerfer-Sammelleitungen bis zur Sicherung und Horn über 6 Ampere;
4 – 25 mm^2	für Ladeleitungen (je nach Nennleistung der Lichtmaschine);
16 – 96 mm^2	für Anlasserleitung (je nach Anlasserleistung).

(Diese Mindestquerschnitte nach DIN sind nach der technischen Entwicklung viel zu gering, da die Verbraucher heute eine wesentlich höhere Stromaufnahme haben als früher.)

Natürlich kann man sich beim Kauf von elektrischen Leitungen mit dem Querschnitt begnügen, der gerade noch ausreicht, doch eine große Ersparnis ist das nicht. Der Preisunterschied zwischen einer dünnen und einer etwas stärkeren Leitung ist nicht wesentlich.

Alle weniger belasteten Leitungen führt man in 1,5 mm^2 Querschnitt aus, Leitungen zu größeren Stromverbrauchern, wie Fanfaren und Zusatzscheinwerfer in 2,5 mm^2 Querschnitt.

Wenn man solche Leitungen kauft, sagt man einfach: „Soundsoviel Meter 1,5- oder 2,5-Quadrat-Leitung".

(Damit Sie nachmessen können, ob Sie bekamen, was Sie verlangten: Bei der 1,5-mm^2-Leitung beträgt der Durchmesser der Kupferseele etwa 1,7 mm, der Außendurchmesser der Isolierung etwa 2,7 bis 3 mm. Bei der 2,5-mm^2-Leitung hat die Kupferseele etwa 2,2 mm Durchmesser, die Isolierung 3,3 bis 3,7 mm.)

Hin und wieder kommt es vielleicht auch einmal vor, daß Sie eine seriennmäßige elektrische Leitung ersetzen müssen. Nehmen Sie in diesem Fall stets den nächstgrößeren Querschnitt!

Sind serienmäßige Leitungen zu dünn?

Natürlich will ich nicht behaupten, daß die Automobil-Hersteller die Leitungen so bemessen, daß der zulässige Spannungsabfall in den Leitungen im Neuzustand überschritten wird. Es wird aber nur selten vorkommen, daß eine elektrische Leitung einen größeren Querschnitt hat als unbedingt nötig!

Gewiß, ich habe eben noch davon gesprochen, daß es keine große Ersparnis ist, wenn man statt dem Mindestquerschnitt den nächstgrößeren nimmt. Das gilt aber nur für Sie!

(Der Einkäufer in der Automobilindustrie denkt da ganz anders; wenn er nur zehn Pfennig an den Leitungen eines einzigen Autos einspart, dann sind das bei einer Million Automobilen schon 100 000 Mark!)

Nun nutzen sich elektrische Leitungen natürlich nicht ab und der in dieser Leitung auftretende Spannungsabfall ist auch noch nach hundert Jahren der gleiche. Die Spannungsabfälle an Klemmen, Steckverbindern, Schaltern usw. werden aber im Laufe der Zeit immer größer; sie addieren sich zu den Spannungsabfällen in den Leitungen, und schon kommt am Ende des Stromwegs längst nicht mehr das heraus, was mindestens herauskommen sollte.

Die Klemmenpflege

Klemmenpflege bedeutet nicht, daß man Leitungsverbinder, Stecker oder sonstige Anschlüsse regelmäßig waschen oder abschmieren muß.

Wenn Leitungsanschlüsse aber ungeschützt von Straßennässe sind, so kann sich an einer solchen Steckverbindung eine Oxydschicht bilden, die jeden Stromdurchgang verhindert (siehe auch das Bild der Statuen von Ramses IV. in Kapitel „Das Horn"). Solche Steckverbindungen „versiegelt" man einfach durch Aufsprühen von Unterbodenschutz auf Wachsbasis, wie z. B. Bostik 6000 M+S oder Teroson Rostokal.

Der Isolierschlauch

Werden mehrere Leitungen gemeinsam verlegt, so faßt man sie meist in einem Isolierschlauch (auch Bougierrohr genannt) zusammen. Auch diesen Isolierschlauch erhält man in verschiedenen Durchmessern in Autoelektro-Werkstätten. Um mehrere Leitungen gemeinsam einzuziehen, zieht man zuerst eine Leitung, deren eines Ende abisoliert wird, in den Schlauch. Die Leitungen, die zusammen im Isolierschlauch liegen sollen, werden ebenfalls am einen Ende abisoliert und mit dem abisolierten Ende der Einzelleitung zusammen verdrillt. Anschließend wird die Einzelleitung durch den Schlauch gezogen und der Strang nachgeschoben.

Leitungsanschlüsse und -verbindungen

Während die elektrischen Leitungen früher fast ausschließlich mit angelöteten Kabelschuhen versehen wurden, oder das abisolierte, verzinnte Leitungsende in einer Klemme durch eine Schraube festgehalten wurde, findet man heute hauptsächlich Flach- und Rundstecker.

Nur noch an ganz wenigen Stellen werden die elektrischen Leitungen mit Kabelschuhen festgeschraubt.

Wie man auch über die Leitungsverbindungen durch Stecker denken mag, sie haben sich durchgesetzt und keine Macht der Welt wird sie wieder verdrängen. Natürlich behaupten alle Automobilhersteller, daß die Steckverbinder *viiiel* besser seien als die altmodischen Schraubanschlüsse, doch ganz glaubhaft ist das nicht. Natürlich lassen sich Leitungen mit Steckverbindungen viel schneller und billiger herstellen als gelötete Verbindungen und das ist natürlich in der Serienfertigung nicht zu unterschätzen, wenn die Autos so billig wie möglich bleiben sollen.

Die Flach- oder Rundstecker werden in der Industrie durch Maschinen an die Leitungen angeschlagen oder gepreßt und die elektrischen Geräte werden von den Herstellern direkt mit Flachsteckzungen oder Rundsteckern ausgerüstet, so daß sich die Montage wesentlich verbilligt.

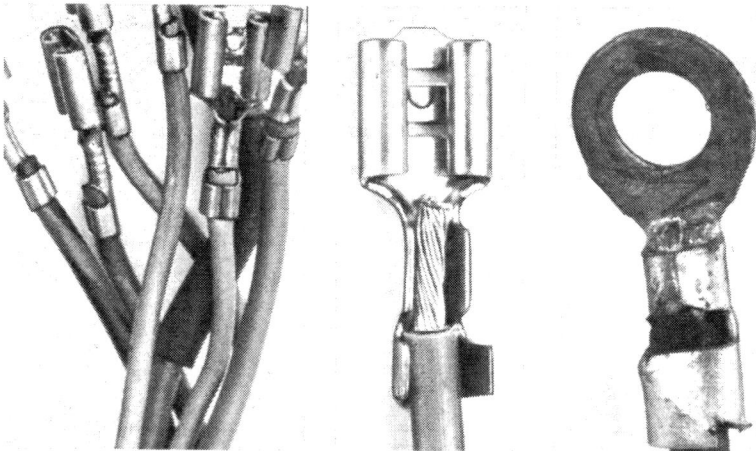

Links: Maschinell angeschlagene Flachstecker, wie sie in den serienmäßigen Leitungsverbindungen der Wagen zu finden sind.
Mitte: So sieht ein blanker Flachstecker aus, wie er mit den Zangen „Quetschboy" und „Quetschkombi" verarbeitet wird.
Rechts: angelöteter Kabelschuh.

Angeblich hält ein industriemäßig auf eine Leitung aufgepreßter Stecker eine ebenso große Zugbelastung aus wie ein angelöteter Kabelschuh. Na ja.
Auf jeden Fall sind Flach- und Rundsteckverbindungen sehr häufig die Quelle unangenehmer Störungen, denn zwischen Stecker und Steckerstift bildet sich oft die schon erwähnte Oxydschicht, die den Stromübergang erschwert oder sogar unterbricht.

Steckverbindungen erneuern

Für uns ist es am unangenehmsten, daß man eine am Stecker abgebrochene Leitung nur dann mit einem neuen Stecker versehen kann, wenn man entsprechendes Werkzeug hat. Notfalls kann man den Stecker zwar auch mit einer Wasserpumpenzange anquetschen (in der allergrößten Not sogar mit einer Kombizange), doch ist der Quetschdruck viel zu klein, da diese Zangen eine ungenügende Hebelübersetzung haben.

In den Werkstätten werden sogenannte Leitungsverbinderkästen verwendet, die eine Spezialquetschzange und ein mehr oder weniger großes Sortiment von Steckern und Kabelschuhen enthalten. Solche Leitungsverbinderkästen sind nicht einmal in der kleinsten Ausführung — für Bastler — sehr billig, denn schon diese kosten so um 60 Mark herum.

Um die Arbeit mit diesen Leitungsverbinderkästen in der Werkstatt zu rationalisieren, haben die Stecker und Kabelschuhe verschiedenfarbige Isolierhülsen, wobei die Farben der Hülsen jeweils einem bestimmten Leitungsquerschnitt zugeordnet sind. Für die verschiedenen Stecker besitzen die Quetschzangen dann verschieden große Quetschmäuler, die den zugehörigen Steckern entsprechend farbig markiert sind. (An den Geräten liegen die Stecker nie so nahe beieinander, daß wirklich eine Isolierung erforderlich wäre, die mehrfarbigen Isoliertüllen haben nur eine Markierungsaufgabe.)

Mit der entsprechenden Quetschzange lassen sich die Stecker zwar recht schnell verarbeiten, doch sieht man nach Herstellung der Quetschung nicht, ob man richtig gearbeitet und eine einwandfreie Verbindung zwischen Leitung und Stecker hergestellt hat.

Die Quetschzangen aus derartigen Leitungsverbinderkästen haben noch weitere Annehmlichkeiten wie z. B. Aussparungen zum Abisolieren von Leitungen mit verschiedenen Querschnitten, eine Schneide zum Durchtrennen von Leitungen und einige Abscher-Öffnungen, in denen man Schrauben von

Links: Die zur Verarbeitung von blanken Steckverbindungen geeigneten Zangen „Quetschkombi" (links) und „Quetschboy" (rechts).
Rechts: Die zum Quetschen von isolierten Steckverbindern gebräuchlichen Zangen haben außer den Quetschmäulern noch Abisolierschneiden und Abscheröffnungen für dünnere Schrauben.

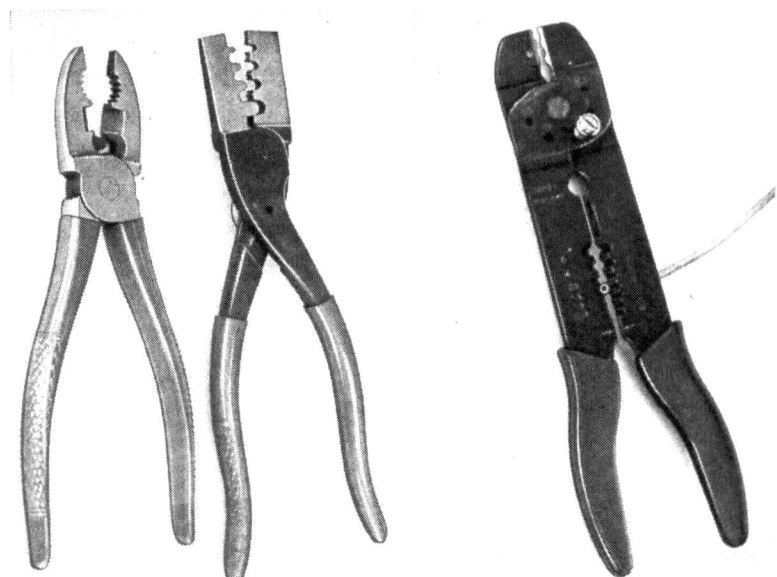

etwa 3 bis 5 mm sauber kürzen kann. Eine solche Quetschzange ersetzt also gleichzeitig einen Seitenschneider, eine Abisolierzange und schert zu lange Schrauben sauber ab. Man könnte der Ansicht sein, daß der Preis von rund 30 Mark für eine solche Zange (man bekommt sie nämlich auch ohne Kasten und Stecker) nicht zu hoch sei.

Trotzdem, wenn man sich beim Anbringen eines Steckers etwas mehr Zeit lassen kann und nicht unbedingt „rationell" arbeiten muß, sind diese Quetschzangen und die zugehörigen isolierten Stecker nicht sehr zu empfehlen.

Blanke oder isolierte Steckverbindungen?

In der Serienfabrikation werden grundsätzlich nur die blanken, nicht isolierten Stecker verarbeitet und auch viele Werkstätten sind mittlerweile dazu übergegangen.

Da die blanken Stecker nur 1/4 bis 1/3 der isolierten kosten, ist es ja verständlich, daß man sie in der Serienfabrikation verarbeitet. In Werkstätten sieht es anders aus; da die Verarbeitung der blanken Stecker mehr Zeit beansprucht als die der isolierten, bringt die Verarbeitung der blanken Stecker keinen wirtschaftlichen, aber einen anderen Vorteil:

Quetscht man die blanken Stecker mit einer passenden Zange, so sieht man anschließend genau, ob die Leitungsverbindung einwandfrei ist. Die blanken Stecker haben auch noch den Vorteil, daß man auch Leitungen mit dünnerem Querschnitt in Steckern verarbeiten kann, die für Leitungen dickeren Querschnitts bestimmt sind.

Normale Kombizange reicht nicht aus

Die zum Anquetschen der blanken Stecker gebräuchlichen Zangen sind unter dem Namen „Quetschboy" und „Quetschkombi" im Handel. Man wird sie in besseren Werkzeug- und Zubehörgeschäften finden, kann sie aber auch direkt vom Hersteller, Firma Brunsmeier in Frankfurt, Humboldtstraße 5, beziehen. Während der „Quetschboy" (DM 16.—) schon mehr für Reparaturbetriebe bestimmt ist, da man mit ihm auch Stecker von 7 mm Anschlußfahnendurchmesser quetschen, also auch ziemlich starke Leitungsquerschnitte verarbeiten kann, ist die „Quetschkombi" (DM 12.—) mehr für Bastler gedacht.

Da die „Quetschkombi" auch noch wie jede andere Kombizange eine Schneide hat, mit der man Leitungen abtrennen kann und – bei entsprechender Vorsicht – auch Isolierungen entfernen kann, kann man sich eventuell einen Seitenschneider und eine Abisolierzange ersparen.
Für den Hausgebrauch gibt es von der Firma Brunsmeier auch ein sogenanntes Bastlersortiment an Steckern, Kabelschuhen usw., das 50 der gebräuchlichsten Teile enthält, zum Preis von 8 Mark.
(Obwohl ich eine Quetschzange für isolierte Steckverbindungen habe, einen Quetschboy und eine Quetschkombi, benutze ich fast immer die Quetschkombi. Ganz selten – bei Leitungen mit ziemlich starkem Querschnitt – wird der Quetschboy herangezogen, während die Quetschzange für isolierte Stekker nur dann hervorgeholt wird, wenn ich keinen passenden blanken Stecker mehr habe und auf einen isolierten Stecker aus dem Leitungsverbinderkasten zurückgreifen muß. Von allen Steckern, Kabelschuhen und Verbindern dieses Kastens wurden in zehn Jahren trotz laufender Bastelei von 14 verschiedenen Teilen nur fünf Sorten ziemlich aufgearbeitet; ein umfangreicher Leitungsverbinderkasten lohnt sich also selbst für den eifrigen Bastler nicht!)

Arbeiten an Leitungen und Steckern

Es kommt wohl ziemlich selten vor, daß man einen abgebrochenen Stecker durch einen neuen ersetzen muß. Viel häufiger wird es der Fall sein, daß man einen zusätzlichen Verbraucher (z. B. Nebelscheinwerfer, Lüfter usw.) nachträglich am Wagen einbauen und verkabeln will.
Bei den früher gebräuchlichen Schraubverbindungen war es meist ziemlich einfach, eine zusätzliche Leitung unter die Klemmschraube der Sicherungsdose zu bringen.
Die Steckverbindungen scheinen das problematischer zu machen, da meist nur eine Steckzunge an jedem Ende der Sicherung sitzt. Hier braucht man aber nicht dort, wo man eine weitere Leitung anschließen will, den einen Stecker abzuziehen, abzuschneiden und die zusätzliche Leitung mit der ersten in einem gemeinsamen Stecker neu anzuquetschen. Hierfür gibt es sogenannte Steckverteiler, die man auf die Steckzunge aufsteckt, an der eine zusätzliche Leitung angeschlossen werden soll. Dieser Steckverteiler hat dann seinerseits zwei Steckzungen, auf die zwei getrennte Stecker aufgesteckt werden können.

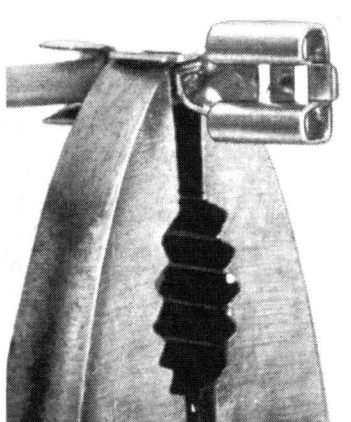 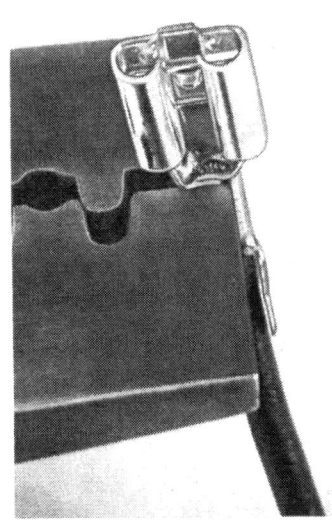

So verarbeitet man blanke Steckverbinder. Links: Zuerst wird ein Lappen des Steckers über die abisolierte Kupferseele gepreßt.
Rechts: Der zweite Lappen wird darüber geschlagen. Diese Lappen werden jetzt, wie im übernächsten Bild gezeigt, im Quetschzahn mit großer Kraft auf die Kupferadern gepreßt. (Hier mit Quetschboy-Zange)

Links: Der eine Lappen wird über die Isolierung der Leitung gebogen.
Rechts: Der zweite Lappen wird darübergeschlagen.

 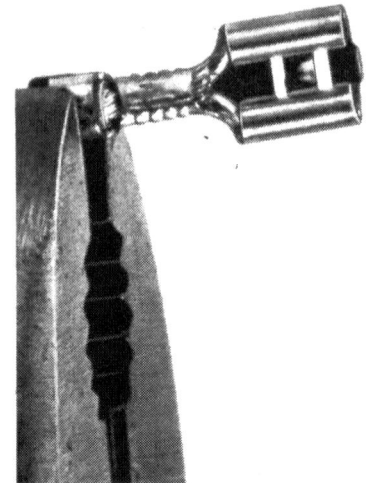

Zwar muß man auf die neu zu ziehende Leitung einen Stecker aufquetschen, so daß es scheinbar keinen Unterschied macht, ob man den einen Stecker abschneidet und beide Leitungen mit einem gemeinsamen Stecker versieht, oder nur einen Stecker an die neue Leitung anquetscht. In Wirklichkeit ist es doch vorteilhafter, einen Steckverteiler zu verwenden. Wollen Sie das zusätzliche Gerät beim Verkauf des Wagens wieder ausbauen und in den neuen Wagen übernehmen, so brauchen Sie bloß den Stecker abzuziehen, statt die Leitungen wieder aufzutrennen.

Gelegentlich möchte man vielleicht eine zusätzliche Leitung mitten an eine andere Leitung anschließen, weil sie gerade so gut zugängig und auch zweckentsprechend ist.

Lüsterklemmen nur bedingt brauchbar

(Als Beispiel: Die gut zugängliche Leitung führt vom Zünd-Anlaßschloß zur Klemme 15 der Zündspule. Hieran will man die Pluszuführung zu einem kleinen Ventilator anschließen, damit er beim Ausschalten der Zündung sofort mit ausgeschaltet ist.

Da diese kleinen Ventilatoren nur eine geringe Stromaufnahme haben, ist das möglich, ohne daß die Zündschalterkontakte überlastet werden.)

Die durchgeschnittene Leitung kann man nun mit einer Lüsterklemme wieder verbinden, wobei an der einen Seite der Lüsterklemme die Zuleitung zum Ventilator mit eingeklemmt wird.

Dabei muß man verschiedenes beachten. Auf jeden Fall sollte man nur Lüsterklemmen aus Weichplastik oder Gummi nehmen, da die Madenschrauben der Klemmen ziemlich stramm in Weichplastik oder Gummi sitzen und so zusätzlich gesichert sind. Außerdem sollten die Madenschrauben nicht direkt auf die abisolierte Leitung drücken, da sonst einzelne Adern der Leitung abgequetscht werden. Es gibt Lüsterklemmen, die einen kleinen Blechstreifen in der Leitungsbohrung haben, so daß die Madenschraube auf diesen Blechstreifen drücken und erst der Blechstreifen das Festklemmen der Leitungen übernimmt. Die Lüsterklemme sollte anschließend mit Isolierband an einer festen Stelle aufgehängt werden, damit die Leitungen nicht durch Schwingungen abbrechen können.

Fachgerechter ist es, wenn man anstelle der Lüsterklemme ein Verteilerstück

Links: So werden die Lappen des Steckers im Quetschzahn der Zange fest auf die Kupferadern der Leitung gepreßt, so daß sich der Stecker nicht mehr abziehen läßt.
Rechts: Auch die über der Isolierung der Leitung zusammengebogenen Lappen werden mit mäßigem Druck aufgepreßt.

nimmt. Die drei Leitungsenden erhalten je einen Flachstecker und diese Flachstecker werden dann in die Steckzungen des isolierten Verteilerstücks eingeführt. Selbstverständlich wird auch das Verteilerstück mit Isolierband an einer festen Stelle aufgehängt.

Zündkabelarten

Um den Rundfunk- und Fernsehempfang anderer Leute nicht zu stören, ist seit einigen Jahren eine Fernentstörung der Zündanlage vorgeschrieben. Natürlich sind die heute von der Industrie ausgelieferten Wagen schon fernentstört, doch macht man diese Entstörung meist so billig wie möglich.
Außer dem entstörten Verteilerläufer werden noch entstörte Zündkerzenkabel benötigt. Hier gibt es drei Möglichkeiten:

- Zündkerzenkabel mit Grafitseele. Die Grafitseele hat einen bestimmten Widerstand, so daß man auf Zündkerzenstecker mit eingebautem Entstörwiderstand verzichten kann. Leider sind diese Zündkabel zug- und knickempfindlich, wodurch sich der Widerstandswert ändert und es zu Zündstörungen kommen kann. Von diesen Kabeln ist man deshalb wieder abgekommen.
- Zündkerzenkabel mit eingebettetem Widerstandsdraht. Diese Zündkabel haben ebenfalls einen eigenen Widerstandswert, wodurch man auch hier auf einen Zündkerzenstecker mit Entstörwiderstand verzichten kann. Da die Länge solcher Widerstandskabel nicht beliebig sein kann, wenn sie den vorgeschriebenen Widerstandswert haben sollen, eignen sie sich nicht zum „selbstmachen".
- Normale Zündkabel mit Kupferseele und entstörtem Zündkerzenstecker. Die Sache wird nur eine Spur teurer, doch man kann sich die benötigten Zündkabel selbst anfertigen. Sehr schön ist das mit durchsichtigem Kunststoff isolierte Kabel. Es scheint weniger leicht brüchig zu werden als gummiisolierte Kabel und auch bei Nässe kriechen keine Funken darauf herum.

Zündkabel verarbeiten

Um einen kompletten Zündkabelsatz anzufertigen, braucht man etwa 1 bis 1,5 Meter Zündkabel, sechs Spreizhülsen oder Kabelkrallen, sechs Gummitüllen und vier entstörte Kerzenstecker. Auf die passend geschnittenen Kerzenkabel werden die Entstörstecker aufgeschraubt, die an der Seite für das Zündkabel eine Stahlschraube besitzen, die sich in die Kupferseele des Zündkabels hineindreht. Nach dem Aufschieben der Gummitülle wird die andere Seite des Kabels auf etwa 3 mm abisoliert und eine Spreizhülse aufgesteckt. Die einzelnen Adern der Kupferseele werden sternförmig abgebogen und verlötet. Das Kabel von der Zündspule zum Verteiler erhält zwei Gummimuffen und auf beiden Seiten eine Spreizhülse.

Eine Zusammenstellung der wichtigsten Steckverbinder:
1 = Flachsteckhülse,
2 = Flachstecker, 3 = Flachsteckhülse mit Verteiler, 4 = Winkelsteckhülse, 5 = Verteiler, 6 = Dreifachverteiler, 7 = Verteiler isoliert, 8 = Steckverbinder isoliert, 9 = Rundsteckhülse, 10 = Rundstecker, 11 = Stoßverbinder, 12 = Isoliertülle für 2, 13 = Isoliertülle für 1.

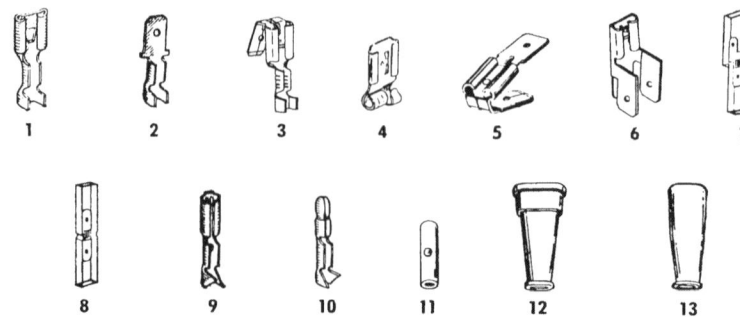

Das Auflöten der Spreizhülsen an dem verteilerseitigen Ende der Zündkabel kann man sich ersparen, wenn man dort Entstörstecker verwendet. Sie werden ebenso aufgeschraubt wie die Kerzenstecker.

Hochspannungsleitungen sollen nicht zu nahe an den Niederspannungsleitungen oder an Masse liegen.

Den fertig montierten Hochspannungskabelsatz prüft man mit der Prüflampe auf Durchgang, damit keine „Vorfunkenstrecken" eingebaut sind.

Die Sicherungen

Um Schäden am Leitungsnetz der Autos bei Kurzschluß eines Verbrauchers oder einer Leitung zu verhindern, besitzen die meisten Wagen mehrere Sicherungen. Im allgemeinen sind sie in einer Sicherungsdose zusammengefaßt, doch findet man gelegentlich auch mehrere Sicherungsdosen mit nur wenigen Sicherungen und ab und zu auch sogenannte „fliegende" Sicherungen. Die Zahl der Sicherungen ist recht unterschiedlich und fast immer hängen an einer Sicherung mehrere Verbraucher. Die Sicherungen (Schmelzeinsätze) sind für 8 und 16 Ampere in ihren Abmessungen gleich groß, man sollte eine 8-Ampere-Sicherung aber nicht durch eine 16-Ampere-Sicherung ersetzen. 25-A- und 40-A-Sicherungen sind in ihren Abmessungen kleiner, sie können also nicht irrtümlich statt einer 8-A- oder 16-A-Sicherung eingesetzt werden. Wenn eine Sicherung durchbrennt, so liegt meist ein dauernder oder zeitweiliger Kurzschluß vor, sofern die betreffende Sicherung nicht dadurch überlastet wurde, daß man an ihr noch einen zusätzlichen Verbraucher angeschlossen hat.

Wird die durchgebrannte Sicherung durch eine neue ersetzt, und brennt diese sofort oder nach einiger Zeit wieder durch, so muß zuerst der Kurzschluß in der Leitung oder im Verbraucher gesucht werden, was häufig eine zeitraubende Arbeit ist. Die an der durchbrennenden Sicherung angeschlossenen Verbraucher werden einzeln und nacheinander abgeklemmt. Da man bei diesem Verfahren gelegentlich einige Sicherungen verbrauchen kann, bis man die Störungsursache ermittelt hat, sollte man stets einige Sicherungen als Reserve mitführen.

(Eine durchgebrannte Sicherung durch einen massiven Draht, durch das zusammengerollte Stanniol einer Zigarettenpackung oder auf andere Art zu ersetzen, ist sträflicher Leichtsinn.)

In den Büchern der Reihe „Jetzt helfe ich mir selbst", ist jeweils ein übersichtlicher Schaltplan des entsprechenden Wagentyps enthalten, der die Störungssuche sehr erleichtert.

Gelegentlich kommt es vor, daß sich eine Oxydschicht zwischen den Klemmblechen des Sicherungshalters und den Anschlußkappen der Sicherung gebildet hat, die den Stromdurchgang behindert. Ein gänzlicher Ausfall des hier angeschlossenen Verbrauchers ergibt sich aber relativ selten — meist wird nur seine Leistungsfähigkeit herabgesetzt. Abhilfe: Klemmbleche mit Daumen und Zeigefinger zusammendrücken, eingesetzte Sicherung mit Daumen und Zeigefinger der anderen Hand kräftig zwischen den Klemmblechen drehen. Anschließend Sicherung herausnehmen, Klemmbleche etwas zusammendrücken und Sicherung wieder einsetzen.

Welche Ausführungsart?

Man sollte stets Sicherungen mit Keramikkörper und Messingkappen kaufen, denn die Sicherungen aus Kunststoff haben Kappen aus einem Material, das sich mit den Federzungen der Sicherungskästen schlecht verträgt und besonders gern zu Oxydationen neigt und Übergangswiderstände hervorruft.
Am feinsten sind die Sicherungen des Peugeot und der Simca-Modelle, da der Stromübergang hier auf einer breiten Fläche erfolgt und nicht nur durch Linienberührung zwischen Sicherung und Federblech. Leider sind diese Sicherungen aber wesentlich teurer als die sonst gebräuchlichen. Trotzdem — wenn man viel Ärger mit oxydierten Sicherungen hat, kann sich der Einbau eines Sicherungskastens für diese Sicherungen lohnen.
Beim nachträglichen Einbau von Verbrauchern verwendet man häufig Sicherungshalter („fliegende" Sicherungen). Da die Leitungen hier eingeschraubt werden, sollte man die freigelegte Kupferseele verzinnen oder einen kleinen Messinghohlniet aufschieben, damit sich keine Adern wegspreizen.

Steckdosen

Einen Wagen ohne serienmäßige Steckdose zum Anschließen von Handlampen usw. findet man heute nur noch sehr selten. Nachträglicher Anbau einer Steckdose ist relativ einfach, aber die Pluszuführung zur Steckdose soll nicht an einer Leitung erfolgen, die bei ausgeschalteter Zündung stromlos ist. Am besten nimmt man die Pluszuführung an Klemme „30" des Zündschlosses vor. Wenn das Zündschloß schlecht zugängig ist, zieht man leichter eine direkte Leitung zum Pluspol der Batterie.
Sofern der Motorraum nicht ausreichend beleuchtet ist, bringt man hier eine zusätzliche Steckdose für den Anschluß der Handlampe an. Für den Beifahrer kann es recht unangenehm sein, wenn man den Stecker der Handlampe in die Steckdose des Fahrgastraumes steckt und deshalb Fenster oder Türe offen stehen läßt.
Auch ausländische Fahrzeuge besitzen üblicherweise eine Steckdose, doch passen sie häufig nicht für den an Handlampen, Staubsaugern usw. angebrachten deutschen Zentralstecker.
Schauen Sie vorsichtshalber einmal nach und bauen Sie gegebenenfalls eine handelsübliche Steckdose ein. Das wird bestimmt billiger, als alle Geräte mit einem anderen Stecker auszurüsten.

Die Schalter

Absperrschieber für den Strom

Soll ein Wasserstrom in einem Flußbett oder in einer Leitung angehalten, umgeleitet oder freigegeben werden, so betätigt man ein Schleusentor, ein Absperr- oder Umschaltventil bzw. einen Wasserhahn.

Etwas anderes sind die Schalter in den elektrischen Leitungen eigentlich auch nicht. In einem Punkt unterscheiden sie sich jedoch wesentlich von den „Wasserschaltern" — sie müssen den elektrischen Strom schlagartig abdrosseln oder umschalten.

Schnelle Schalterkontakte

Werden die Kontakte eines elektrischen Schalters nur langsam getrennt, so bewirkt der hinter dem Strom stehende Druck (die Spannung), daß der Strom noch weiter fließen will und dabei ein Funke — ein Lichtbogen — entsteht. Beim langsamen Auseinandergehen der Schalterkontakte wird dieser Lichtbogen in die Länge gezogen und hält so lange an, bis die Entfernung zwischen den Schalterkontakten so groß wird, daß die Spannung nicht mehr zur Erhaltung des Lichtbogens ausreicht.

Je schneller die Schalterkontakte getrennt werden, um so geringer wird der Öffnungsfunke. Sehr schön konnte man den Effekt der schlagartigen Trennung der Schalterkontakte an den früher gebräuchlichen Drehschaltern in der elektrischen Hausinstallation beobachten; zuerst mußte man den Drehknopf des Schalters federnd um fast eine Vierteldrehung weiterdrehen und erst im letzten Augenblick schnappte die drehbare Schalterwalze hörbar herum und das Licht erlosch. Bei den modernen Kippschaltern ist der Effekt nicht mehr so deutlich fühlbar, obwohl die Schalterkontakte auch hier durch eine Feder schlagartig auseinander gerissen werden.

Funkstörung durch Öffnungsfunken

Der kleine Öffnungsfunke, der sich auch beim schlagartigen Trennen von Schalterkontakten ergibt, macht sich bei eingeschaltetem Rundfunkempfänger (je nach Wellenbereich) mehr oder weniger deutlich durch ein kurzes Knakken im Empfänger bemerkbar.

„Aha", wird nun der eine oder andere sagen, „das schlagartige Trennen der Schalterkontakte ist nötig, damit die Funkstörungen in Grenzen gehalten werden."

Gewiß, die Zurückhaltung der Funkstörung beim schlagartigen Trennen der Schalterkontakte ist eine angenehme Beigabe, aber nicht der Grund für diese Einrichtung. Der beim Trennen der Schalterkontakte entstehende Lichtbogen ist aus einem anderen Grund viel unerwünschter.

Der Kontaktabbrand

Sobald ein elektrischer Lichtbogen entsteht, wird Kontaktmaterial von dem einen Schalterkontakt abgetragen und auf den anderen aufgeschweißt. Je langsamer die Schalterkontakte getrennt werden, um so mehr Kontaktmaterial

„wandert", und um so schneller wird der Schalter unbrauchbar. Das Kontaktmaterial wandert dabei immer vom Pluskontakt zum Minuskontakt, am Pluskontakt entsteht also ein Krater, am Minuskontakt ein Höcker, wie es ja auch bei den Unterbrecherkontakten der Zündung der Fall ist.

Ebenso wie die elektrischen Leitungen für einen bestimmten Strom einen bestimmten Querschnitt haben müssen, benötigen die Schalterkontakte eine bestimmte Größe. Je mehr Strom ein Schalter ein- und ausschalten muß, um so kräftiger müssen die Schalterkontakte sein. Ein Schalter, dessen Kontakte z. B. für das Ein- und Ausschalten der Instrumentenbrettbeleuchtung vollkommen ausreichend sind, kann als Schalter für das Hauptlicht viel zu schwach sein.

(Sie haben recht, auf das bißchen Kontaktmaterial, das dazu gehört, alle Schalter im Wagen gleich hoch belastbar zu machen, sollte es eigentlich nicht ankommen. Neben dem Einsparen von Kontaktmaterial gibt es aber noch einen anderen Grund für die unterernährten Schalter – den Platzmangel.)

Unterernährte Schalterkontakte

Bei modernen Wagen sollen die Schalter so wenig Platz einnehmen wie möglich, damit sie sich elegant am Instrumentenbrett anbringen lassen. Besonders bei Lenkstockschaltern für mehrere Funktionen spielt die Kontaktgröße raummäßig schon eine wichtige Rolle.

Je eleganter und kleiner ein Schalter gehalten wird, um so empfindlicher wird er, man kann ihm gerade noch das zumuten, was vom Werk aus an Verbrauchern an ihm angeschlossen ist, und auch diese Belastung hält er in vielen Fällen nicht allzu lange aus.

Schalter sind Verschleißartikel – genauso wie die Unterbrecherkontakte bei der normalen Batteriezündung!

Es hat keinen Zweck, sich darüber aufzuregen, denn zum Teil sind die Autokäufer selbst daran schuld, da die Ausrüstung der Instrumentenbretter so unauffällig wie möglich gewünscht wird und das elegante Aussehen vor der Zweckmäßigkeit rangiert.

Die Kontaktentlastung

Nun gibt es einen einfachen Ausweg aus diesem Dilemma, indem man über den Schalter am Instrumentenbrett nicht den ganzen Verbraucherstrom laufen läßt, sondern nur den kleinen Steuerstrom für ein Relais, das nun seinerseits den Strom zum Verbraucher ein- und ausschaltet. Meist werden die Relais in der Nähe der Verbraucher angebracht. Da die Relais durch ihren Einbauort „die Linie nicht stören", kann man sie räumlich größer als einen Schalter halten und ausreichend große Kontakte verwenden.

Diese Relais – die im nächsten Kapitel noch ausführlicher behandelt werden – kosten aber zusätzliches Geld, und so wird kaum eine Automobilfirma ein solches einbauen, wenn es nicht unbedingt sein muß. Gelegentlich findet man zwar serienmäßig eingebaute Relais (vor allem als Abblendrelais), doch werden sie nicht nur deshalb eingebaut, weil der Spannungsabfall zu den Verbrauchern sonst zu hoch wird, wie die meisten Autobesitzer annehmen. Einen geringeren Spannungsabfall könnte man auch durch Leitungen mit stärkerem Querschnitt erreichen, was wesentlich billiger würde als der Einbau eines Relais.

Diese Relais baut man deshalb ein, weil die Schalter am Instrumentenbrett oder am Lenkstock unterernährt sind! Ein großer Strom über die schwachen Schalterkontakte würde diese überlasten, sie würden verschmoren und der

Kontaktträger — ein Messing- oder Bronzeblech — würde ausglühen. Aber auch wenn die Kontakte nicht verschmoren, wird der an den kleinen Schalterkontakten auftretende Spanungsabfall zu groß sein. Ein Relais ist in solchen Fällen der einzige Ausweg.

(Bei den BMW-Typen 1500 / 1600 / 1800 mit 6-Volt-Anlage wird zum Beispiel ein Abblendrelais verwendet, das die Kontakte des Abblendschalters entlastet. Bei den BMW-2000er-Typen mit 12-Volt-Anlage ist dieses Relais weggefallen. Hier muß ja nur noch die halbe Stromstärke über die Kontakte des Abblendschalters fließen und diese Belastung hält er noch aus.)

Vorsicht bei „Schalter-Entfremdung"

Will man nachträglich eine elektrische Einrichtung am Wagen anbauen und diese durch einen schon vorhandenen Schalter betätigen, so muß man sich überlegen, ob der Schalter die zusätzliche Belastung verträgt.

Beispiel: Jemand möchte Nebelscheinwerfer an seinen Wagen anbauen aber keinen zusätzlichen Schalter am Instrumentenbrett anbringen. Nun legt er die Instrumentenbrettbeleuchtung an den Hauptlichtschalter, so daß die Instrumentenbrettbeleuchtung gleichzeitig mit dem Standlicht eingeschaltet wird.

Den Schalter für die Instrumentenbrettbeleuchtung will er jetzt direkt als Schalter für die Nebelscheinwerfer benutzen. Das wird in fast allen Fällen nicht lang gut gehen, da die Nebelscheinwerfer natürlich einen wesentlich höheren Strom als die Glühlampen der Instrumentenbrettbeleuchtung aufnehmen, die Schalterkontakte also überlastet werden.

Ein Relais, das den starken Verbraucherstrom für die Nebelscheinwerfer schaltet, bietet hier einen Ausweg. (Lassen Sie sich nicht erzählen, ein Relais wäre für Nebelscheinwerfer vorgeschrieben! Wie Nebelscheinwerfer geschaltet sein dürften bzw. wie man sie benutzen darf, lesen Sie im Abschnitt über die Nebelscheinwerfer.)

Die serienmäßigen Schalter

Die meisten elektrischen Schalter des Autos sind auch heute noch im Instrumentenbrett eingebaut. Diese Schalter — wir wollen sie einfach Ein-Aus-Schalter nennen — sind für Dauerbetrieb bestimmt. Mit ihnen schaltet man die Stromverbraucher ein, die über eine längere Zeit in Betrieb sein sollen, wie z. B. Scheinwerfer, Scheibenwischer, Gebläsemotor der Heizung oder serienmäßige Nebelscheinwerfer. Sie sind entweder als einfache Zugschalter ausgebildet (was den Ersatz erleichtert) oder auch zu Kippschaltergruppen zusammengefaßt. Derartige Kippschaltergruppen sind zwar elegant, doch wenn ein Schalter defekt ist, muß gewöhnlich die ganze Schaltergruppe ausgewechselt werden. (Na ja, man findet sich schließlich auch hiermit ab, wenn einem das Auto in anderer Beziehung wirklich entspricht. Schließlich gibt es auch Männer, die eine Frau nehmen, obwohl sie graue statt grüne Augen hat. Dafür hat sie dann andere Qualitäten.)

Die eigentliche Pestilenz beginnt jedoch an den Umschaltern und Kontaktschaltern am Lenkstock, die heute so schön verkleidet und kompliziert angebracht sind, daß man sich nach mehrmaligen schlechten Erfahrungen von seinem alten Wagen scheiden läßt und einen anderen Wagentyp kauft.

Schalter am Instrumentenbrett

Ob Zug-, Kipp-, Schiebe- oder Drehschalter verwendet werden, ist weitgehend eine Modesache und hat keine besondere Bedeutung. Einzelschalter haben gegenüber Schaltergruppen den Vorteil, daß man sie einzeln auswechseln kann.

Links: Ein normaler Kippschalter, wie er im Wagen häufig verwendet wird. S = Schaltwalze, die die Verbindung zwischen den beiden nebeneinanderliegenden Kontaktblechen vornimmt.
Rechts: Die Schaltwalze in etwa achtfacher linearer Vergrößerung. Die Pfeile grenzen die Bahn ein, mit der die Schaltwalze auf einem Kontaktblech aufliegt. (Natürliche Größe etwa 1,5 mm). Wie die Narben zeigen, ergibt sich nur noch ein schlechter Kontakt zwischen der Schaltwalze und den Kontaktblechen. Der Spannungsabfall in einem solchen Schalter ist erheblich.

Will man einen Schalter am Instrumentenbrett ersetzen, so muß man unbedingt einen gleichartigen Schalter verwenden. Gleichartig heißt in diesem Fall aber nicht, daß die Farbe oder Form des Knopfes die gleiche sein muß oder daß man einen Kippschalter nicht durch einen Zugschalter ersetzen kann. Es bedeutet auch nicht, daß der neue Schalter ebensoviele Anschlüsse haben muß wie der alte. Wesentlich ist allein, daß die Schaltfunktionen die gleichen sind! Es ist z. B. durchaus denkbar, daß aus einer Kippschaltergruppe nur ein Schalter defekt ist, der Ersatz der ganzen Schaltergruppe aber auf irgendwelche Schwierigkeiten stößt. In diesem Fall könnte man vielleicht nur den defekten Schalter durch einen einfachen Zugschalter ersetzen, den man irgendwo in das Instrumentenbrett einbaut. Dieser Schalter muß aber die gleichen Funktionen erfüllen können wie der defekte Schalter. Wenn man sich der Sache nicht ganz sicher ist, so sollte man auf jeden Fall versuchen, einen Originalschalter aufzutreiben.

Der Lenkstockschalter

Ich sagte es schon, durch den Raummangel kann man die Schalterkontakte meist nicht so stark ausbilden wie man möchte. Je mehr Funktionen ein an der Lenksäule angebrachter Schalter ausüben muß, um so anfälliger wird er und um so teurer wird auch die Instandsetzung.

Defekte Lenkstockschalter kann man leider kaum selbst ersetzen, da hierzu in den meisten Fällen das Lenkrad abgezogen werden muß, wozu man einen besonderen Abzieher benötigt.

Wenn ein Lenkstockschalter defekt ist, so bleibt einem meist nichts anderes übrig, als den Schaden in einer Werkstatt beheben zu lassen. Sofern man nicht mehr zuviel Geld in seinen Wagen hineinstecken möchte, kann man notfalls einen Lenkstockschalter zusätzlich anbauen, die es für die verschiedensten Funktionen (z. B. als Blinkerschalter, Lichthupentaste usw.) im Zubehörhandel gibt. Da die Lenksäulen heute weitgehend verkleidet sind, muß man beim Anbau allerdings die Phantasie spielen lassen, denn diese nachträglich anzubauenden Lenkstockschalter sind für den Anbau mit Spannband direkt an der Lenksäule bestimmt.

Ist der Abblendschalter an der Lenksäule defekt und möchte man den evtl. recht teuren Ersatz nicht in der Werkstatt vornehmen lassen, so kann man auch einen Fuß-Abblendschalter einbauen, der zwar nicht so angenehm wie

Überlastete Kontakte in einem Lenkstockschalter. Durch den Anschluß nicht zulässiger Verbraucher wurden die Kontakte so heiß, daß die Leitungsisolierungen schmolzen und ebenfalls der Kontaktträger selbst. Da das Auswechseln eines solchen Lenkstockschalters erhebliche Kosten verursacht, sollte man an einen Schalter nie mehr als die serienmäßigen Verbraucher hängen, wenn man nicht ein Relais zwischen Schalter und Verbraucher legt.

ein Lenkstock-Abblendschalter ist, dessen Einbau in Heimarbeit aber wesentlich billiger werden wird.

(Fragen Sie mal interessehalber in einer Auto-Elektrowerkstatt, was der Ersatz des Lenkstock-Abblendschalters an Ihrem Wagen kostet. Je nach Fahrzeugtyp werden Sie einer Ohnmacht mehr oder weniger nahe sein!)

Sonstige Schalter an der Karosserie

Neben einigen kleineren Kippschaltern an den Innenleuchten findet man hier noch die sogenannten Türkontaktschalter, die das Aufleuchten der Innenleuchten beim Öffnen der Türen, der Motor- oder Gepäckraumhaube bewirken. Hier handelt es sich um einfache federnde Druckknopfschalter, die die Masseverbindung einer Leuchte herstellen. Meist wird die Leitung an Masse gelegt, wenn der Druckstift oder Druckknopf beim Öffnen der Tür herausfedert.

Versagt ein solcher Schalter, so ist es meistens nur eine einfache Störung. Vielfach ist nur die Kontaktfläche am Schaltergehäuse oxydiert bzw. das hier zur Anlage kommende Kontaktblech des federnden Stiftes. Häufig genügt es schon, wenn man nur den Stift mit den Fingern etwas hin- und herdreht, um die Oxydschicht zu zerstören und den Schalter wieder in Ordnung zu bringen. Da derartige Schalter üblicherweise nur mit ein oder zwei Schräubchen befestigt sind, bereitet auch der Ausbau keine Schwierigkeiten. Manchmal ist der Schalter auch nur federnd festgeklemmt, so daß man ihn mit einer feinen Schraubenzieherklinge heraushebeln kann.

Schalter an Motor und Fahrgestell

Öldruckschalter

Bei fast allen modernen Wagen ist der Öldruckmesser weggefallen und durch eine Öldruckkontrolleuchte ersetzt worden. Diese Öldruckkontrolleuchte, die bei nicht vorhandenem oder zu stark abgesunkenem Motoröldruck aufleuchtet, wird durch den Öldruckschalter gesteuert.

Im Prinzip ähnelt ein solcher Schalter weitgehend einem Türkontaktschalter. Solange der Schalter drucklos ist, wird ein Kontakt an Masse gelegt und die Öldruckkontrolle, die gleichzeitig mit der Zündung ihre Pluszuführung erhält, leuchtet auf. Wird der Schalter gedrückt, wird die Masseverbindung aufgehoben und die Öldruckkontrolle erlischt. Der Druck wird hier aber nicht mechanisch (z. B. durch den Türrahmen) ausgeübt, sondern hydraulisch durch das Motoröl.

Angenommen, die Öldruckkontrollampe leuchtet beim Einschalten der Zündung nicht mehr auf und man hat festgestellt, daß es wirklich am Schalter liegt.

Der Ersatz des Schalters ist recht einfach. Anschlußleitung lösen, alten Schalter heraus- und neuen hineinschrauben, anziehen und Leitung wieder befestigen. Sie müssen nur eins beachten: Die Öldruckschalter sind auf die unterschiedlichen Öldrücke der verschiedenen Motoren eingestellt und Sie dürfen keinen Schalter für einen anderen Motor verwenden. Dabei denke ich nicht daran, daß Sie vielleicht einen solchen Schalter auf dem Autofriedhof aus einem anderen Motor ausbauen, sondern an den Kauf eines neuen Schalters in der Vertretung für Ihren Wagen. Da die Schalter äußerlich weitgehend gleich sind, kommt es schon einmal vor, daß man einen Schalter für ein anderes Modell erhält.

(Kommt besonders leicht vor, wenn das Lager vertretungsweise durch einen Lehrbuben oder eine Stenotypistin verwaltet wird.)

Schauen Sie sich den herausgeschraubten Öldruckschalter Ihres Wagens genau an, hier finden Sie auf der Seite mit dem Gewindestutzen den Schaltdruck angegeben — z. B. 0,6 atü. Stimmt die Angabe nicht mit dem Aufdruck auf dem neuen Schalter überein, so bringen Sie diesen zurück!

Hydraulische Bremslichtschalter

Der hydraulische Bremslichtschalter ist üblicherweise am Bremszylinder für die Fußbremse eingeschraubt. Sobald der Druck im Fußbremszylinder mehr oder weniger angestiegen ist, werden zwei Kontakte im Schalter miteinander verbunden und den Bremsleuchten wird Strom zugeführt. Hat sich bei nicht brennenden Bremsleuchten herausgestellt, daß der Schalter nicht in Ordnung ist, so muß er natürlich ebenfalls ersetzt werden. Leider geht das nicht so einfach wie der Ersatz eines Öldruckschalters, denn beim Herausschrauben des Bremslichtschalters fließt Bremsflüssigkeit aus, so daß die Bremsanlage nach dem Einbau eines neuen Schalters entlüftet werden muß.

Anstelle des hydraulischen Bremslichtschalters kann man aber auch einen mechanischen Bremslichtschalter einbauen, wie er an Motorrädern verwendet wird oder bei manchen Fahrzeugen zum Einschalten der Kontrolleuchte für den gezogenen Starter bzw. die angezogene Handbremse dient.

Natürlich macht der Einbau eines solchen Schalters ebenfalls einige Schwierigkeiten, aber in Heimarbeit läßt er sich meist leichter einbauen als ein hydraulischer Schalter mit der zugehörigen Bremsentlüftung. Ein solcher mechanischer Schalter hat überdies den Vorteil, daß man ihn so justieren kann, daß die Bremsleuchten auch dann aufleuchten, wenn man das Fußbremspedal nur soeben berührt; man kann den Hintermann also schnell aufmerksam machen.

Die beiden elektrischen Leitungen zum hydraulischen Bremslichtschalter werden einfach an die beiden Anschlußklemmen des mechanischen Schalters angeschlossen. An welche Klemme welche der beiden Leitungen kommt, ist sowohl beim hydraulischen wie beim mechanischen Schalter gleichgültig.

Nachträglicher Schaltereinbau

Gleichgültig, welche elektrischen Einrichtungen nachträglich an einen Wagen an- oder eingebaut werden sollen, ein Schalter wird auch gebraucht. Ebensowenig wie man Haushaltsleitungen für die elektrische Installation am Wagen gebrauchen kann, ebensowenig sind die hier gebräuchlichen Schalter zu verwenden.

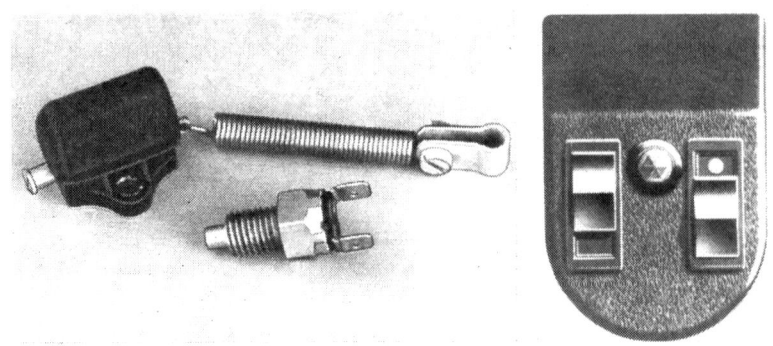

Oben ein mechanischer Bremslichtschalter, wie man ihn auch einbauen kann, wenn der hydraulische Bremslichtschalter defekt ist. Beim Auswechseln des hydraulischen Bremslichtschalters muß die Anlage ja wieder entlüftet werden, was für den Privatmann nicht ganz einfach ist. Darunter ein Rückfahrscheinwerfer, wie er in das Getriebe eingeschraubt und von dort aus durch eine Schaltstange betätigt wird.

Rechts: Sogenannter Schalterset von VDO, der unterhalb des Armaturenbretts angebaut werden kann. Sofern man mit diesen Schaltern Verbraucher hoher Stromaufnahme schalten will, legt man bei 6-Volt-Anlagen zweckmäßig ein Relais zwischen Schalter und Verbraucher.

Kein Mensch würde auf den Einfall kommen, eine Nachttischlampe als Deckenleuchte in seinen Wagen einzubauen, aber ich weiß nicht mehr, wie oft mir Bekannte beim Basteln an ihrem Wagen gesagt haben: „Einen Schalter brauchen wir nicht zu kaufen, ich habe in meiner Bastelkiste noch einen Kippschalter aus meinem alten Volksempfänger oder auch noch einen Schalter von der Nachttischlampe." (Nur einen Schalter aus der Puppenstube hat man mir noch nicht angeboten.)

Wenn ich dann glaubte, ich hätte ausführlich erklärt, daß ein solcher Schalter zu schwach sei, dann erhielt ich vielleicht noch zur Antwort: „Die beiden Nebelscheinwerfer brauchen zusammen doch nur 70 Watt, in der Leselampe hatte ich schon eine 100-Watt-Glühlampe drin und gar nichts ist passiert!"

Also sagen wir es noch einmal:

Die Kontaktbelastung des Schalters und auch die Belastung der elektrischen Leitung durch den fließenden Strom ist bei einer 100-Watt-Glühlampe im Haushaltsnetz von 220 Volt noch geringer als bei einer 3-Watt-Glühlampe für die Instrumentenbeleuchtung in einem Auto mit 6-Volt-Anlage!

(Wer's noch nicht glaubt, muß sich durch das letzte Kapitel durchfressen.)

Besser klobig als zierlich

Wenn schon die serienmäßigen Schalter häufig unterernährt sind, sollte man beim nachträglichen Einbau eines Gerätes oder von Zusatzscheinwerfern nicht am Schalter sparen. Sofern man beim Kauf verschiedene Schalterausführungen vorgelegt bekommt — z. B. klein und elegant, etwas billiger, oder größer und klobiger, etwas teurer — nimmt man immer die letzteren, es sei denn, man schaltet den eigentlichen Verbraucherstrom über ein Relais, so daß der Schalter nur den geringen Steuerstrom zu bewältigen hat.

Unterbringungsschwierigkeiten sind auch beim größeren Schalter kaum gegeben. Am einfachsten lassen sich die bekannten Zugschalter montieren. Hier braucht man nur ein Loch in das Instrumentenbrett zu bohren, den Knopf des Zugschalters und die Rändelmutter vom Schaltergehäuse abzuschrauben, den Schalter von hinten durch das Instrumentenbrett zu stecken und Rändelmutter und Schalter wieder festschrauben.

Für die gleiche Einbauweise gibt es auch Kipp-Wechselschalter, wie man sie z. B. benötigt, wenn man Horn und Fanfaren wechselweise vom gleichen Horndruckknopf oder -ring aus bedienen will.

Wie gesagt, der eigentliche Einbau derartiger Schalter ist nicht schwierig, leider macht der Ab- und Anbau der Verkleidung unter dem Instrumentenbrett meist mehr Arbeit.

Eingebaute Kontrolleuchte

Für Geräte, deren Einschaltung durch eine Kontrolleuchte angezeigt werden soll oder muß, gibt es diese Schalter auch mit eingebauter Kontrolleuchte. Der Schalterknopf ist dann transparent und in die Schaltstange kann eine kleine Glühlampe eingesetzt werden, so daß der Schalterknopf in der Stellung „Ein" des Schalters aufleuchtet.

Eine andere Möglichkeit, nachträglich einen Schalter anzubringen, ist der Anbau eines sogenannten Schaltersets von VDO. Besonders bei beschränkten Raumverhältnissen kommt man hiermit gut zurecht.

Im Schalterset sind zwei Schiebeschalter angeordnet sowie eine Kontrolleuchte, wobei man die Kontrolleuchte entweder einem dieser Schalter zuordnen oder auch getrennt verwenden kann. Die hier eingebauten Schalter sind Ein-Aus-Schalter, so daß man sie nicht für Umschaltzwecke (z. B. Horn — Fanfare) einsetzen kann.

Die im VDO-Schalterset eingebauten Schalter sind leider nur für eine Stromstärke bis zu 10 Ampere gedacht.

Wenn man bei einem Wagen mit 6-Volt-Anlage an einen solchen Schalter zwei Halogenscheinwerfer direkt anschließt, so wird der Schalter natürlich überbelastet, da jede 6 V / 55 W-Halogenlampe eine Stromaufnahme von rund 9 A hat, bei zwei Halogenlampen also 18 Ampere über den Schalter fließen. Auch hier muß man den Arbeitsstrom für die Halogenlampen unbedingt über ein Relais fließen lassen und nur den Steuerstrom für dieses durch den Schalter ein- und ausschalten. Da die Stromaufnahme für 12-V-Halogenlampen nur die Hälfte der 6-V-Lampen beträgt, kann man sie direkt durch den Schalter ein- und ausschalten, doch auch hier ist ein Relais zweckmäßig.

Schwächere Stromverbraucher, wie z. B. Nebelschlußleuchten, kann man selbstverständlich direkt durch den Schalter ein- und ausschalten.

Die im Auto gebräuchlichen Schalter haben leider keinen Aufdruck, der die zulässige Belastung des Schalters in Ampere angibt, wie es bei Schaltern für die elektrische Installation im Haushalt — selbst bei den winzigen Schaltern der Nachttischlampen — üblich ist.

Nochmals: Bei größeren Stromverbrauchern entweder möglichst starke Schalter verwenden oder ein Relais zwischenschalten!

Übergangswiderstände

An Schalterkontakten können sich Oxydschichten bilden, die durch den Übergangswiderstand einen Spannungsabfall bewirken. Zur Auflösung dieser Oxydschichten gibt es spezielle Sprays (z. B. „Oxyd-ex", „Kontakt 60"). Solche Sprays kann man natürlich auch auf Steckverbindungen sprühen.

Das Relais

Fernsteuerung

„Meyers Konversations-Lexikon" von 1908 sagt hierzu u. a.: „Relais, Ort, wo frische Pferde zur Benutzung bereitstehen.
In der Technik ist Relais Vorrichtung zur Auslösung (Wirksammachung) einer an einem entfernten Ort befindlichen Kraftquelle, damit diese Bewegungen erzeuge, die mit der am Abgangsort verfügbaren Kraft nicht unmittelbar hervorgerufen werden können."
Da die vierbeinigen PS damals noch eine größere Rolle spielten als die PS auf Rädern, wurden sie selbstverständlich zuerst genannt.
Die Formulierung für ein technisches Relais ist natürlich etwas verschroben, aber auch heute noch stellt sich der Laie unter einem Relais etwas furchtbar kompliziertes vor.
Ganz einfach ausgedrückt ist ein Relais nichts weiter als ein Fernschalter. Hiermit ist schon gesagt, um welche Einrichtungen es hier geht, um fernbetätigte Schalter.
(Unter dem Sammelnamen „Relais" finden sich nämlich auch noch andere Einrichtungen – z. B. Blinkgeber, die auch als Hitzdrahtrelais bezeichnet werden – doch diese interessieren hier nicht.)
Der Strom, den die elektrischen Verbraucher zu ihrer Funktion benötigen, muß über Leitungen von Batterie bzw. Lichtmaschine zu diesen Verbrauchern geführt werden. Wenn der Strom mit seiner vollen Spannung – dem vollen Druck – zu den Verbrauchern gelangen soll, so müssen diese Leitungen – wie schon gesagt – einen entsprechend großen Querschnitt haben.
Statt lange Leitungen mit großem Querschnitt von der Batterie zu einem Schalter im Wageninnenraum und von dort zu einem entfernt angebrachten Verbraucher zu führen, kann man auch in Nähe des Verbrauchers einen

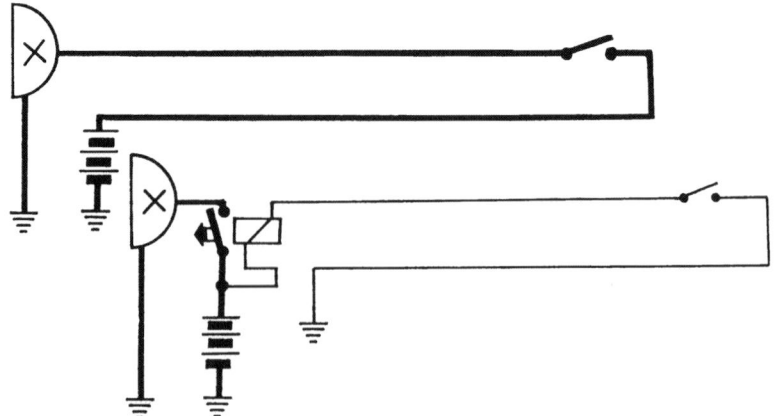

Oben: Wenn ein Stromverbraucher hoher Stromaufnahme durch einen weit entfernt liegenden Schalter ein- und ausgeschaltet werden soll, so benötigt man kräftige Leitungen. Darunter: Verwendet man zum eigentlichen Ein- und Ausschalten des Stromverbrauchers ein Relais, so muß der weit entfernt liegende Schalter nur noch den geringen Steuerstrom bewältigen. Schalter und Leitungen können entsprechend schwach bemessen werden.

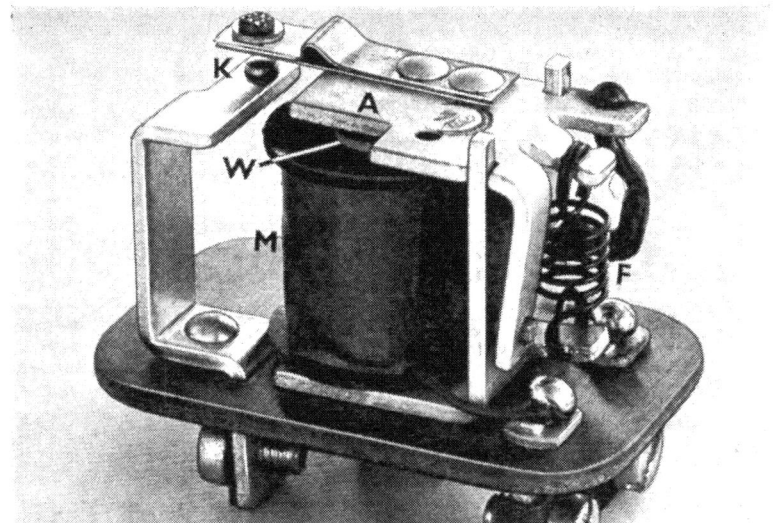

Innenansicht eines Arbeitsstromrelais. Wird die Magnetwicklung M vom Steuerstrom durchflossen, so wird der Weicheisenkern W magnetisch und zieht den Anker A an. Jetzt legen sich die Kontakte K aufeinander und geben den Stromfluß zum Verbraucher frei. Wenn die Magnetwicklung M stromlos wird, so zieht die Feder F den Anker A wieder ab und die Kontakte trennen sich.

kräftigen Fernschalter anbringen, der dann durch einen geringen Steuerstrom ein- und ausgeschaltet wird.

Die Wirkungsweise der Relais

Wie Sie schon beim Horn gesehen haben, kann man einen Weicheisenkern dadurch zum Magneten machen, daß man eine stromdurchflossene Wicklung um ihn herumlegt. Der so entstandene Elektromagnet kann Eisen anziehen wie z. B. den erwähnten Anker der Hornmembran.

Auch beim Relais – dem elektrischen Fernschalter – wird diese elektromagnetische Wirkung ausgenutzt.

Vergleicht man die Gegenüberstellung von Schaltbild, Schemazeichnung und Foto eines Relais, so kommt man schnell hinter die Zusammenhänge.

Im Schaltbild des Relais stellt das Rechteck mit dem schrägen Querstrich den Weicheisenkern mit der Magnetwicklung dar, wobei die Magnetwicklung zu den Klemmen 85 und 86 geführt ist.

In der Schemazeichnung ist der Weicheisenkern mit W bezeichnet, die Magnetwicklung mit M.

Im Foto zeigt ein Pfeil auf den Weicheisenkern W.

Im Schaltbild ist über dem Weicheisenkern dick ausgezogen der sogenannte (ebenfalls aus Weicheisen bestehende) Anker dargestellt. Dieser hat die Aufgabe des beweglichen Schalterkontaktes.

In der Schemazeichnung und im Foto ist der Anker mit A bezeichnet.

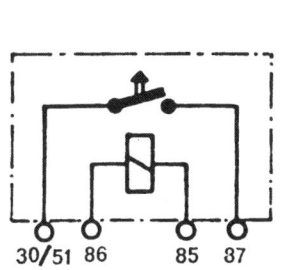
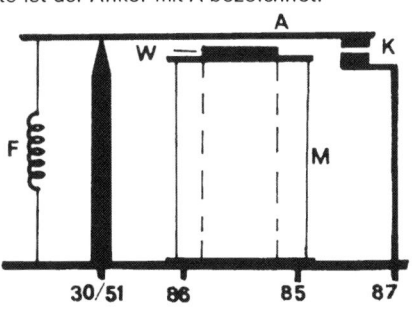

Links: Schaltbild eines Arbeitsstromrelais. Rechts: Schematischer Aufbau eines Arbeitsstromrelais. Die Buchstaben entsprechen der Bedeutung in dem Foto des Arbeitsstromrelais.

Bei allen besseren Relais sitzt am Anker ein versilberter oder gar ein Silberkontakt. (K in der Schemazeichnung und im Foto.)

Im Schaltbild ist der zweite Kontakt als schwarzer Punkt ausgeführt, in der Schemazeichnung und im Foto wird er wieder mit K bezeichnet.

Auch hier handelt es sich um einen versilberten oder Silberkontakt, auf den sich der Kontakt des Ankers legt, wenn der Weicheisenkern magnetisch wird und der Anker anzieht.

Im Schaltbild zeigt der Pfeil am Anker an, daß der Anker in der Pfeilrichtung unter Federwirkung steht. Durch die Feder werden die Kontakte offen gehalten, so lange der Weicheisenkern nicht magnetisch ist.

In der Schemazeichnung und im Foto wird diese Feder, die den Anker vom Weicheisenkern abzieht, mit F bezeichnet.

Sobald ein Strom durch die Wicklung des Weicheisenkerns fließt, wird dieser magnetisch, zieht den Schalteranker an, die Kontakte schließen sich und ein Strom kann über die im Schaltbild und in der Schemazeichnung dargestellten äußeren Anschlußklemmen 30/51 und 87 fließen.

Das Arbeitsstromrelais

Ein solches ist das eben beschriebene Relais. Solange der Weicheisenkern unmagnetisch ist, sind die Schalterkontakte offen und es fließt kein Strom in der Leitung zwischen den äußeren Klemmen. Wenn das Relais „arbeitet", also wenn der Eisenkern magnetisch wird und den Anker anzieht, so werden die Kontakte geschlossen. Diese Relais-Art bezeichnet man auch als „Schließer".

Ein solches Arbeitsstromrelais benötigt man z. B., wenn man Hörner und Fanfaren mit größerer Stromaufnahme an seinem Wagen haben möchte, denn der Hupenknopf und die dünne Zuleitung zu ihm sind nicht für den Betrieb von Hörnern großer Stromaufnahme ausgelegt.

Ein solches Relais benötigt man aber auch dann, wenn ein Wagen serienmäßig nicht mit einer Lichthupe ausgerüstet ist, man aber trotzdem eine solche haben möchte.

Arbeitsstromrelais als Hupen-Pluskontakt

Da man heute fast mehr „lichthupt" wie Schallzeichen abgibt, könnte man vielleicht auf den Einfall kommen, die Lichthupe durch den Horndruckknopf oder den Hornring zu betätigen und für die Betätigung des Horns einen einfachen Druckknopf oder einen Lenkstockschalter vorzusehen.

Da der Horndruckknopf aber die eine Leitung des Horns an Masse legt, kann man ihn nicht ohne weiteres zur Betätigung der Lichthupe heranziehen. Beim lichthupen müssen ja die Fernlichtglühfäden der Scheinwerfer an „Plus" und nicht an „Masse" gelegt werden. Verwendet man nun ein Relais, so macht

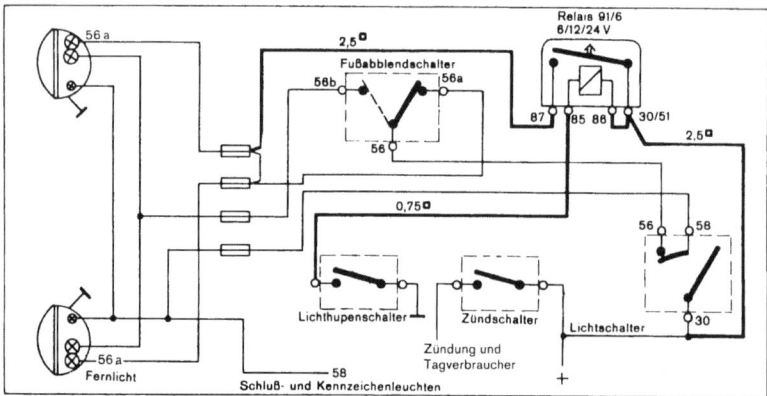

Die Einschaltung der Fernlichtfäden zum Lichthupen kann man nicht mit einem normalen Hupenknopf vornehmen, da dieser direkt Massekontakt gibt. Die Stromzuführung zu den Fernlichtfäden erfolgt über ein Arbeitsstromrelais.

die Schaltung keine Schwierigkeiten mehr. An Klemme 30/51 des Relais wird eine Plusleitung gelegt und die Klemme 87 des Relais wird mit der Leitung zu den Fernlichtfäden der Scheinwerfer verbunden. Auch an die Klemme 86 des Relais wird „Plus" gelegt, die Klemme 85 wird mit der Zuleitung zum Horndruckknopf verbunden.

Betätigt man jetzt den Horndruckknopf, so wird der Weicheisenkern des Relais magnetisch, der Anker wird angezogen und schließt so den Stromkreis von Plus zu den Fernlicht-Glühfäden. Sobald der Druckknopf losgelassen wird, wird die Wicklung des Eisenkerns stromlos, der Eisenkern wird unmagnetisch und der Anker „fällt ab", d. h. die Kontakte öffnen sich, der Stromkreis zu den Fernlicht-Glühfäden wird unterbrochen und diese erlöschen. Im letzten Fall dient das Relais nicht nur als Fernschalter, sondern auch noch — wenn man so sagen will — zur Umkehrung der Stromrichtung. Während man vorher durch einen Massedruckknopf einen Verbraucher nur an Masse legen kann, erreicht man durch das Dazwischenschalten eines Relais, daß man den Verbraucher jetzt mit dem Massedruckknopf an Plus legen kann.

Die Klemmenbezeichnungen am Relais sind leider nicht immer einheitlich. Nach der Bosch-Klemmenbezeichnung wird an Klemme 30/51 die direkte Plus-Zuleitung angeschlossen, an Klemme 87 die Plus-Weiterführung zum Horn bzw. zu dem Stromverbraucher. An Klemme 86 wird wiederum „Plus" zugeführt und Klemme 85 wird mit dem Druckknopf oder dem Lenkstockschalter verbunden, der diese Klemme bei der Betätigung an Masse legt und so den Stromkreis des Magnetkerns schließt. Wenn es sich nicht um schaltungstechnische Sonderfälle handelt, auf die wir hier aber nicht eingehen wollen, kann man die Klemmen 30/51 und 86 miteinander verbinden — sie erhalten dann beide gemeinsam die Pluszuführung.

Klemmenbezeichnungen am Arbeitsstromrelais

Bei den Relais der Firma SWF findet man an Stelle der obigen Zahlen zum Teil eine andere Klemmenbezeichnung. + entspricht Klemme 30/51, A (Arbeitskontakt) entspricht Klemme 87, 2 entspricht Klemme 86 und 1 entspricht Klemme 85.

Zu italienischen Mehrklang-Fanfaren werden vielfach Relais geliefert, die nur drei Anschlußklemmen aufweisen. Hier ist ein Anschluß der Magnetwicklung innerhalb des Relais mit einem Ankerkontakt verbunden. Die Verbindung 30/51 und 86 ist also innerhalb des Relais vorgenommen.

Die Kennzeichnung dieser Relais ist unterschiedlich. Im Zweifelsfall muß man das Relais (sofern möglich) öffnen, um sich den inneren Aufbau zu betrachten; nach dem schon erklärten Aufbau der Relais kommt man leicht hinter die innere Schaltung.

Bei den italienischen Relais finden sich nachstehende Klemmenbezeichnungen, die der deutschen Bezeichnung wie folgt entsprechen:

deutsche Bezeichnung	italienische Bezeichnung
30/51	Batt. oder + oder B
85	Massa oder S oder Pul oder −
87	Trombe oder Tr. oder H oder Fari

Wenn man ein Arbeitsstromrelais zur Schaltung eines Stromverbrauchers benötigt, so ist es nicht gleichgültig, welches Relais man verwendet, auch wenn die Betriebsspannung der des Wagens entspricht, denn nicht alle Relais kann man zeitlich unbegrenzt belasten. Eine kleine Auswahl gibt nachstehende Zusammenstellung:

Welches Arbeisstromrelais braucht man?

Arbeitsstromrelais

	Spannung	dauernd belastbar bis	verwendbar für
Bosch			
0 332 003 010 (früher SH/SE 20/1)	6 V	180 W	Lichthupe, zum Einschalten
0 332 003 011 (früher SH/SE 20/2)	12 V	360 W	der Nebelscheinwerfer,
			Horn- u. Fanfarenbetätig.,
			sonst. Dauerverbraucher
Hella			
91/6-6V	6 V	180 W	
91/6-12 V	12 V	360 W	
SWF			
R 500 059	6 V	210 W	
oder			
R 500 206	6 V	210 W	
R 500 060	12 V	420 W	
oder			
R 500 207	12 V	420 W	
Bosch		**kurzzeitig**	
0 332 001 008 (früher SH/SE 16/2)	6 V	150 W	Diese Relais dürfen nur
0 332 001 009 (früher SH/SE 15/1)	12 V	300 W	kurzzeitig (höchst. 5 sec.)
			eingeschaltet bleiben; z. B.
			zum Hornbetrieb.

Das Ruhestromrelais

Hat man die Arbeitsweise eines Arbeitsstromrelais begriffen, so ist auch die Funktion des Ruhestromrelais klar.

Der Anker des Relais ist wieder so aufgehängt, daß er durch eine Feder vom Magnetkern abgehoben wird. In dieser Lage legt sich aber der Kontakt am Anker gegen den sogenannten Ruhestromkontakt, der an einem Bügel sitzt, und über den Ankerkontakt greift:

Wenn der Stromkreis des Magnetkerns eingeschaltet wird, so wird der Anker angezogen und die Kontakte des Hauptstromkreises trennen sich, wodurch der Stromkreis des Verbrauchers unterbrochen und der Verbraucher ausgeschaltet wird.

Als Beispiel sei das zwangsläufige Ausschalten der Nebelscheinwerfer beim Einschalten des Fernlichts genannt. (Bekanntlich dürfen Nebelscheinwerfer

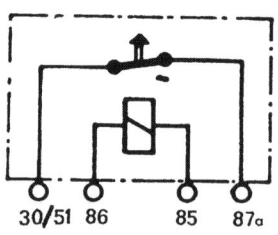

Schaltbild eines Ruhestromrelais. Wenn die Magnetwicklung vom Strom durchflossen wird, trennen sich die Kontakte und der Stromfluß zum Verbraucher wird unterbrochen.

nicht zusammen mit dem Fernlicht brennen. Eine *zwangsläufige* Ausschaltung der Nebelscheinwerfer beim Einschalten des Fernlichts ist *nicht* vorgeschrieben, sie ist allerdings bequemer als die Ein- und Ausschaltung von Hand.) Bei einer solchen Schaltung wird z. B. von der Klemme 58 des Lichtschalters eine starke Leitung (2,5 mm^2 Querschnitt) zum Schalter für die Nebelscheinwerfer gezogen. (Zur Absicherung kann man eine Stecksicherung in die Leitung legen.)

Automatisches Abschalten

Von dem Einschalter für die Nebelscheinwerfer zieht man eine weitere starke Leitung zur Klemme 30/51 des Ruhestromrelais, und von der Klemme 87a desselben eine ebenso starke Leitung zu den Nebelscheinwerfern. Von der Klemme 56a (dem Klemmenanschluß für die Fernlichtfäden) zieht man — entweder vom Sicherungskasten, von einem Lampensockel oder vom Abblendschalter, dem Punkt, der am besten zugängig ist — eine Leitung zur Klemme 86 des Relais. Die Klemme 85 wird an Masse gelegt.

Werden nun nach Einschaltung des Standlichts die Nebelscheinwerfer eingeschaltet, so fließt der Strom zu denselben von der Klemme 58 über den Einschalter der Nebelscheinwerfer, zur Klemme 30/51 des Relais, über den Anker und die Kontakte des Relais zur Klemme 87a und von dort zu den Nebelscheinwerfern. Wird auf Abblendlicht geschaltet, so brennen die Nebelscheinwerfer weiter, wenn aber auf Fernlicht umgeschaltet wird, so erhält auch die Klemme 86 des Relais gleichzeitig mit den Fernlichtfäden ihre Pluszuführung. Die Magnetspule wird vom Strom durchflossen, sie zieht den Anker der Relais an, die Kontakte werden getrennt und die Nebelscheinwerfer werden ausgeschaltet. Beim Ausschalten des Fernlichts wird die Magnetspule wieder stromlos, die Relaiskontakte schließen sich und die Nebelscheinwerfer werden wieder eingeschaltet.

Ausschalten des Radios

Eine weitere Verwendung des Ruhestromrelais ergibt sich bei Autoradios mit elektro-mechanischem Zerhacker. Ist das Autoradio beim Anlassen eingeschaltet, so sinkt (durch abfallende Batteriespannung) die elektromagnetische Kraft der Zerhackerspule, die Kontakte des Zerhackers werden nicht schnell genug getrennt und sie können verschmoren. Bei diesen Zerhackern (also

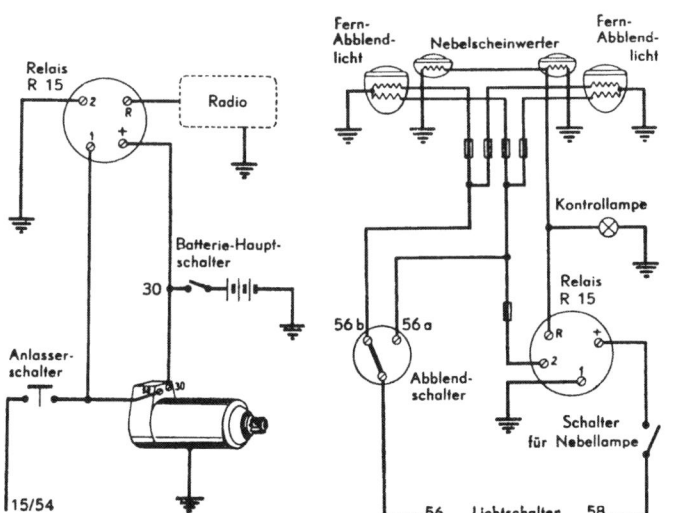

Links: So wird ein Ruhestromrelais geschaltet, das das Ausschalten eines Radios mit Zerhacker während des Anlaßvorganges übernimmt. Rechts: Die Nebelscheinwerfer erhalten ihre Stromzuführung über die Klemmen + und R des Ruhestromrelais. Werden die Fernscheinwerfer eingeschaltet, so erhält die Steuerwicklung des Relais an den Klemmen 1 und 2 die Stromzuführung, der Anker zieht an und die Stromzuführung zum Nebelscheinwerfer wird unterbrochen. Eine bessere Schaltung ist im Abschnitt über Nebelscheinwerfer beschrieben.

nicht Transistorzerhackern) soll das Autoradio beim Anlassen ausgeschaltet sein. Da man oft nicht daran denkt, überträgt man das Ausschalten einem Ruhestromrelais.

Die Klemme 30/51 des Relais wird an einen Plusanschluß gelegt und von Klemme 87a des Relais erfolgt die Stromzuführung zum Autoradio. Die Klemme 85 des Relais wird an Masse gelegt, die Klemme 86 wird mit der Klemme 50 des Zünd-Anlaßschalters bzw. des Anlassers verbunden. Wird nun der Anlasser durch Drehen des Zündschlüssels eingeschaltet, so erhält er an der Klemme 50 die Pluszuführung für den Magnetschalter, gleichzeitig damit erhält das Relais an Klemme 86 die Pluszuführung. Die Magnetwicklung wird vom Strom durchflossen, der Anker angezogen und die Stromzuführung zum Autoradio wird unterbrochen. Nach dem Loslassen des Zündschlüssels federt dieser aus der Anlaßstellung zurück, die Klemme 50 und damit die Klemme 86 des Relais wird stromlos. Der Anker des Relais federt zurück, die Kontakte schließen sich und die Stromversorgung des Autoradios wird wieder eingeschaltet.

Ruhestromrelais

Typ	Spannung	dauernd belastbar bis	verwendbar für
Bosch			Ausschalten der Nebelscheinwerfer beim Einschalten des Fernlichts; Ausschalten des Radios beim Anlassen.
0 332 100 010 (früher SH/SE 21/1)	6 V	180 W	
0 332 100 011 (früher SH/SE 21/2)	12 V	360 W	
Hella			
91/49 – 6 V	6 V	180 W	
91/49 – 12 V	12 V	360 W	
SWF			
R 500 062	6 V	210 W	
oder			
R 500 203	6 V	210 W	
R 500 063	12 V	420 W	
oder			
R 500 204	12 V	420 W	

(Hella und SWF sind Umschaltrelais, sie haben einen Ruhestrom- und einen Arbeitsstromkontakt.)

Stromzuführung für Relais

Die wichtigste Anforderung, den Stromverbrauchern die volle Bordnetzspannung zuzuführen, können die Relais nur dann erfüllen, wenn sie selbst an der vollen Spannung liegen. An der Klemme 30/51 der Relais muß aber

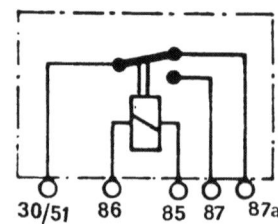

Schaltbild eines Umschaltrelais. Im stromlosen Zustand der Magnetwicklung sind die sogenannten Ruhestromkontakte miteinander verbunden, wird die Magnetwicklung vom Strom durchflossen, so sind die Arbeitsstromkontakte miteinander verbunden.

nicht nur bei ausgeschalteten Verbrauchern die volle Spannung liegen, sondern auch dann, wenn ein hoher Verbraucherstrom über das Relais fließt. Die Klemme 30/51 eines Relais soll also nach Möglichkeit nicht an einen beliebigen Plusanschluß gelegt werden, sondern direkt mit der Plusklemme der Batterie oder des Anlassers verbunden werden.

Bei Wagen mit Heckmotor, deren Batterien im Heck oder im Fahrgastraum untergebracht sind, zieht man eine direkte Leitung vom Pluspol der Batterie nach vorn unter die Fronthaube. Für diese Leitung nimmt man einen Querschnitt von mindestens 4 mm². Über Verteilerstücke kann man dann an diese Leitung die verschiedenen Relais für Halogen-Fern- und Nebelscheinwerfer, Fanfaren usw. anschließen, die so die volle Spannung erhalten und ohne Leistungsverlust arbeiten.

Funktionsprobe nach Gehör

Wenn Geräte, die ihre Stromzuführung über Relais erhalten, ausfallen, so kann die Störung natürlich auch am Relais zu suchen sein.

Ob die Steuerstrom-Zuführung zur Magnetwicklung bzw. diese selbst in Ordnung ist, kann man hören. Bei jeder Betätigung des Schalters oder des Druckknopfes, der den Steuerimpuls zum Relais gibt, muß das Relais laut und vernehmlich knacken. Diese Art der Kontrolle läßt sich ohne weiteres aber nur bei Relais mit einem Triebsystem (einfache Arbeitsstrom-, Ruhestrom- und Umschaltrelais) vornehmen. Bei Abblendrelais mit zwei Triebsystemen kann man nicht feststellen, ob ein System ausgefallen ist, wenn das andere noch arbeitet und dabei natürlich knackt. Hier müssen die Anschlüsse für die beiden Steuerleitungen nacheinander gelöst werden.

Ärger mit der Relaisbezeichnung

Zu einem Artikel, der sich mit der Wirkungsweise der Relais befaßte, erhielt ich einmal von einem Leser einen Brief, daß die von mir verwendeten Relaisbezeichnungen falsch seien! Es gäbe keine Arbeitsstrom-, Ruhestrom- oder Umschaltrelais. Normgerecht seien die Bezeichnungen „Spannungsrelais" und „Stromrelais", wobei diese wiederum in „Schließer", „Öffner" und „Wechsler" unterschieden würden.

Nun, von seinem grünen Tisch aus hat der Mann recht, aber: Solange die Ausdrücke „Arbeitsstromrelais" (für Schließer), „Ruhestromrelais" (für Öffner) und „Umschaltrelais" (für Wechsler) in den Autoelektro-Werkstätten gebräuchlich sind und auch in vielen Druckschriften der Industrie immer noch von diesen Relaisbezeichnungen die Rede ist, kann ich nicht davon abgehen, wenn ich das Durcheinander nicht vergrößern will. Dieses Buch ist ja kein Lehrbuch für Elektroexperten, sondern eine „Selbsthilfe".

Fehlersuche nach dem Schaltplan

Die Fuchsjagd

So schön es ist, daß die Schaltzeichen genormt sind, für einen Nichtfachmann wäre es trotzdem ziemlich schwierig, nach einem Schaltplan, der nur die verschiedenen Symbole, Leitungen und Klemmenbezeichnungen enthält, einen Fehler zu finden.

„Kupferwurm" finden

Die in manchen Bedienungsanleitungen oder in den Handbüchern der Reihe „Jetzt helfe ich mir selbst" enthaltenen Schaltpläne kennzeichnen die einzelnen Aggregate noch durch Ziffern oder Buchstaben, damit man z. B. bei einer Leuchte weiß, um welche es sich handelt. An Hand des ausklappbaren Schaltplans in der rückseitigen Umschlagklappe soll nun einmal an einigen Beispielen gezeigt werden, wie man dem Kupferwurm auf die Spur kommt.
Beim Umschalten von Abblendlicht auf Fernlicht brennen die Fernlicht-Glühfäden beider Scheinwerfer nicht, jedoch die Fernlichtkontrolle.
Die Möglichkeit, daß beide Fernlicht-Glühfäden zur gleichen Zeit durchgebrannt sind, ist so gering, daß man sie erst gar nicht in Erwägung zieht. (Dabei wird natürlich vorausgesetzt, daß bis zu diesem Zeitpunkt beide Fernlicht-Glühfäden brannten und die eine nicht vielleicht schon kurz vorher ausgefallen ist. Kurz nacheinander können die Glühfäden schon durchbrennen, wenn sie gleich alt sind.)
Prüflampe mit der Krokodilklemme an Masse klemmen. Darauf achten, daß es sich auch wirklich um ein Teil handelt, das an Masse liegt, also nicht an das lackierte Karosserieblech.
Nun zuerst einmal am Pluspol der Batterie kontrollieren, ob die Prüflampe überhaupt brennt! (Glauben Sie ja nicht, daß ich Ihre Intelligenz anzweifle! Was meinen Sie aber, wie Sie sich vorkommen, wenn Sie mit einer intakten Prüflampe auf Fehlersuche gehen und über eine Stunde nach dem „abhanden gekommenen Strom" suchen und schließlich feststellen, daß die Glühlampe der Prüflampe während der Suche ihren Geist aufgegeben hat? Seitdem kontrolliere ich bei der Suche nach einem Kupferwurm alle Viertelstunde einmal, ob die Prüflampe noch in Ordnung ist.)

Prüflampe nicht wahllos ansetzen

Wo man nun mit der Suche beginnt, hängt wieder von der Zugängigkeit der einzelnen Aggregate ab.
Aus der Ziffernbemerkung zu dem Schaltplan kann man im vorliegenden Beispiel entnehmen, daß die Scheinwerfer die Nummern (5) und (6) haben. Wie unter den Schaltzeichen erläutert, sind die einfachen Glühlampen durch einen Kreis mit Kreuz dargestellt, die Zweifadenlampen (und eine solche ist die sogenannte Biluxlampe ja) dagegen durch einen Kreis mit zwei Kreuzen.
Von der linken Zweifadenlampe führen drei Leitungen ab: 1,5 br, 1,5 ws und

1,5 ge; von der rechten Zweifadenlampe ebenfalls drei Leitungen: 2,5 br, 2,5 ws und 2,5 ge. Man braucht kein Fachmann zu sein, um erraten zu können, daß es sich hier um die Kabelfarben braun, weiß und gelb handelt und 1,5 sowie 2,5 die Kabelquerschnitte in Quadratmillimeter angeben.

(Die zum rechten Scheinwerfer führenden Leitungen haben einen stärkeren Querschnitt als die zum linken Scheinwerfer führenden, da das im Wagen eingebaute Abblendrelais mit der Nummer 7 weiter vom rechten Scheinwerfer entfernt ist. Bei Leitungen gleichen Querschnitts ergäbe sich daher in den Leitungen zum rechten Scheinwerfer ein zu hoher Spannungsabfall.)

Das Abblendrelais hat nun als Ausgang für die Leitungen zu den Fernlicht-Glühfäden zwei Flachsteckanschlüsse mit der Klemmenbezeichnung 56 a.

Führt das Abblendrelais Strom?

Wenn das Hauptlicht eingeschaltet ist, was durch den Schalter mit der Nummer (9) erfolgt, und der Abblendschalter mit der Nummer (8) auf „Fernlicht" steht, müßte die Prüflampe bei intakter Anlage an den beiden Flachsteckanschlüssen 56 a brennen.

Da beide Fernlichtfäden nicht brennen, braucht man dort nicht erst zu kontrollieren, denn es ist so gut wie ausgeschlossen, daß beide Leitungen zu den Fernlicht-Glühfäden unterbrochen sind.

Kommt denn überhaupt Strom am Abblendrelais an, der zu den Scheinwerfern weitergeleitet werden kann? Selbstverständlich, denn sonst würden ja die Abblend-Glühfäden der Scheinwerfer auch nicht brennen. Das Abblendrelais leitet den Strom ja abwechselnd zu den Fernlicht- oder Abblendlicht-Glühfäden der Zweifadenlampen weiter.

Aus dem Schaltplan ersieht man, daß das Abblendrelais aber auch noch eine Klemme mit der Bezeichnung 56 a 1 hat. Was hat es mit dieser Klemme auf sich?

Nun, das ist die Steuerleitung für die Fernlicht-Glühfäden vom Abblendschalter zum Abblendrelais.

An der Klemme 30 des Abblendrelais liegt ja immer von der Batterieseite herkommend, „Plus" (+), wie man leicht feststellt, wenn man die stark ausgezogene Leitung 6 rt (rot mit 6 Quadratmillimeter Leitungsquerschnitt) zurückverfolgt.

Schaltet man das Hauptlicht ein und stellt man den Abblendschalter auf Fernlicht, so erhält die Fernlicht-Steuerspule des Relais an der Klemme 56 a 1 vom Abblendschalter her Strom und das Relais zieht an, so daß der Strom von der Klemme 30 des Abblendrelais über den Relaisanker zu den beiden Flachsteckanschlüssen der Klemme 56 a fließen kann.

Da die Abblendlicht-Glühfäden brennen, Fernlicht-Glühfäden aber nicht, kann man sich leicht vorstellen, daß der Fehler nur innerhalb des Abblendrelais oder in der Steuerstrom-Zuführung liegen kann.

Die erste Prüfung mit der Prüflampe erfolgt also an Klemme 56 a 1 des Abblendrelais.

Leuchtet die Prüflampe hier auf, so zeigt das an, daß der Fehler innerhalb des Relais liegt.

Wie schon im Abschnitt über die Relais beschrieben, ist bei einem derartigen Doppelrelais die Funktionsprobe nach Gehör nicht ohne weiteres möglich. Durch einen einfachen Handgriff kann man sie aber auch hier erreichen. Dazu zieht man die Steuerleitung an der Klemme 56 b 1 ab. Damit es keinen Kurzschluß gibt, muß man den Stecker allerdings isolieren oder so zur Seite biegen, daß er nicht an Masse kommen oder eine andere Klemme berühren kann.

(Ein Fehler innerhalb des Relais ist zwar sehr selten, es könnten aber doch z. B. die Anschlüsse zur Steuerspule oder zum Anker gebrochen bzw. die Kontakte des Ankers verschmort sein.)

Leuchtet die Prüflampe an Klemme 56 a 1 des Abblendrelais nicht auf, müßte der Fehler entweder in der Leitung vom Abblendschalter zum Abblendrelais liegen oder im Abblendschalter selbst.

Wenn beim Einschalten des Fernlichts die Scheinwerfer nicht brennen, jedoch die blaue Fernlichtkontrollampe, so kann der Fehler aber nicht im Abblendschalter liegen.

Und warum nicht?

Wie man beim genauen Betrachten des Schaltplans feststellt, ist an der Klemme 56a des Abblendschalters nicht nur die Steuerleitung zum Abblendrelais angeschlossen, sondern noch eine zweite Leitung, die zur Fernlichtkontrolle f führt. Brennt diese, so heißt das, es geht Strom durch den Abblendschalter zur Klemme 56a. Der Fehler liegt also innerhalb des Leitungszuges vom Abblendschalter zum Abblendrelais.

Andererseits kann man das Abblendrelais von vorne herein als Sündenbock ausschalten, wenn die Fernlichtkontrolle beim Einschalten des Fernlichts ebenfalls nicht aufleuchtet. In diesem Fall heißt das nämlich, daß der Abblendschalter keinen Strom an die Klemme 56a gibt, also selbst defekt sein muß.

Etwas Kopfarbeit

Wenn Sie Lust haben, können Sie nun etwas Denksport treiben.

Frage 1: Wo kann der Fehler liegen, wenn nach dem Einschalten des Hauptlichts zwar die Schluß- und Standleuchten brennen, die Fernlichtkontrolle ebenfalls, das Fern- und das Abblendlicht jedoch nicht?

Frage 2: Wo kann der Fehler liegen, wenn nach dem Einschalten des Hauptlichts die Stand- und Schlußleuchten brennen, Fernlicht und Fernlichtkontrolle sowie Abblendlicht aber nicht?

Wenn Sie wissen wollen, ob Ihre Lösung richtig ist, schauen Sie auf der nächsten Seite nach, dort ist sie angegeben.

Natürlich können Sie raten, davon haben Sie aber nichts, denn das Lesen eines Schaltplans soll Ihnen:
- Geld sparen helfen, indem Sie kleinere Störungen selbst beheben können;
- Ihr Selbstvertrauen stärken;
- Von der gerade nicht greifbaren Werkstatt oder dem nicht erscheinenden Straßenhilfsdienst unabhängig machen.

Lösung zu Frage 1:
Da sowohl Fern- wie Abblendlicht nicht brennen, die Fernlichtkontrolle aber aufleuchtet, kommt auf jeden Fall an der Klemme 56a des Abblendschalters noch „Strom heraus." Man kann als sicher annehmen, daß das auch für die Klemme 56b des Abblendschalters zutrifft.
Mit fast absoluter Sicherheit liegt der Fehler an den Anschlüssen des Abblendrelais. Entweder bekommt es überhaupt keine Pluszuführung an Klemme 30, oder innerhalb des Relais ist die Pluszuführung unterbrochen, was aber sehr unwahrscheinlich ist. Außerdem – und das ist am wahrscheinlichsten – kann die Klemme 31 des Abblendrelais keinen richtigen Massekontakt haben.
Flachstecker an den Klemmen 30 und 31 des Abblendrelais abziehen und wieder aufstecken. Vielleicht hat sich zwischen Flachstecker und Steckzunge die berühmte Oxydschicht gebildet?
Alle anderen Aggregate, wie Hauptlichtschalter, Abblendschalter, Zweifadenlampen kommen nicht in Frage!
Lösung zu Frage 2:
Der Fehler muß im Abblendschalter bzw. davor liegen. Wie man weiß, erhält der Hauplichtschalter noch Strom, denn die Schluß- und Standleuchten brennen ja. Auf dem Weg vom Hauptlichtschalter zum Abblendschalter oder in ihm selbst muß der Strom „verlorengehen", denn an den Klemmen 56a und 56b des Abblendschalters kommt ja nichts mehr heraus. Um das zu wissen, braucht man keine Prüflampe an die Klemmen 56a und 56b des Abblendschalters zu halten. Da weder die Fernlicht- noch die Abblendlicht-Glühfäden noch die Fernlichtkontrolle brennen, liegt das sozusagen auf der Hand, wenn man nur ein wenig nachdenkt.
Wo soll man mit der Prüflampe kontrollieren? An Klemme 56 des Abblendschalters und an Klemme 56 des Lichtschalters!
Leuchtet die Prüflampe an Klemme 56 des Abblendschalters auf, so ist der Abblendschalter mit großer Wahrscheinlichkeit defekt. Trotzdem zieht man sicherheitshalber einmal den Stecker von Klemme 56 des Abblendschalters ab und steckt ihn wieder auf. Schließlich kostet Sie dieser Handgriff nichts, ein neuer Abblendschalter dagegen ziemlich viel.
Wenn die Prüflampe an Klemme 56 des Abblendschalters nicht aufleuchtet, aber an Klemme 56 des Lichtschalters, so ist es die Leitung. Leuchtet die Prüflampe an Klemme 56 des Lichtschalters auch nicht auf, so liegt der „Wurm" in diesem.

Lösung der Kopfarbeit

Lichtmaschinen
Das Elektrizitätswerk

In den Kinderjahren des Autos spielte die Stromversorgung noch keine Rolle, da taten es zwei Paraffinkerzen, die zur Beleuchtung in die Kutschenlaternen vorn am Wagen eingesetzt wurden.

Heute verlangt man neben den wirklich zum Betrieb des Autos unbedingt erforderlichen elektrischen Einrichtungen und dem fast selbstverständlichen Autoradio vielfach schon ein Tonband mit Musik.

Ob eine elektrische Einrichtung am Auto wirklich notwendig ist, wie z. B. die Beleuchtungseinrichtungen, ob sie nur den Umgang mit ihm erleichtert, wie z. B. der elektrische Anlasser oder ob sie schon zum Luxus gehört, wie das Tonband; gefüttert wollen sie alle werden. Jedes Auto führt also sein eigenes Elektrizitätswerk mit sich.

Mit einem einfachen E-Werk, das nur Strom erzeugt, ist ein Auto (bzw. sind seine Besitzer) aber nicht zufrieden. Es muß auch noch eine Speicheranlage her, die den Strom auch dann liefert, wenn das E-Werk – die Lichtmaschine – außer Betrieb ist bzw. mit der Lieferung nicht nachkommt. Die Stromversorgung muß also unterteilt werden in den Stromlieferanten – die Lichtmaschine, und das Strom-Sparschwein – die Batterie.

Da die Lichtmaschine wohl wichtiger ist als die Batterie, wollen wir mit ihr beginnen. (Schließlich kann man ein Auto ohne Batterie anschieben, sofern es eine Gleichstrom-Lichtmaschine hat, und dann läuft es solange wie der Benzinvorrat reicht, dagegen kann man ein Auto ohne Lichtmaschine zwar anlassen, es läuft aber nur solange, wie der Stromvorrat in der Batterie reicht.

Die alte Streitfrage, was zuerst da war, das Huhn oder das Ei, muß man in diesem Fall wohl mit Huhn – also mit Lichtmaschine – beantworten.)

Der Stromerzeuger wird zwar fast immer als Lichtmaschine bezeichnet, erzeugt aber kein Licht, sondern liefert elektrische Energie. Diese kann man zwar auch in Licht umsetzen, doch ist das nur eine von vielen Nutzanwendungen.

Die reguläre Bezeichnung wäre eigentlich Generator, denn eine Maschine, die Strom erzeugt, ist ein elektrischer Generator, eine Maschine die Strom frißt, bezeichnet man als elektrischen Motor.

Welche Lichtmaschinen sind üblich?

Nun sprechen wir in diesem Buch von der elektrischen Anlage im Auto, müßten uns also eigentlich auf die dort üblichen Lichtmaschinen beschränken, als da sind:

Die seit Jahrzehnten übliche Gleichstrom-Lichtmaschine und die seit Beginn der sechziger Jahre mehr und mehr anzutreffende Drehstrom-Lichtmaschine.

Daneben gibt es aber noch Kleinwagen-Motoren, die in direkter Linie von Motorrad-Motoren abstammen und deren Lichtmaschinen ziemlich unverän-

dert übernommen haben. Die dort vielfach gebräuchlichen Lichtmaschinen haben den ach so unkomplizierten Namen „Schwung-Lichtanlaß-Batteriezünder." (Für die Leser mit solchen Autos:
Das ist eine ganz gewöhnliche Lichtmaschine, die zusätzlich noch als Anlasser arbeiten muß. Wenn sich ein Techniker mal in seine Wortgebilde verliebt hat, dann bringt ihn kein Mensch mehr davon ab. Lassen Sie bloß mal das Wort „Lichtanlaß" auf der Zunge zergehen; ich sehe dann einen Kerzenanzünder in königlich-bayerischen Schlössern vor mir!)

Das hört sich zwar furchtbar geheimnisvoll an, ist es aber nicht.
Erinnern Sie sich noch an die Arbeitsweise des Horns?
Na also, dann haben Sie schon die Grundlage für den Begriff der Induktion. Die Induktion – grob gesagt – ist nichts weiter als ein Wechselspiel zwischen Magnetismus und Elektrizität.
Beim Horn hat eine stromdurchflossene Wicklung den Eisenkern magnetisch gemacht, so daß er den Anker mit der Membrane anziehen konnte. Was würde nun geschehen, wenn man die Membrane mit dem Anker vor dem Eisenkern schnell hin und her bewegt? Könnte man dann an den elektrischen Anschlüssen des Horns einen Strom abnehmen? Theoretisch müßte das gehen – aber in Wirklichkeit geht's nicht.
Sobald man den Anker des Horns aber nicht aus Weicheisen herstellen, sondern an seiner Stelle einen flachen Magneten verwenden würde, könnte man das Prinzip umkehren:
Die Kraftlinien des Magneten würden durch den Eisenkern fließen, der die Wicklung trägt. In dem Augenblick, in dem die Membrane bewegt wird, wird der sogenannte „magnetische Fluß" im Eisenkern mal stärker und mal schwächer. Stärker, wenn sich der Magnet dem Eisenkern nähert, schwächer, wenn sich der Magnet vom Eisenkern entfernt. Der sich ändernde magnetische Fluß im Eisenkern „induziert" nun in der Wicklung eine elektrische Spannung, die man an den Anschlußklemmen des Horns abnehmen könnte.
Nun kann man eine elektrische Spannung aber noch viel einfacher erzeugen, indem man einen Leiter, also ein Drahtstück, durch ein Magnetfeld bewegt. (Ich darf wohl als bekannt voraussetzen, daß jeder Magnet einen Nord- und einen Südpol hat. Zwischen den Polen verlaufen die – nicht sichtbaren – Kraftlinien vom Nordpol zum Südpol.)

Stromerzeugung durch Induktion

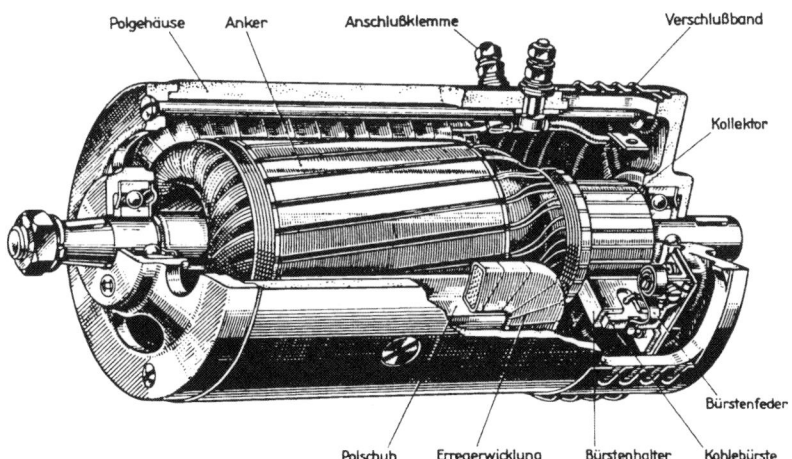

Teilschnitt durch eine Gleichstromlichtmaschine ohne Regler. Der auch für diese Maschine erforderliche Regler ist weggebaut, wie es heute bei der Mehrzahl aller Wagen der Fall ist.

Die Gleichstrom-Lichtmaschine

Bei der Gleichstrom-Lichtmaschine verwendet man eine ganze Anzahl von Drahtstücken, die als sogenannte Wicklung im Anker eingebettet sind und durch ein Magnetfeld gedreht werden, wobei in der Wicklung eine Spannung induziert wird.

Als Magnet könnte man zwar einen Dauermagneten verwenden, doch damit ließe sich keine gleichbleibende Spannung der Lichtmaschine erreichen, denn die „induzierte Spannung" hängt u. a. davon ab, wie schnell der Anker mit den Wicklungen durch das Magnetfeld gedreht wird und von der Stärke des Magnetfeldes.

Eine gleichbleibende hohe Spannung ist aber nötig, damit die Verbraucher beim Ausfall der Batterie nicht durch die zu hohe Lichtmaschinenspannung beschädigt werden.

Wie hält man die Spannung auf gleicher Höhe?

Da der Lichtmaschinenanker über einen Keilriemen von der Kurbelwelle angetrieben wird, ändert er seine Drehzahl mit der Motordrehzahl und die Spannung wäre einmal sehr gering, einmal sehr hoch.

Ändert man die Stärke des Magnetfeldes aber in Abhängigkeit von der Drehzahl der Lichtmaschine so, daß es bei niedriger Drehzahl kräftig ist, bei hoher Drehzahl aber abgeschwächt wird, so erhält man eine gleichbleibend hohe Lichtmaschinenspannung. Die Stärke des Magenetfeldes ändert man dadurch, daß man den Strom in der Wicklung der Erregermagnete verstärkt oder schwächt. Hoher Strom = starke Magnetwirkung, geringer Strom = niedrige Magnetwirkung.

Selbstverständlich braucht man diese Regelung nicht von Hand vorzunehmen, denn die Lichtmaschine hat hierfür einen „Dirigenten" – den sogenannten Regler. Dieser mißt laufend die von der Lichtmaschine abgegebene Spannung und dirigiert je nach ihrer Höhe mehr oder weniger „Erregerstrom" in die Magnetwicklung, so daß die von der Lichtmaschine abgegebene Spannung auf gleicher Höhe bleibt.

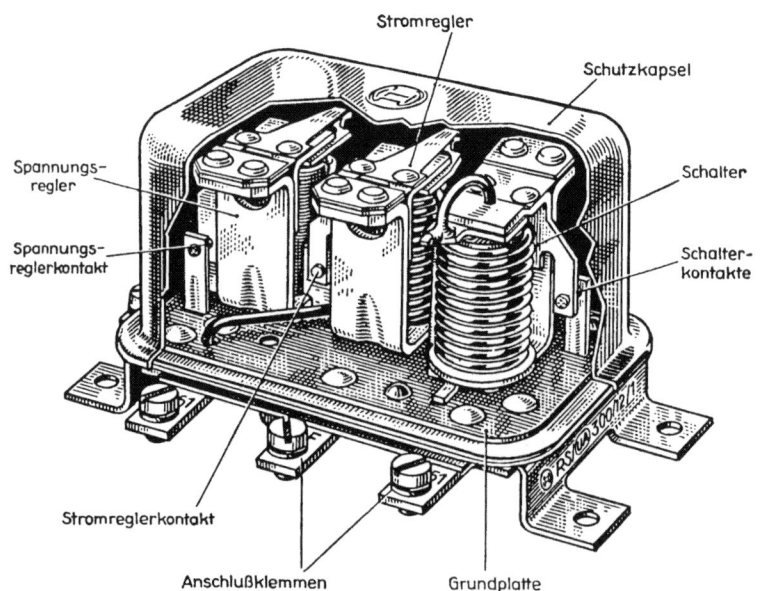

Teilschnitt durch einen sogenannten Dreielementregler, wie er für verschiedene Ausführungen von Gleichstromlichtmaschinen verwendet wird.

Der Regler der Gleichstrom-Lichtmaschine

Vielfach wird der Regler auch als Regler-Schalter bezeichnet, denn er hat mehrere Aufgaben.
- Er muß die Spannung der Lichtmaschine auf gleicher Höhe halten, was er dadurch erreicht, daß er den Strom durch die Feldwicklung der Lichtmaschine verstärkt oder schwächt.
- Er muß dafür sorgen, daß die Lichtmaschine keine größere Leistung abgibt, als sie vertragen kann, ohne zu heiß zu werden.
- Der Rückstromschalter des Reglers verbindet die Lichtmaschine erst dann mit der Batterie, wenn die Lichtmaschinenspannung auf die Batteriespannung angestiegen ist (was der sogenannten Einschaltdrehzahl entspricht), so daß sich die Batterie nicht über die Lichtmaschine entladen kann. Sinkt die Lichtmaschinenspannung bei abfallender Motordrehzahl unter die Batteriespannung, so trennt er die Verbindung automatisch.

Vorsicht bei Leitungsarbeiten

Bei Arbeiten an der Lichtmaschine und Regler muß man unbedingt darauf achten, daß die Leitungen nie (auch nicht kurzzeitig) vertauscht werden, denn dadurch wird der Regler zerstört.
Die Verbindungsleitung zwischen den Klemmen D+ der Lichtmaschine und D+ (oder 61) des Reglers darf bei laufender Lichtmaschine nie getrennt werden, da die Lichtmaschine sonst „verbrennt."
Die Schrauben für diese Leitung sollte man also immer gut festziehen und evtl. mit einem Tropfen Uhu sichern. (Dieser Hinweis gilt allerdings für italienische und manche französische Lichtmaschinen nicht, da sie anders geschaltet sind.)
Wartungsarbeiten erfordert der Regler nicht, doch kann man ihn mit normalen Mitteln auch nicht reparieren. Da manche Regler sehr wärmeempfindlich sind, sollte man sie nicht willkürlich an einen anderen Ort verlegen, denn der ursprüngliche Anbringungsort wurde evtl. aus Kühlungsgründen gewählt.

Die „Stromwendung"

Der von der Lichtmaschine abgegebene Strom wäre aber ein Wechselstrom, also zur Batterieladung unbrauchbar, wenn er nicht in Gleichstrom umgeformt würde. Bei der Gleichstrom-Lichtmaschine erfolgt die Gleichrichtung durch den sogenannten Stromwender, der unter dem Namen Kollektor bekannt ist. Auf diesem Kollektor liegen die Kohlebürsten auf, die einen fast reinen Gleichstrom abnehmen. Während der von der Batterie abgegebene Strom ein reiner Gleichstrom ist, ist der von der Lichtmaschine abgegebene Strom noch etwas „wellig", was aber beim Betrieb der Verbraucher und bei der Batterieladung keine Rolle mehr spielt. Je mehr der Anker der Lichtmaschine unterteilt ist – also um so mehr Kollektorlamellen er hat – um so reiner wird der Gleichstrom.

Kollektor und Kohlebürsten

Diese Teile müssen einwandfrei sein, wenn die Lichtmaschine Strom abgeben soll. Der Kollektor muß eine vollkommen glatte grauschwarze Oberfläche haben. (Natürlich ist er im Neuzustand blank, denn die Kupferlamellen werden erst im Betrieb durch die Kohlebürsten geschwärzt.) Er darf auf keinen Fall ölig oder fettig sein, da sonst die Stromabnahme behindert wird und Brandspuren am Kollektor entstehen können.
Leider sind nicht alle Kollektoren und Kohlebürsten so gut zugängig wie beim VW, so daß sie meist nicht so sorgfältig kontrolliert werden können, wie es nötig wäre.

Links: Ein Kollektor einer Gleichstromlichtmaschine mit starken Brandspuren, die entweder auf Schäden in der Ankerwicklung oder durch nicht richtig aufliegende Kohlebürsten entstanden sind.

Rechts: Stark eingelaufener Kollektor einer Gleichstromlichtmaschine. Ein solcher Kollektor muß auf der Drehbank abgedreht werden und die Isolation zwischen den einzelnen Kollektorlamellen muß ausgefräst werden.

Bei Lichtmaschinen, deren Kohlebürsten nach Abnehmen eines Abdeckbandes zugängig sind, kann man leichter prüfen, ob ein Bürstenwechsel erforderlich ist, als bei geschlossenen Lichtmaschinengehäusen. Zum Wechseln der Kohlebürsten muß man die Lichtmaschine jedoch meist ausbauen, da man sich sonst die Finger verbiegt.

Theoretisch halten die Kohlebürsten ca. 50 000 km, doch ist das nicht immer der Fall, so daß man sie doch lieber einmal öfter kontrollieren sollte. Die Ersatzkohlebürsten halten meist nicht so lange, da der Kollektor nicht mehr so gut wie im Neuzustand ist. Spätestens nach Verschleiß der ersten Ersatzbürsten sollte der Kollektor überdreht werden.

Kollektoren mit Öl- oder Fettschicht werden mit einem benzinfeuchten Tuch gereinigt. Einen riefigen Kollektor darf man nicht mit der Feile oder mit Schmirgelleinen glätten.

Links: Die Kohlebürsten der Gleichstromlichtmaschinen dürfen nicht zu weit abgenützt sein und die Kupferlitze der Kohlebürste muß ohne Widerstand in der Aussparung des Bürstenhalters gleiten können.

Rechts: Stark abgenutzte Kohlebürste, wobei die Kupferlitze am Bürstenhalter abgeschert wurde. Der Rest der Kupferlitze ist in der Kohlebürste unterhalb des Bürstenhalters noch ersichtlich.

Der Sitz der Kohlebürsten

Die Kohlebürsten werden von Spiralfedern (Schraubenfedern) auf den Kollektor gedrückt und sind über eine eingelötete Kupferlitze mit dem Bürstenhalter verbunden. Sie dürfen nie soweit abgenutzt sein, daß die Kupferlitze am Grund der Aussparung im Bürstenhalter aufliegt, denn die Litze wird jetzt entweder „abgesäbelt" oder sie quetscht sich zwischen Bürstenführung und Bürste, so daß die Bürste klemmt und nicht mehr auf dem Kollektor aufliegt.

Liegt die Bürste nicht mehr richtig auf dem Kollektor auf, so bildet sich zwischen Bürste und Kollektor eine Funkenstrecke, der Kollektor erwärmt sich so stark, daß die Wicklungsenden des Ankers ausgelötet werden und der Anker muß gegen einen neuen ausgetauscht oder repariert werden.

Die Kohlebürsten dürfen im Bürstenhalter nicht klemmen (sonst gibt es wieder Funkenstrecken) aber auch nicht wackeln. Haben die Kohlebürsten an der Breitseite zuviel Spiel im Bürstenhalter, so setzen sie sich, wenn sie schon ziemlich abgenutzt sind, etwas schräg und liegen nicht mehr auf den Kollektorlamellen auf, auf denen sie sitzen müssen; die Stromwendung wird beeinträchtigt.

Diese senkrecht auf dem Kollektor aufstehenden Kohlebürsten, die infolge zuviel Spiel im Bürstenhalter schräg abgelaufen sind, darf man nicht mit den Kohlebürsten verwechseln, die dadurch eine schräge Lauffläche haben, daß die Bürstenhalter tangential zum Kollektor sitzen. An der Anordnung der Bürstenhalter erkennt man sofort, ob die schräge Lauffläche durch einen fehlerhaften Sitz bedingt ist oder so sein muß.

Auswechseln der Kohlebürsten

Grundsätzlich sollte man nur Originalkohlebürsten verwenden, denn hier hat man die Gewähr für richtigen Sitz und das richtige Bürstenmaterial.

Ob die Kohlebürsten aus dem richtigen Material bestehen, also nicht zu hart oder zu weich sind, kann man am „Laufspiegel" von Kohlebürsten und Kollektor sehen. Beide müssen spiegelglatt und ohne Riefen sein. Wenn Brandspuren am Kollektor oder an der Lauffläche der Kohlebürsten zu sehen sind, so zeigt das an, daß irgend etwas nicht in Ordnung ist, man sollte die Lichtmaschine in die Werkstatt geben.

So sind die Kohlebürsten der Gleichstromlichtmaschine häufig unter dem hier nach rechts verschobenen Abdeckband zugängig.

Gelegentlich – wenn die Lichtmaschine nicht schmutzgefährdet ist – entfällt das Abdeckband wie hier bei der Lichtmaschine des VW und die Kohlebürsten sind direkt durch die Aussparungen der Lichtmaschine zugängig.

Beim Ausbau der Kohlebürste löst man zuerst die festgeschraubte Öse der Kohlelitze. Zum Abheben der Spiralfeder von der Bürste biegt man sich einen starken Draht, mit dem man die Feder aber nur soweit anhebt, wie zum Herausziehen der alten Bürste nötig. Nach dem Einsetzen der neuen Kohlebürste läßt man die Feder nicht auf die Bürste schlagen, sondern setzt sie langsam ab. Die Kupferlitze der Kohlebürste muß frei in der Aussparung des Bürstenhalters sitzen und wird mit der Öse so angeschraubt, daß sie nicht verdreht ist und die Leichtgängigkeit der Bürste verhindert.

Die Keilriemenspannung

Der Keilriemen, der die Lichtmaschine antreibt, soll so stramm sitzen, daß man ihn in der Mitte zwischen den beiden Riemenscheiben durch festen Daumendruck etwa 10 mm durchdrücken kann. Ist er zu stramm, dann werden die Lager der Lichtmaschine und der Wasserpumpe überlastet, ist er zu lose, so rutscht er auf den Riemenscheiben und die Lichtmaschine und die Wasserpumpe werden nicht genügend angetrieben; außerdem erhitzt sich der Keilriemen durch den Schlupf.

Der Keilriemen kann durch Schwenken der Lichtmaschine oder Distanzscheiben gespannt oder gelockert werden. Ausführliche Hinweise dazu findet man in den Typen-Büchern der Reihe „Jetzt helfe ich mir selbst."

Kann man die Lichtmaschine überlasten?

Bevor man auf diese Frage eine Antwort geben kann, muß man zuerst einmal feststellen, was man unter „Überlastung" verstehen will.

Nehmen wir an, ein Polizeibeamter hätte täglich hundert Parkuhren zu kontrollieren und wäre mit dem Zettelchen-schreiben voll ausgelastet. Eines Tages werden ihm noch zusätzlich weitere fünfzig Parkuhren „zugeteilt". Daraufhin wird er seinem Vorgesetzten erklären: „Das geht nicht, damit bin ich überlastet."

Um die weiteren fünfzig Parkuhren zu „versorgen", benötigt man also einen zweiten Polizeibeamten, der vielleicht bis dahin im Revier die „Einnahmen" gezählt hat.

Den ersten Polizeibeamten könnte man mit der Lichtmaschine vergleichen,

die sich immer bewegt hat, um die Stromverbraucher – die Parkuhren – zu versorgen. Will man noch weitere Stromverbraucher versorgen, die von der „Lichtmaschine" nicht mehr geschafft werden können, so muß man den Strom – die Energie – aus der Batterie, dem Revier abziehen.
Auch wenn der erste Polizeibeamte durch mehr als hundert Parkuhren „überlastet" wäre, ein Schaden würde ihm nicht zugefügt.
Jetzt nehmen wir an, daß Herr Meier mit seinem zehn Tonnen schweren Laster über die Brücke des Dorfbaches in Kleinhinterdorf fährt, die nur eine Tragfähigkeit von zwei Tonnen hat.
Die Brücke wird dadurch so überlastet, daß sie zusammenbricht und repariert werden muß.
So ähnlich wie im ersten Fall verläuft die „Überlastung" bei der Lichtmaschine. Sie kann nur eine bestimmte Anzahl von Stromverbrauchern speisen. Baut man zuviel zusätzliche Stromverbraucher in seinen Wagen ein und betreibt sie gleichzeitig, so kommt die Lichtmaschine nicht mit, sie wird „überlastet". Die zuviel eingeschalteten Stromverbraucher beziehen ihren Strom dann aus der Batterie.
Die Batterie wird also entladen statt geladen. Ganz sicher wird eine Überlastung aber nur bei Knickreglern vermieden. Lichtmaschinen mit anderen Reglern können einen „Herzinfarkt" erleiden. Eine dauernde starke Überlastung durch große zusätzliche Stromverbraucher bekommt ihnen nicht.

Der automatische „Überlastungsschutz" wird durch den Regler erreicht, der also nicht nur die Aufgabe hat, die von der Lichtmaschine abgegebene Spannung konstant zu halten, sondern die Lichtmaschine auch vor zu großer Leistungsabgabe schützen muß.

Der Überlastungsschutz

Würde einer Lichtmaschine eine höhere Leistung entnommen, als die, für die sie gebaut ist, so würde sie diese Leistung eine gewisse Zeit abgeben, sich dabei aber so erhitzen, daß die Isolation der Wicklungen verbrennt und (bei Gleichstrom-Lichtmaschinen) die Lötstellen am Kollektor schmelzen.
Die Art, wie die Regler eine solche „Überlastung mit Schaden" verhindern, ist unterschiedlich und hängt vom Reglersystem ab.
Bei der Lichtmaschine ist es also genau wie im Leben, die laufenden Ausgaben (an die Stromverbraucher) dürfen nicht größer sein als die laufenden Einkünfte (durch die Lichtmaschine). Will man mehr ausgeben, so muß man den Differenzbetrag vom Sparkonto (der Batterie) abziehen, aber das ist nicht unerschöpflich.
Je nachdem wie lange man zusätzlichen Strom aus der Batterie entnommen hat, wird sie mehr oder weniger geschwächt sein, und man braucht sich nicht zu wundern, wenn sie später nicht mehr genügend Stromvorrat zum Anlassen hat.
Bei etwas Aufmerksamkeit sieht man aber schon am gelblicher werdenden Scheinwerferlicht, daß die Lichtmaschine nicht mehr mit der Stromlieferung nachkommt. Schaltet man dann einen Teil der nicht unbedingt erforderlichen Stromverbraucher aus (z. B. Heizgebläse, Zusatz-Fernscheinwerfer), so wird das normale Scheinwerferlicht wieder weiß.

Die Ladekontrolle der Gleichstrom-Lichtmaschine

Leere Versprechungen

Außer den Kraftstoffanzeigern gibt es wohl kein Überwachungsgerät im Auto, was so verlogen ist, wie die sogenannte Ladekontrolle.
Wenn man die Zündung einschaltet, so leuchtet irgendwo am Instrumentenbrett die rote Ladekontrolleuchte auf. Diese Leuchte zeigt zwar an, daß die Zündung eingeschaltet ist, doch ist das nur eine Beigabe zu ihrer eigentlichen Funktion.

Falsche Vorstellungen

Wird der Motor angelassen und die Drehzahl ganz langsam erhöht, so kann man erkennen, daß die Ladekontrolleuchte nicht schlagartig erlischt, sondern immer dunkler glimmt, bis sie schließlich erloschen ist. Von diesem Augenblick an wird die Batterie nach Ansicht der meisten Autofahrer geladen, was aber keineswegs zutrifft. In dem Augenblick, in dem die Kontrolleuchte erlischt, sind nur Batteriespannung und Lichtmaschinenspannung fast gleich hoch. Es fließt aber trotzdem noch kein Ladestrom in die Batterie.
Sicher ist nur eins: solange die Ladekontrolle hell aufleuchtet, wird die Batterie nicht geladen!
Wie ist es aber, wenn die Ladekontrollampe bei hoher Drehzahl mehr oder weniger stark glimmt, was man natürlich bei Nachtfahrten besser beobachten kann als am Tag. Wird die Batterie jetzt entladen?
So unglaubwürdig sich das anhört: nein!
Die Zusammenhänge zwischen Gleichstrom-Lichtmaschine, Batterie und Ladekontrolleuchte scheinen nur verwickelt, in Wirklichkeit sind sie ganz einfach zu verstehen. Um die Vorgänge zu begreifen, braucht man noch nicht einmal einen Schaltplan lesen zu können.

Ladekontrolle — schematisch dargestellt

Anstelle des Stromkreises setzt man einen Flüssigkeitskreislauf und man hat ein anschauliches Modell. Die einzelnen Rohrleitungsanschlüsse werden genauso bezeichnet wie die elektrischen Leitungsanschlüsse. Batterie und Lichtmaschine werden als zwei Behälter dargestellt, die durch die Ladeleitung und die Masseleitung miteinander verbunden sind. (Am Fahrzeug selbst tritt die Masseleitung nicht als Kabel in Erscheinung, sondern wird durch die Metallteile des Fahrgestells und der Karosserie gebildet.)
Der Pluspol der Batterie wird als Klemme 30 bezeichnet.
Die vom Zündschalter abführenden Leitungen sind an der Klemme 15 desselben angeschlossen, und die von der Ladekontrolle zur Lichtmaschine bzw. zum Regler führende Leitung ist dort an Klemme 61 angeschlossen. Klemme D+ ist die Plusklemme der Lichtmaschine, von der die Ladeleitung zum Rück-

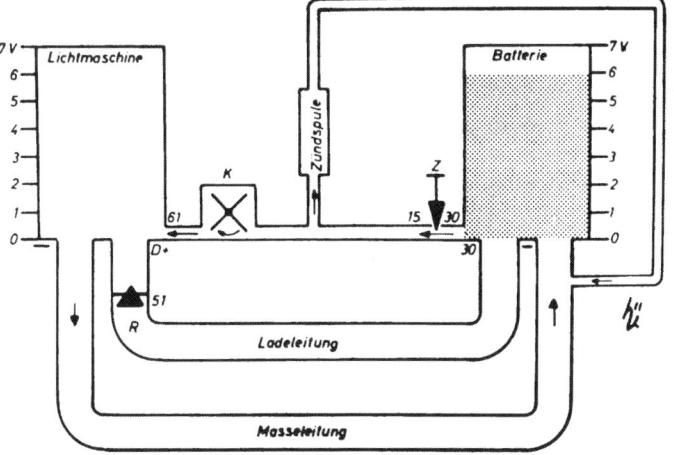

Steht der Motor bzw. liefert die Lichtmaschine keinen Strom und ist der als Absperrschieber dargestellte Zündschalter Z geöffnet, so fließt ein Strom von der Batterie über die Zündspule und ebenfalls ein Strom über die Ladekontrolleuchte K (hier als Flügelrad dargestellt), der dieselbe zum Aufleuchten bringt. Der Strom über die Ladekontrolleuchte K fließt über die Lichtmaschine, die Masseleitung zum Minuspol der Batterie zurück. Der Strom über die Zündspule fließt ebenfalls über die Fahrzeugmasse zum Minuspol der Batterie.

stromschalter führt. Hinter dem Rückstromschalter, der als „Rückschlagventil" dargestellt ist, hat die Ladeleitung die Klemmenbezeichnung 51. Die Masseleitung ist an „—" der Lichtmaschine und der Batterie angeschlossen. (Bei neueren Reglern hat die Klemme 51 die Bezeichnung B +. Regler mit der Klemme 51 werden immer seltener.)

In die Ladeleitung ist das Rückschlagventil R eingezeichnet, das in Wirklichkeit durch den sogenannten Rückstromschalter gebildet wird. Von der Batterie geht außerdem noch eine dünnere Leitung ab, die durch den Zündschalter unterbrochen werden kann. Der Zündschalter ist in den Zeichnungen mit Z bezeichnet und als Absperrschieber dargestellt.

Steckt man den Zündschlüssel in den Zündschalter und schaltet die Zündung ein, so wird der Stromfluß aus der Batterie zur Zündspule freigegeben. Außerdem kann ein Strom über die Ladekontrolleuchte K zur Lichtmaschine fließen. Die Ladekontrolleuchte K ist als Flügelrad dargestellt, das sich durch den Strom von der Batterie zur Lichtmaschine drehen kann.

In der ersten Darstellung dreht es sich rechts herum. Der von der Batterie über die Ladekontrolleuchte zur Lichtmaschine fließende Strom fließt dann durch die Masseleitung zur Batterie zurück. Ebenso fließt der von der Batterie über die Zündspule fließende Strom zur Minusklemme der Batterie zurück.

Wie aus der Darstellung zu entnehmen ist, ist die Batterie geladen und hat eine Spannung von 6 V. Da die Lichtmaschine noch nicht arbeitet, gibt sie keinen Strom ab, und die Spannung ist 0 Volt. Die Spannung (der „Druck") der Batterie ist also höher als die der Lichtmaschine, und neben dem Strom durch die Zündspule fließt ein geringer Strom über die Ladekontrolleuchte und die Lichtmaschine zur Masse. Dieser Fall liegt bei eingeschalteter Zündung und stehendem Motor oder ausgefallener Lichtmaschine vor.

Motor steht, Lichtmaschine arbeitet noch nicht

Wenn der Motor angesprungen ist, liefert die Lichtmaschine mit steigender Drehzahl eine Spannung. Bei niedriger Motordrehzahl steigt dieselbe etwa bis 6 Volt an. Die Spannungen von Batterie und Lichtmaschine sind also gleich hoch. Von der Batterie fließt jetzt immer noch der Strom über die Zündspule, doch es fließt kein Strom mehr durch die Ladekontrolleuchte, da die Spannungen an den beiden Anschlüssen der Ladekontrolleuchte gleich sind.

Motor läuft im Leerlauf

Wenn die Lichtmaschinenspannung auf die Batteriespannung angestiegen ist (niedrige Motordrehzahl), so fließt nur noch ein Strom über die Zündspule und die Masse zurück zum Minuspol der Batterie. Da Lichtmaschinen- und Batteriespannung gleich hoch sind, hat der Rückstromschalter noch nicht den Weg von der Lichtmaschine zur Batterie freigegeben, doch die Ladekontrolleuchte ist erloschen. Die Ladeleitung, die Masseleitung zwischen Lichtmaschine und Batterie und die Leitung von der Batterie über die Ladekontrolleuchte zur Lichtmaschine sind stromlos.

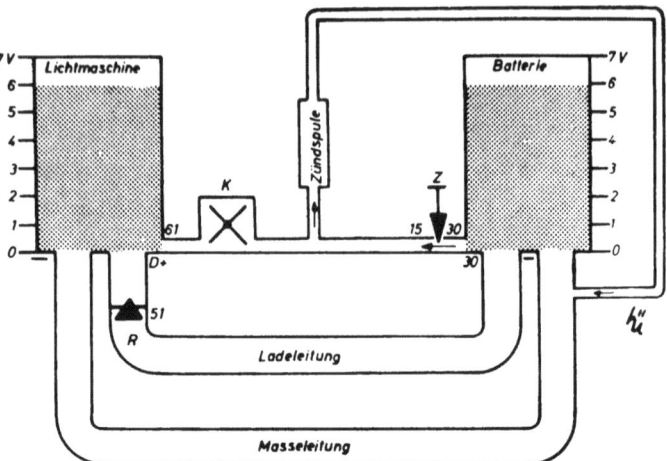

Das Flügelrad bleibt stehen – mit anderen Worten, die Ladekontrolleuchte ist erloschen.
Da die Spannung der Lichtmaschine nicht höher ist als die der Batterie, wird das Rückschlagventil noch nicht geöffnet. Es fließt also kein Strom von der Lichtmaschine über die Ladeleitung zur Batterie, aber auch kein Strom in der Masseleitung.

Batterie wird geladen

Steigt die Lichtmaschinendrehzahl beim Gasgeben an, so steigt auch die Spannung der Lichtmaschine, die nun etwas über 6 Volt beträgt. Dieser etwas höhere Druck in der Lichtmaschine öffnet das Rückschlagventil (den Rückstromschalter), und es fließt ein Strom von der Klemme „D+" der Lichtmaschine über den Rückstromschalter, die Klemme 51 und die Ladeleitung zur Klemme 30 (dem Pluspol) der Batterie. Da ein Stromfluß nur zustande kommt, wenn der Stromkreis geschlossen ist, fließt natürlich auch der Minusstrom von der Minusklemme der Batterie zur Minusklemme der Lichtmaschine. Theoretisch könnte auch jetzt ein Strom von der Klemme 61 der Lichtmaschine über die Ladekontrolleuchte K zur Batterie bzw. Zündspule fließen, so daß sich das „Flügelrad" K der Ladekontrolleuchte linksherum drehen würde.
Ist die Anlage mit ihren gesamten Leitungen in Ordnung, so kommt das nicht vor, da die Ladekontrolleuchte K dem Strom einen im Verhältnis zur Ladeleitung viel zu großen Widerstand entgegensetzt. Die Ladeleitung hat einen wesentlich größeren Querschnitt als die Leitungen der Ladekontrolleuchte.

Zusammenfassung:

1. Der Motor steht, die Zündung ist eingeschaltet, es fließt ein Strom über die Ladekontrolleuchte K von der Batterie zur Lichtmaschine, und die Ladekontrolleuchte K leuchtet auf. Die Batterie wird nicht geladen.
2. Der Motor ist angesprungen, läuft jedoch mit niedriger Drehzahl, so daß auch die Lichtmaschinen-Drehzahl noch niedrig ist. Da die Spannungen von Lichtmaschine und Batterie praktisch gleich hoch sind, fließt kein Strom über die Ladekontrolleuchte K, so daß dieselbe nicht mehr aufleuchtet.
Die Batterie wird immer noch nicht geladen!
3. Die Motor- und damit die Lichtmaschinendrehzahl wird erhöht und die Spannung der Lichtmaschine liegt über der Batteriespannung. Jetzt öffnet sich das Rückschlagventil R, und es fließt ein Ladestrom von der Licht-

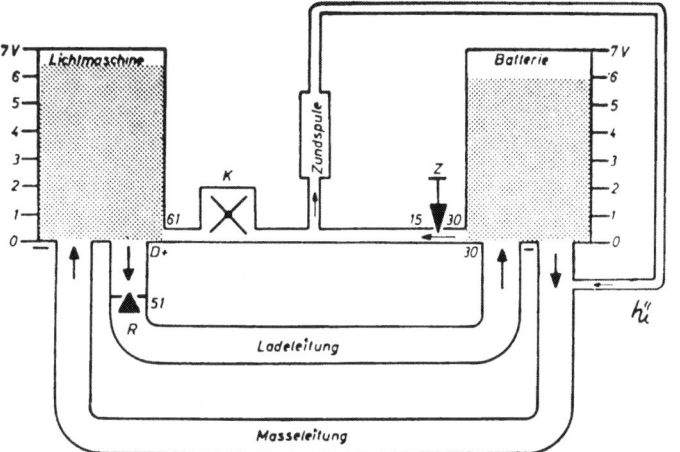

Steigt bei höherer Motor- und damit Lichtmaschinendrehzahl die Lichtmaschinenspannung über die Batteriespannung, so fließt ein Ladestrom über den Rückstromschalter R zur Batterie. Da eine ordnungsgemäße Ladeleitung dem Strom einen wesentlich geringeren Widerstand bietet als die Leitung der Ladekontrolleuchte, braucht sich kein Strom über die Leitung der Ladekontrolleuchte zur Batterie zu zwängen. Die Kontrolleuchte bleibt dunkel.

maschine zur Batterie. Die Kontrolleuchte ist erloschen. Die Batterie wird geladen.

Wenn die Ladekontrolleuchte des Nachts bei höherer Motordrehzahl oder beim Einschalten von Stromverbrauchern zu glimmen beginnt, wird oft der Verdacht geäußert, daß die Batterie nicht ausreichend geladen wird. Dieses Glimmen – das auch bei Tagfahrt auftreten kann, hier wird es jedoch wegen der Außenhelligkeit nicht bemerkt – zeigt keine Entladung der Batterie an. Es kann zwei andere Gründe haben.

Glimmen der Ladekontrolleuchte bei Nachtfahrt

Mit zunehmender Motordrehzahl erlischt die Ladekontrolleuchte; sie bleibt bei mittleren Motordrehzahlen dunkel, bei höheren Motordrehzahlen beginnt sie zu glimmen. Schaltet man während des Glimmens einen größeren Stromverbraucher ein, z. B. Scheinwerfer oder Blinker, so wird das Glimmen etwas heller.

**1. Fall;
schlechte Leitungsverbindungen**

Wie schon gesagt, fließt bei angestiegener Lichtmaschinenspannung der Ladestrom von der Lichtmaschine über den Rückstromschalter durch die starke Ladeleitung zur Batterie, da dieser Weg den geringsten Widerstand für den Strom bietet. Er ist wesentlich bequemer als der Weg über die Ladekontrolleuchte.

(In Wirklichkeit fließt bei angestiegener Lichtmaschinenspannung immer ein Strom über die Kontrolleuchte. Dieser ist jedoch bei einer einwandfreien Anlage so gering, daß die Ladekontrolleuchte nicht zum Glimmen kommt.)

Wenn die starke Ladeleitung zwischen Lichtmaschine und Batterie stellenweise eingeengt ist, so stellt sie für den Ladestrom einen etwas höheren Widerstand dar. Der gesamte, von der Lichtmaschine gelieferte Ladestrom verteilt sich also so, daß zwar der Hauptstrom über den Rückstromschalter und die Ladeleitung zur Batterie fließt, ein geringer Strom aber auch von der Lichtmaschine über die Ladekontrolleuchte zur Batterie bzw. direkt zur Zündspule. Der von Klemme 61 der Lichtmaschine über die Ladekontrolleuchte K fließende geringe Strom dreht das „Flügelrad" langsam linksherum – die Ladekontrolleuchte glimmt, da es für eine Lampe ja uninteressant ist, in welcher Richtung sie vom Strom durchflossen wird.

107

Zwar liegt auch hier die Lichtmaschinenspannung bei höherer Motordrehzahl über der Batteriespannung, doch glimmt die Ladekontrolleuchte. Der Strom von der Lichtmaschine zur Batterie wird durch schlechte Klemmenverbindungen, schlechte Rückstromschalterkontakte oder hohe Leitungswiderstände behindert. Ein Teil des Stroms zwängt sich deshalb durch die Lampe der Ladekontrolleuchte. Das hierbei auftretende Glimmen bedeutet nicht, daß die Batterie „entladen" wird.

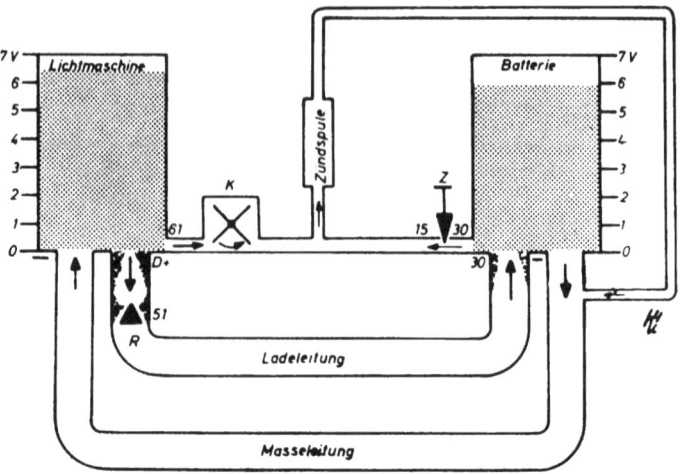

Je höher die Lichtmaschinenspannung über der Batteriespannung liegt (höhere Motordrehzahl), um so größer kann der von der Lichtmaschine abgegebene Strom und damit auch der Strom durch die Ladeleitung und der Strom über die Ladekontrolleuchte werden. Dieser Strom – der allerdings wesentlich geringer ist als der Strom, der bei spannungsloser Lichtmaschine von der Batterie zur Lichtmaschine fließt – verursacht das Glimmen der Ladekontrolleuchte.

Die angedeuteten „Einengungen" in der starken Ladeleitung können durch lose Anschlüsse der Kabel, durch Übergangswiderstände an den Anschlußklemmen oder an den Kontakten des Rückstromschalters hervorgerufen werden.

Wenn man einen größeren Verbraucher einschaltet, so wird die Batterie angezapft und ihre Spannung sinkt etwas stärker ab. Die jetzt relativ noch höhere Lichtmaschinenspannung treibt einen noch etwas höheren Strom durch die dünne Leitung der Ladekontrolleuchte, so daß die Ladekontrolleuchte etwas heller glimmt. Dieser Fehler läßt sich dadurch beseitigen, daß man für einwandfreie Klemmenverbindung an der Lichtmaschine, dem Regler und der Batterie sorgt.

Das Einsetzen einer stärkeren Lampe in die Ladekontrolleuchte – wodurch dieser Fehler gelegentlich in Werkstätten „behoben" wird – zeugt nur davon, daß dieser Fachmann sein Handwerk nicht versteht. Zwar reicht der Strom durch diese stärkere Lampe nicht aus, um dieselbe zum Glimmen zu bringen, doch fließt er trotzdem lustig weiter, normalerweise aber ohne nachteilige Folgen.

Wenn das Reinigen und einwandfreie Befestigen der Klemmen nicht hilft, so sind die Leitungsquerschnitte zu klein. Man könnte stärkere Leitungen verlegen, doch das ist aufwendiger als das Einsetzen einer stärkeren Glühlampe.

2. Fall; überlasteter Zündschalter

Die Ladekontrolleuchte glimmt beim Einschalten des Blinkers, beim Bremsen bzw. jedem Verbraucher auf, der am Zündschalter angeschlossen ist. Hier ist die Leitung von der Klemme D+ der Lichtmaschine über den Rückstromschalter R zur Klemme 30 der Batterie in Ordnung. Der Fehler liegt in diesem Fall in der Leitung von der Klemme 30 der Batterie zur Klemme 61 der Lichtmaschine.

Da die Ladekontrolleuchte aber erst dann glimmt, wenn ein am Zündschalter

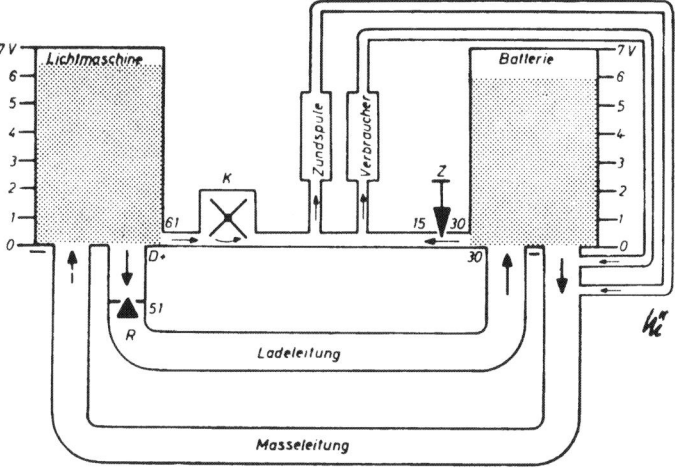

Wird der Zündschalter zu stark belastet und läßt er nicht genügend Strom für einen zusätzlich angeschlossenen Verbraucher hindurch, so zwängt sich ebenfalls ein Strom über die Ladekontrollleuchte. Auch das hier auftretende Glimmen der Ladekontrolleuchte bedeutet nicht, daß die Batterie entladen wird.

angeschlossener Verbraucher eingeschaltet wird, ist der Strom von der Batterie über den Zündschalter für das Glimmen verantwortlich.

Die Schalterkontakte des Zündschalters sind ja nur für einen bestimmten Stromdurchgang ausgelegt und hierbei ergibt sich ein verhältnismäßig kleiner Spannungsabfall. Je höher der Stromdurchgang durch die Kontakte des Zündschalters wird, um so größer wird der Spannungsabfall an den Kontakten. An der Klemme 15 hinter dem Zündschalter ist also eine niedrigere Spannung vorhanden als an Klemme 30 der Batterie.

Wenn man nun an die Klemme 15 des Zündschalters zusätzliche Verbraucher mit verhältnismäßig hoher Stromaufnahme anschließt, so wird beim Einschalten derselben, an den Zündschalterkontakten ein höherer Spannungsabfall auftreten. Die mit Klemme 15 des Zündschalters verbundene Leitung der Ladekontrolleuchte liegt daher an einer niedrigeren Spannung als die an Klemme 61 angeschlossene. Hierdurch fließt ein geringer Strom von der Klemme 61 der Lichtmaschine über die Ladekontrolleuchte über die Zündspule und den zusätzlich eingeschalteten Verbraucher zur Masse.

Der die Ladekontrolleuchte zum Glimmen bringende Strom fließt **nicht** von der Batterie zur Lichtmaschine (wodurch eine Entladung der Batterie angezeigt wird), sondern von der Lichtmaschine über die Ladekontrollampe zur Zündspule bzw. zum Verbraucher.

Dieser Fehler zeigt an, daß die Kontakte des Zündschalters überlastet werden.

Um die Gewähr zu haben, daß beim Ausschalten der Zündung möglichst viele Verbraucher gleichzeitig mit ausgeschaltet werden und nicht versehentlich eingeschaltet bleiben, schließt mancher Autofahrer diese Verbraucher an Klemme 15 des Zündschalters an. Die Kontakte des Zündschalters sind aber nur für einen mittleren Strom vorgesehen und bei Anschluß stärkerer Stromverbraucher an die Klemme 15 verschmoren die Kontakte des Schalters und die Kontaktfedern glühen aus.

Die Drehstrom-Lichtmaschine

Fortschritt unter der Motorhaube

Neben dem Namen Drehstrom-Lichtmaschine findet man auch noch die Bezeichnungen „Wechselstrom-Generator", „Alternator" und „Kollektorlose Gleichstrom-Lichtmaschine", für eine Lichtmaschinenart, die in den letzten Jahren mehr und mehr serienmäßig eingebaut wird. Gegenüber der herkömmlichen Gleichstrom-Lichtmaschine hat sie u. a. den Vorteil, daß sie wesentlich weniger Wartungsarbeiten erfordert, aber der Hauptgrund für ihre Einführung bei Personenwagen liegt auf einem anderen Gebiet. Die heutigen Motoren drehen meist wesentlich höher als ihre Brüder vor fünf oder gar zehn Jahren, und die Drehstrom-Lichtmaschinen sind hohen Drehzahlen besser gewachsen.

Die zulässige Lichtmaschinendrehzahl

Da die Lichtmaschinen durchweg über Keilriemen von der Kurbelwelle aus angetrieben werden, könnte man auch die Übersetzung zu einer herkömmlichen Gleichstrom-Lichtmaschine so vornehmen, daß sie bei Motor-Höchstdrehzahl ihre zulässige Höchstdrehzahl nicht überschreitet. Diese Höchstdrehzahl wird hauptsächlich durch die Art der Stromabnahme über Kollektor und Kohlebürsten bestimmt. Würde die Gleichstrom-Lichtmaschine so übersetzt, daß sie auch bei einem hochdrehenden Motor ihre Höchstdrehzahl nicht überschreitet, so könnte sie im unteren Drehzahlbereich des Motors noch keinen Strom abgeben. Gleichstrom-Lichtmaschinen mit Kollektor und Kohlebürsten geben erst bei einer Drehzahl Strom ab, die etwa doppelt so hoch ist, als die der Drehstrom-Lichtmaschinen.

Die Drehstrom-Lichtmaschine kann nicht nur gefahrlos höher drehen, sondern gibt darüber hinaus schon Strom bei einer Drehzahl ab, bei der die Gleichstrom-Lichtmaschine noch „stromlos" ist.

Aufbau-Unterschiede

Bei der Gleichstrom-Lichtmaschine wird der Strom vom drehenden Anker über den Kollektor und die Kohlebürsten abgegeben. Die Feldspulen, die die magnetische Erregung bewirken, stehen dagegen fest.

Bei der Drehstrom-Lichtmaschine geht man den anderen Weg: Der Verbraucherstrom wird von feststehenden Wicklungen abgegeben, der Strom für die magnetische Erregung wird einem Läufer zugeführt. Die Zuführung erfolgt über zwei Kohlebürsten und glatte Schleifringe, so daß die Kohlebürsten weniger „abgefeilt" werden als auf einem Kollektor mit vielen einzelnen Lamellen. Außerdem ist die Strombelastung wesentlich kleiner, da nur der geringe Erregerstrom über Kohlebürsten und Schleifringe geführt wird.

Da in den sogenannten Ständerwicklungen (die feststehenden Wicklungen, die den Verbraucherstrom abgeben) ein Wechsel- bzw. Drehstrom erzeugt wird, der zur Batterieladung ungeeignet ist, wird dieser Strom durch in die

Bosch-Drehstromlichtmaschine für Pkw. Links daneben der Regler für die Drehstromlichtmaschine.

Lichtmaschine eingebaute Dioden (Gleichrichterelemente) gleichgerichtet, weshalb man auch von „kollektorlosen Gleichstrom-Lichtmaschinen" spricht.

Der Regler der Drehstrom-Lichtmaschine

Wie bei der herkömmlichen Gleichstrom-Lichtmaschine dirigiert der Regler die Stromzuführung zur Erregerwicklung, wodurch die magnetische Erregung je nach Lichtmaschinenspannung verstärkt oder abgeschwächt wird.

Eine Begrenzung der von der Lichtmaschine abgegebenen Leistung nimmt der Regler nicht vor, da die Drehstrom-Lichtmaschine von sich aus auch nicht mehr als ihre zulässige Höchstleistung abgeben kann.

Der Rückstromschalter entfällt ebenfalls, da die Dioden nur den Stromfluß von der Lichtmaschine zur Batterie gestatten und einen Strom in umgekehrter Richtung sperren.

Vorsicht bei Leitungsarbeiten!

Drehstrom-Lichtmaschinen sind zwar in ihrem Aufbau sehr robust und bedürfen kaum einer Wartung, doch die in die Lichtmaschinen eingebauten Dioden sind gegen Spannungsspitzen äußerst empfindlich. Sämtliche Leitungen zwischen Lichtmaschine, Batterie, Regler und evtl. dem Geber für die Ladeanzeigelampe, dürfen nur bei stehender Lichtmaschine an- und abgeklemmt werden. Bei diesen Arbeiten löst man zuerst immer das Minuskabel der Batterie, damit keine Kurzschlüsse auftreten.

■ Die Batterie muß bei laufendem Motor immer angeschlossen sein, ein reiner Lichtmaschinenbetrieb ohne Batterie ist im Gegensatz zur Gleichstrom-Lichtmaschine nicht zulässig.

■ Wird die Batterie schnellgeladen, so müssen beide Batterieklemmen vorher gelöst werden, da Spannungsspitzen vom Schnellader auch über ein Verbindungskabel und den Boden noch auf die Dioden einwirken können.

■ Der Schnellader darf nie als Starthilfe verwendet werden, da die Lichtmaschine hierbei Spannungsspitzen bekommt.

■ Bei der Starthilfe mit einer Fremdbatterie darf auch nicht kurzzeitig eine Falschpolung erfolgen!

Teilschnitt durch eine Pkw-Drehstromlichtmaschine. Da hier nur der Erregerstrom über Kohlebürsten und glatte Schleifringe (also nicht über die Kollektoren mit einzelnen Lamellen) dem Läufer zugeführt wird und der von der Lichtmaschine gelieferte Ladestrom einer feststehenden Wicklung entnommen wird, ist die Drehstrom-Lichtmaschine praktisch wartungsfrei.

■ Alle Leitungsanschlüsse an Lichtmaschine und Regler müssen stets gut festgezogen sein; Schraubenanschlüsse sichert man zweckmäßig mit einem Tropfen Uhu.

Störungen an der Drehstrom-Lichtmaschine

Ersieht man an der Ladekontrolle, daß eine Störung an der Lichtmaschine vorliegt, so kann man nicht wie bei der Gleichstrom-Lichtmaschine einfach weiterfahren oder nur das Pluskabel an der Klemme „B+" des Reglers lösen. Hier müssen sämtliche Verbindungen zwischen Lichtmaschine und Batterie bzw. Lichtmaschine und Regler getrennt werden. An der Klemme „B+" der Lichtmaschine wird das dicke Ladekabel gelöst und gut isoliert. Außerdem müssen die Verbindungsleitungen zum Regler getrennt werden Wenn die Verbindungen über Stecker erfolgen, genügt es, wenn man den Stecker am Regler oder an der Lichtmaschine abzieht. Andernfalls muß man sämtliche Kabel-Schraubverbindungen an der Lichtmaschine lösen, damit diese nur noch leer mitläuft.

Vorteile

Stromabgabe schon bei Motorleerlauf. Nur wenig Wartungsansprüche. Hohe Lichtmaschinenleistung über einen großen Drehzahlbereich, man kann also viele zusätzliche Stromverbraucher anschließen, ohne zu befürchten, daß der Strom aus der Batterie entnommen wird.

Nachteile

Reiner Lichtmaschinenbetrieb (also bei ausgefallener Batterie) ist ebenso wenig möglich, wie bei den uralten, heute nicht mehr gebauten stromregulierten Lichtmaschinen. Erschwernisse beim Schnelladen, keine Starthilfe mit Schnellader möglich. Weniger bastelfreundlich. Bei Ausfall der Lichtmaschine mehr Abklemmarbeiten nötig als bei der Gleichstrom-Lichtmaschine.
Anschleppen bei abgeklemmter Batterie nicht möglich.

Ladekontrolle der Drehstrom-Lichtmaschine

Während das System der Ladekontrolle bei allen Gleichstrom-Lichtmaschinen einheitlich ist, gibt es bei der Ladekontrolle der Drehstrom-Lichtmaschine verschiedene Systeme.

So fließt z. B. bei den Bosch-Drehstrom-Lichtmaschinen ein Vorerregungsstrom über die Ladekontrolle zur Erregerwicklung, damit der Läufer zu Beginn der Lichtmaschinen-Drehung magnetisiert wird und so die Entstehung des Drehstroms in den Ständerwicklungen einleitet. Ohne diese Vorerregung kann die Lichtmaschine keinen Strom abgeben, so daß eine durchgebrannte Glühlampe der Ladekontrolle sofort durch eine Lampe gleicher Leistungsaufnahme ersetzt werden muß. (Wird eine Glühlampe geringerer Leistungsaufnahme eingesetzt, so ist die Vorerregung nicht sichergestellt.)
Bei anderen Drehstrom-Lichtmaschinen (z. B. FIAT) erfolgt die Steuerung der Ladekontrollampe über Geber oder Relais. Hier hat der Ausfall der Ladekontrolle – ebenso wie bei der Gleichstrom-Lichtmaschine – keinen Einfluß auf die Stromabgabe der Lichtmaschine, es fällt nur die Kontrolle aus.

Was zeigt die Ladekontrolle an?

Bei der Bosch-Drehstrom-Lichtmaschine und bei den meisten ausländischen Drehstrom-Lichtmaschinen zeigt die Ladekontrolle nach dem Einschalten der Zündung und Anlassen des Motors das gleiche an wie bei der Gleichstrom-Lichtmaschine:
Beim Einschalten der Zündung leuchtet die Ladekontrolle auf. Nach dem Anlassen des Motors erlischt die Ladekontrolle, sobald Lichtmaschinen- und Batteriespannung gleich hoch sind.
Ein Glimmen der Ladekontrolle bei höherer Motordrehzahl kann ebenso wie bei der Gleichstrom-Lichtmaschine durch schlechte Anschlüsse oder Übergangswiderstände an den Verbindungsleitungen herrühren.
Brennt die Ladekontrolle beim Einschalten der Zündung nicht, so können ebenfalls die gleichen Störungen wie bei der Gleichstrom-Lichtmaschine vorliegen; leere Batterie, durchgebrannte Glühlampe oder Anschlußleitungen zur Kontrolle unterbrochen.
Bei Bosch-Drehstrom-Lichtmaschinen zeigt die Ladekontrolle noch folgendes an:
Ladekontrolle leuchtet bei ausgeschalteter Zündung auf und erlischt beim Einschalten = Kurzschluß von Plus-Dioden, die Batterie kann sich langsam über die Lichtmaschine entladen.
Ladekontrolle erlischt nach dem Anlassen des Motors nicht = Lichtmaschine wird nicht angetrieben, Regler ist defekt, Leitung von der Lichtmaschine zur Kontrollampe hat Masseschluß, Leitungsanschluß an Klemme „D+/61" gelöst, so daß Kontrollampe über Regler und Erregerwicklung an Masse liegt.
Sofern das Glimmen der Ladekontrolle nicht auf schlechte Anschlüsse und Übergangswiderstände zurückzuführen ist, können Dioden der Lichtmaschine unterbrochen sein.
Die Stärke des Glimmens und das Aufleuchten der Kontrolle mit voller oder teilweiser Helligkeit zeigen vielfach die spezielle Fehlerart an, doch ist die Anzeige von den unterschiedlichen Schaltungen der verschiedenen Lichtmaschinentypen abhängig, so daß man hierüber keine allgemeingültigen Angaben machen kann, eine Einzelaufzählung aber den Rahmen dieses Buches sprengen würde.

Die Batterie

Das Strom-Sparschwein

Üblicherweise kann man im Leben nicht mit einem gefüllten Sparschwein beginnen, sondern muß es zuerst in mühsamer Kleinarbeit füttern, bis man aus ihm größere Beträge entnehmen kann. Bei der sogenannten Batterie im Auto ist das anders. Man bekommt sie zwar gefüllt zur Verfügung gestellt, muß allerdings dafür sorgen, daß das „Sparschwein" immer ausreichend gefüttert wird.

Ein „Stromspeicher"

Wird das „Sparschwein" zu leer, dann kann es dem Anlasser nicht mehr genügend Kraft abgeben, es kann den Motor nicht mehr durchdrehen und der Wagen muß angeschoben oder angeschleppt werden. (Hoffentlich haben Sie dann nicht einen der wenigen Wagen mit automatischem Getriebe, die sich nicht anschleppen lassen. Die meisten Wagen mit Getriebe-Automatik lassen sich anschleppen, es gibt aber auch andere!)

Was man im Auto gemeinhin als Batterie bezeichnet, hat keine Ähnlichkeit mit den Batterien für Taschenlampen oder Transistorradios. Die letzteren kauft man sich im Laden, und von dem Augenblick an, wo sie Strom abgeben müssen, fressen sie sich selbst auf. Der Strom wird durch Zersetzen der chemischen Elemente in der Batterie „erzeugt".

Bei der Batterie des Wagens wird kein Strom erzeugt, sondern nur „gespeichert". Die elektrische Energie, die eine Fahrzeugbatterie abgeben soll, muß also zuerst in sie hineingepumpt werden. (Während die Taschenlampenbatterie ein sogenanntes Trockenelement ist, handelt es sich bei der Bleibatterie des Wagens um einen Blei-Akkumulator, der kurzerhand auch als Akku bezeichnet wird.)

Der Ausdruck „Batterie" ist eigentlich in beiden Fällen nur eine Vereinfachung; als Batterie bezeichnet man ja eine Zusammenfassung gleichartiger Elemente. Wir wollen keine unliebsamen Erinnerungen an die Flakbatterien wecken.

Der Inhalt des „Sparschweins"

Die Batterie des Wagens ist aus mehreren Einzelteilen zusammengesetzt. Jede dieser Zellen hat im geladenen Zustand eine elektrische Spannung von etwas über 2 Volt. Bei einer elektrischen Anlage von 6 Volt Bordnetzspannung ist die Batterie aus 3 Zellen zusammengesetzt, bei einer 12-Volt-Anlage aus 6 Zellen. Alle Verbraucher und auch der Stromerzeuger – die Lichtmaschine — sind auf diese Spannung von 6 oder 12 Volt abgestimmt.

Neben der Spannungsangabe – 6 oder 12 Volt – wird die Batterie noch durch ihre Kapazität gekennzeichnet. Diese Kapazität – in Ah (Amperestunden) ausgedrückt – gibt das Speichervermögen an; sagt also etwas über den Stromvorrat aus, den man in der Batterie zur Verfügung hat.

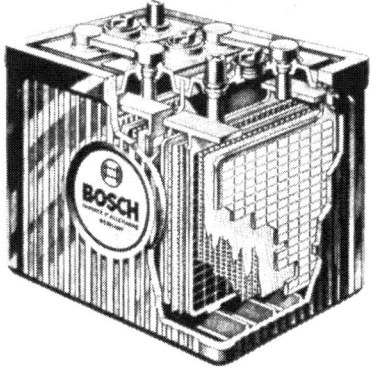

Teilschnitt durch eine Bleibatterie. Plus- und Minusplatten werden durch sogenannte Seperatoren voneinander isoliert und stehen zusammen in der verdünnten Schwefelsäure.

Eine Batterie fürs Auto wird also z. B. kurz mit:
6 Volt/77 Ah oder mit
12 Volt/38 Ah bezeichnet.
Das „Aha" ist das Produkt aus Ampere × Stunden. Je größer es ist, um so mehr „Strom" kann die Batterie speichern.
Eine Batterie von 77 Ah könnte 77 Stunden lang einen Strom von 1 Ampere abgeben. Andererseits müßte man annehmen, daß sie eine Stunde lang einen Strom von 77 Ampere abgeben könnte, denn in beiden Fällen ergeben sich ja 77 Ah.
Der zweite Fall ist aber blasse Theorie, denn die Kapazität wird nach einer merkwürdigen Normvorschrift bei einer zwanzigstündigen Entladung und der tropischen Säuretemperatur von 27° Celsius ermittelt.

Machen Sie sich keine falschen Hoffnungen. Damit soll nicht gesagt werden, daß jetzt ein Witz kommt, sondern daß die Angabe von Ah ein Witz ist.

Ah, ein Witz!

Unter normalen Umständen braucht man sich nicht dafür zu interessieren, wie groß der in der Batterie gespeicherte Stromvorrat ist. Wie aber ist es, wenn z. B. auf der Autobahn bei Nacht die Lichtmaschine ausfällt und keinen Strom mehr liefert, so daß Sie auf den „Stromvorrat" der Batterie angewiesen sind? Können Sie noch eine Heimfahrt von drei Stunden riskieren?
Wenn die Kapazität einer Batterie in Wattstunden – Wh – angegeben würde, dann könnte man das schnell über den Daumen peilen.
Die Leistungsaufnahme der wichtigsten Stromverbraucher könnten Sie schnell im Kopf zusammenrechnen:

Scheinwerferlampen	2 × 45 Watt = 90 Watt
Begrenzungslampen	2 × 5 Watt = 10 Watt
Schlußlichtlampen	2 × 5 Watt = 10 Watt
Kennzeichenlampen	2 × 5 Watt = 10 Watt
Zündspule etwa	15 Watt
zusammen	135 Watt

Nun hat eine Batterie von 6 Volt 77 Ah ein Speichervermögen von 6 Volt × 77 Ampere Stunden = 462 Wattstunden.
462 kann man auch im Kopf leicht angenähert durch 135 dividieren, man kommt auf gut 3 Stunden.
Mit den Ah hat man es weniger einfach. Hier muß man zuerst die 135 Watt durch die Bordnetzspannung dividieren (also 6 oder 12 Volt) um die Stromstärke in Ampere zu ermitteln. 135 Watt : 6 Volt wären rund 25 Ampere.
77 Ah : 25 A wären wiederum rund 3 Stunden.

Auf jeden Fall ist diese Rechnung etwas umständlicher.
Nun ist die Rechnerei mit der vollen Batteriekapazität ohnehin für die Katz. Wenn Sie ein Optimist sind, dann dürfen Sie mit $^2/_3$ der angegebenen Batteriekapazität rechnen; als vorsichtiger Mensch nehmen Sie aber besser an, daß nur die Hälfte verfügbar ist.
Natürlich hängt der in der Batterie verfügbare Stromvorrat auch von den Umständen ab, unter denen der Wagen vor der Fahrt betrieben wurde. Im Sommer, wenn man annehmen kann, daß sich die Batterie in einem guten Ladezustand befindet, kann man im allgemeinen mit einer Kapazität von $^2/_3$ des angegebenen Wertes rechnen. Im Winter, wenn man vorher viel Stadtfahrten hatte (evtl. noch mit häufigem Anlassen), kann man von Glück sagen, wenn die Batterie $^1/_3$ ihrer Nennkapazität hat.

Wie speichert die Batterie den Strom?

Im einfachsten Fall ist eine Zelle einer Bleibatterie aus einer positiven und einer negativen Platte aufgebaut. Die Platten bestehen aus einem Bleigitter, in das poröse Bleimasse eingestrichen ist. Dadurch, daß man anstelle von massivem Blei poröse Platten verwendet, wird die Speicherfähigkeit der Platten größer, und man kann leichter starke Störme entnehmen, wie sie für den Anlasser benötigt werden.
Um eine noch größere Kapazität zu erhalten, verwendet man für jede Zelle mehrere Platten, wobei sich negative und positive Platten abwechseln. Die Platten sind voneinander durch poröse Isolatoren getrennt. Alle positiven Platten einer Zelle sind mit ihrem Pluspol verbunden, alle negativen Platten mit ihrem Minuspol. Die Plattensätze der Zellen sind hintereinandergeschaltet, so daß sich die erforderliche Spannung von 6 Volt oder 12 Volt ergibt.
Der Minuspol der Zelle, deren Pluspol als Polkopf herausgeführt ist, ist mit dem Pluspol der nächsten Zelle verbunden. Deren Minuspol wiederum mit dem Pluspol der darauffolgenden Zelle. Bei einer 6-Volt-Batterie ist der Minuspol dieser Zelle als Polkopf herausgeführt, bei einer 12-Volt-Batterie wiederholt sich das Spiel noch dreimal öfter. Jede Zelle ist mit einem Elektrolyt aus verdünnter Schwefelsäure gefüllt. Beim Laden und Entladen übernimmt der Elektrolyt den Transport der Elektronen, und die Platten ändern sich in ihrer chemischen Zusammensetzung. Positive und negative Platten bestehen im geladenen Zustand aus verschiedenen Bleiverbindungen. Beim Ladevorgang wird Wasserstoff und Sauerstoff frei und diese Gase vermischen sich zum leicht explosiven Knallgas.
Beim Laden von Batterien darf man also nicht mit offenem Licht oder Feuer hantieren, und auch Funken müssen vermieden werden, da sich das Knallgas sonst entzünden kann und zumindest die Batterie zerstört wird.
Beim Entladen der Batterie verbindet sich der Schwefelanteil der Batteriesäure mit den Bleiplatten und es wird Wasser frei. Die Säuredichte sinkt ab und die Batterie wird frostempfindlicher.

Der Säurestand der Batterie

„Der Säurestand der Batterie soll alle 5000 km oder wenigstens einmal im Monat kontrolliert werden. Er soll etwa 5 mm über den Plattenoberkanten liegen bzw. bis zu der sichtbaren Niveaumarkierung reichen.
Bei zu niedrigem Säurestand muß destilliertes Wasser nachgefüllt werden, auf keinen Fall Säure."
In ähnlicher Form findet sich dieser Wartungshinweis in der Bedienungsanleitung fast jeden Wagens.
(Gemeint ist hier allerdings die Oberkante der sogenannten Separatoren, also nicht die Bleiplatten-Oberkante.)

Natürlich habe ich das früher auch so gemacht, bis ich mich eines Tages darüber wunderte, daß die gesamte Umgebung meiner Batterie wunderschöne Anfressungen zeigte und die Batterieoberfläche ziemlich feucht war.
Einige Tage vorher hatte ich den Säurestand geprüft und dabei festgestellt, daß er ziemlich unterhalb Plattenoberkante lag. Natürlich habe ich anschließend nur soviel destilliertes Wasser nachgefüllt, daß der Säurestand 5 mm über der Plattenoberkante lag.
Als ich jetzt die Batterie-Verschlußstopfen öffnete, stand die Batteriesäure bis fast zu den Verschlußstopfen!
Ein übereifriger Tankwart konnte das nicht gewesen sein, denn ich lasse ja keinen Menschen an die Elektrik meines Wagens heran. Wo aber konnte das überschüssige Wasser hergekommen sein?
Weiter vorn heißt es:
„Beim Entladen der Batterie verbindet sich der Schwefelanteil der Batteriesäure mit den Bleiplatten und es wird Wasser frei. Die Säuredichte sinkt ab und die Batterie wird frostempfindlicher."
So oder ähnlich ist das in den Druckschriften fast aller Batteriehersteller nachzulesen.

Jeder Laie wird daraus entnehmen, daß der Flüssigkeitsstand beim Entladen ansteigt, beim Laden absinkt. Warum auch nicht? Ich habe es ja auch als selbstverständlich angenommen. Nachdem der Flüssigkeitsstand meiner Batterie aber in wenigen Tagen so angestiegen war, daß die Batteriesäure aus den Verschlußstopfen lief, habe ich meine erbärmlichen Chemiekenntnisse zusammengekratzt, die Sache mal durchgerechnet und da wurde mir alles klar. „Wasser wird frei und die Säuredichte sinkt ab", heißt ja nicht, daß der Säurestand ansteigt! **Wasser wird frei**
So unglaubwürdig sich das anhört; obwohl die Batteriesäure einer entladenen Batterie wäßriger wird, sinkt der Säurestand. In den entladenen Platten der Batterie wird nämlich wesentlich mehr Schwefelsäure gebunden, als Wasser frei wird. Wenn der Säurestand einer weitgehend entladenen Batterie unter der Plattenoberkante liegt, wird er nach dem Aufladen der Batterie wieder auf den normalen Stand ansteigen.

Bei der Entladung wird volumenmäßig ungefähr dreimal soviel Schwefelsäure in den Platten gebunden, wie Wasser frei wird. Umgekehrt wird bei der Ladung etwa dreimal soviel Schwefelsäure frei, wie Wasser gebunden wird! **Schwefelsäure wird frei**
Jetzt ist die Sache mit dem angestiegenen Säurestand leicht zu erklären: Ich hatte das destillierte Wasser nachgefüllt, als die Batterie (durch häufige Kurzstreckenfahrten bei Nacht) so stark entladen war, daß sie den Anlasser nur noch recht müde durchdrehte.
Anschließend wurde der Wagen bei Tag über lange Strecken gefahren, wobei die Batterie wieder richtig aufgeladen wurde.
Die Moral von der Geschicht:
Destilliertes Wasser darf nur nachgefüllt werden, wenn die Batterie ihren normalen Ladezustand hat!
Die Ladung der Batterie kann man mit dem anschließend beschriebenen Säureprüfer kontrollieren. Da der Säurestand bei verdunstetem Wasser oder entladener Batterie meist aber unter der Plattenoberkante liegt, kann man die Batteriesäure nur bei schrägliegender Batterie zur Prüfung absaugen, wozu man sie ausbauen muß. Die Kontrolle mit dem Säureprüfer ist

ohnehin nur zuverlässig, wenn die Batterie mit korrekter Mischung aus Schwefelsäure und Wasser gefüllt ist, also nicht gemessen wird, wenn versehentlich mal zuviel Wasser nachgefüllt wurde.

Keine Säure absaugen!

Absaugen des zu hohen Säurestands mit dem Säureprüfer hat keinen Zweck; das korrekte Mischungsverhältnis müßte durch reine Schwefelsäure wieder hergestellt werden. Das zuviel eingefüllte Wasser kann man allerdings wieder aus der Batterie herausgasen, indem sie längere Zeit überladen wird, wobei das Wasser in Form von Wasserstoff und Sauerstoff entweicht.

Ob die Batterie richtig geladen ist, kann man auch mit dem ebenfalls anschließend beschriebenen Zellenprüfer feststellen. Da man sich aber beim Nachfüllen von destilliertem Wasser kaum die Arbeit macht, den Ladezustand der Batterie zu prüfen, schlägt man einen einfacheren Weg ein:

Man füllt nur dann destilliertes Wasser nach (oder läßt es nachfüllen), wenn die Batterie durch eine längere Tagfahrt mit ziemlicher Wahrscheinlichkeit gut geladen ist!

(Passen Sie auf, daß Ihnen kein übereifriger Tankwart oder Mechaniker das destillierte Wasser der Batterie ergänzt, wenn Sie vorher viel Kurzstreckenverkehr hatten.)

Wie füllt man Wasser nach?

Zur Ergänzung des Batterie-Säurestandes gibt es zwar vielerlei Gummi-Nachfüllkappen, die einfach auf die Flasche mit destilliertem Wasser aufgesteckt werden, so daß man den Säurestand direkt aus der Flasche korrigieren kann, doch man sollte sich zuerst im Umgang mit ihnen etwas üben, da man sonst schnell zuviel Wasser nachgefüllt hat.

Das Wasser direkt aus der Flasche in die Zellen gießen, taugt gar nichts – es wird fast immer zuviel.

Wie gesagt, Absaugen des zuviel eingefüllten Wassers ist nicht möglich, da man hierbei auch Schwefelsäure mit absaugt.

Wenn man keine Nachfüllkappe hat, so nimmt man entweder eine Fotomensur oder ein kleines Schnapsstamperl und füllt ganz gemächlich nach. Verwendet man einen Trichter, so darf er nicht aus Metall bestehen; überhaupt darf das destillierte Wasser nicht mit Metallbehältern in Berührung kommen.

Eine weitere, sichere Methode ist das Nachfüllen des Wassers mit dem Säureprüfer, in dem man es aus der Flasche absaugt und in die Zellen füllt.

Vorratsbehälter sind nicht narrensicher

Das einfachste Verfahren, den Säurestand auf der vorgeschriebenen Höhe zu halten, scheinen die kleinen Vorratsbehälter zu sein, die anstelle der Batteriestopfen eingeschraubt werden. Solche Vorratsbehälter sind u. a. unter dem Namen „Herco-Batteriewächter" erhältlich (3 Stück kosten etwa drei Mark).

Die Vorratsbehälter bestehen aus durchsichtigem Kunststoff und besitzen einen Stutzen, der in die Batterie hineinragt und ungefähr in Plattenhöhe mündet. Durch Zusammendrücken des Vorratsbehälters und Wiederloslassen wird das destillierte Wasser durch den Stutzen angesaugt und der Vorratsbehälter gefüllt.

Am Stutzen der Vorratsbehälter befinden sich in Höhe des vorgeschriebenen Säurestands kleine Bohrungen, aus denen das destillierte Wasser herausrieseln kann, wenn der Säurestand unter die Bohrungen absinkt. Sobald der Säurestand seine vorgeschriebene Höhe wieder erreicht hat, verdeckt er die Bohrungen und hindert weiteres Wasser am ausfließen.

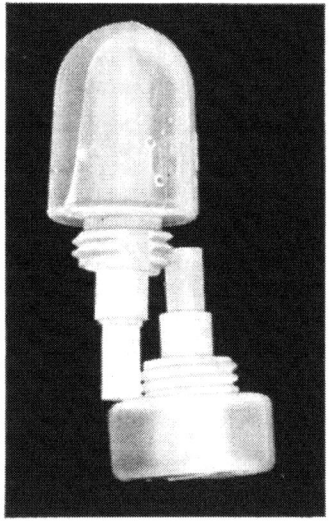

Links: Batterie mit gewöhnlichen Zellenstopfen links, niedrigem Wasservorratsbehälter Mitte, und hohem Wasservorratsbehälter rechts.
Was es mit den Wasservorratsbehältern auf sich hat, steht im Text.
Rechts: Die Vorratsbehälter für destilliertes Wasser haben, je nach Ausführung, unterschiedlich lange Stutzen und beim Kauf muß man darauf achten, daß die Stutzen, die für die betreffende Batterie erforderliche Länge haben.

Leider haben derartige Vorratsbehälter aber kein Unterscheidungsvermögen. Sie können nicht beurteilen, ob der sinkende Säurestand auf verdunstetes bzw. vergastes Wasser zurückzuführen ist oder auf die Wasseraufnahme der Platten bei entladener Batterie.

Im Sommer, wenn die Batterie immer gut geladen ist, sind sie recht zweckmäßig. Im Winter, wenn der Säurestand häufiger durch die Entladung der Batterie absinkt, sollte man sie herausschrauben und durch die normalen Verschlußstopfen ersetzen, sonst fließt schließlich – wie im obigen Fall – Säure aus der Batterie aus.

Um das Entweichen des bei der Batterieladung entstehenden Gases zu ermöglichen, besitzen die Vorratsbehälter an ihren Gewinden eingefräste Entlüftungsschlitze.

Ursachen des Wasserverbrauchs

Natürlich verbraucht eine Batterie im Sommer mehr Wasser als im Winter, denn durch die zusätzliche Erwärmung verdunstet das Wasser schneller. (Es verdunstet immer nur das destillierte Wasser, die eigentliche Schwefelsäure verdunstet nicht; es wird also stets nur destilliertes Wasser nachgefüllt, es sei denn, es ist wirklich Batteriesäure „ausgeflossen".)

Wenn in sehr kurzen Abständen destilliertes Wasser nachgefüllt werden muß, um den vorgeschriebenen Säurestand beizubehalten, dann muß der Regler kontrolliert werden.

Ist der Regler so eingestellt, daß er eine zu hohe Spannung der Lichtmaschine einreguliert, so fließt (besonders im Sommer bei wenig eingeschalteten Stromverbrauchern) ein zu hoher Ladestrom in die Batterie. Dieser hohe Ladestrom bewirkt die Zersetzung des Wassers in Wasserstoff und Sauerstoff, die nun gasförmig entweichen und es wird Wasser „verbraucht".

Prüfen des Ladezustands

Solange man keine Anlaßschwierigkeiten hat, kann man annehmen, daß die Batterie ausreichend geladen ist. (Im Sommer kann das allerdings täuschen, denn meist springt der Motor schon nach den ersten Anlasserumdrehungen an, so daß die Batterie kaum beansprucht wird.)

Eine grobe Prüfung der Batterie kann man dadurch vornehmen, daß man die Scheinwerfer etwa eine Viertelstunde lang einschaltet. Brennen sie anschließend merklich dunkler, so ist die Batterie stark entladen.

Alle behelfsmäßigen Prüfungen taugen aber nicht viel. Eine einfache, aber weitgehend sichere Methode ist die Messung der Säuredichte mit einem Säureprüfer, der runde DM 5,- kostet. Da die Säuredichte - also das spezifische Gewicht der Batteriesäure — vom Ladezustand abhängt (sofern die Batteriesäure richtig zusammengesetzt ist, was man meist annehmen kann), kann man aus dem spezifischen Gewicht der Säure den Ladezustand ersehen. Im Säureprüfer ist eine Spindel untergebracht, die in der angesaugten Säure schwimmt. In die Spindel ist eine Papierskala eingelassen, die das spezifische Gewicht der Batteriesäure in Zahlen angibt, und außerdem in Farbfelder eingeteilt ist. Von unten nach oben:

Weißes Feld = Säuredichte zu hoch
Gelbes Feld = Batterie vollgeladen
Blaues Feld = Batterie halb geladen
Rotes Feld = Batterie entladen.

Die entsprechenden Zahlenwerte:

	Gefrierpunkt der Batteriesäure:
Spez. Gew. 1,30-1,40 kg/Liter = Säuredichte zu hoch	ca. - 70° C
Spez. Gew. 1,26-1,28 kg/Liter = Batterie geladen	ca. - 60° C
Spez. Gew. 1,20-1,25 kg/Liter = Normalzustand	ca. - 27° C
Spez. Gew. 1,16-1,19 kg/Liter = Schwach geladen	ca. - 17° C
Spez. Gew. 1,12-1,15 kg/Liter = Batterie entladen	ca. - 10° C

Zeigt der Säureprüfer bei allen Zellen eine gleichmäßige geringe Säuredichte an, so genügt es meist, wenn die Batterie nachgeladen wird. Zeigt der Säureprüfer dagegen bei einer Zelle eine wesentlich geringere Dichte an, so muß man die Batterie in der Werkstatt mit einem Zellenprüfer prüfen lassen. Der Zellenprüfer wird mit seinen Spitzen auf die beiden Pole einer Batteriezelle gedrückt, wobei ein Strom durch den Belastungswiderstand des Zellenprüfers fließt. Gleichzeitig wird dabei die Zellenspannung gemessen.

Fingerzeig: *Fällt die Spannung nach einer Belastungszeit von etwa zwei Minuten bei allen Zellen unter einen bestimmten Wert der Voltmeterskala ab, so ist die Batterie entladen. Wenn die Spannung einer Zelle unter diesen Umständen besonders tief abfällt, so ist diese Zelle defekt (ausgefallenes Blei, Kurzschluß) und die Batterie muß ersetzt werden. (Instandsetzen – also ersetzen einer Einzelzelle – lohnt sich bei Kraftwagenbatterien nicht.)*

Säubern der Batterieoberfläche

Ist die Oberfläche der Batterie stark verschmutzt, liegt ein Säurenebel auf ihr, oder sind die Polköpfe der Batterie bzw. die Polklemmen der Anschlußkabel oxydiert, so ergeben sich Kriechströme, die ein langsames Entladen der Batterie bewirken. Die Oxydschicht an Polköpfen und Polklemmen behindert außerdem den Stromübergang, so daß sich ein Spannungsverlust ergibt.

Zum Ausbau der Batterie löst man zuerst das Minuskabel und dann erst das Pluskabel. (Wenn man umgekehrt vorgeht, kann es leicht passieren, daß der auf der Mutter der Plus-Batterieklemme angesetzte Schlüssel an ein Blechteil des Wagens kommt, was einen wüsten Kurzschluß gibt.)

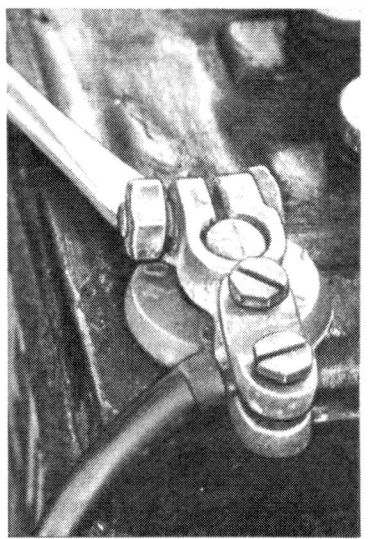 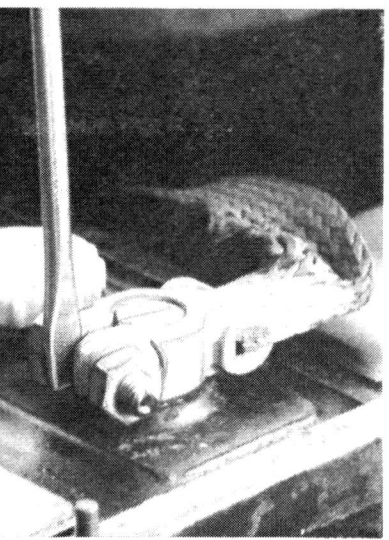

Links: So darf man die Batterieklemmen auf keinen Fall mit einem Schraubenzieher abhebeln, da man sonst den Polkopf der Batterie abreißen kann. Rechts: Wenn man schon kein richtiges Abziehwerkzeug zum Lösen der Batterieklemmen hat und einen Schraubenzieher verwenden will, so muß man zuerst die Klemmenschraube der Batterieklemme um mehrere Gänge lösen und dann mit der Schraubenzieherklinge die Klemme so spreizen, daß man sie mit der Hand abnehmen kann.

Vielfach sitzen die Polklemmen sehr fest auf den Polköpfen, und man kann sie nach Lösen der Klemmenschrauben nicht einfach abziehen. Die Klemmen dürfen nicht mit Gewalt von den Polköpfen entfernt werden, indem man mit einem Schraubenzieher zwischen Batteriekasten und Polklemme hebelt. Streicht man die Polköpfe mittels Pinsel mit heißem Wasser oder Sodalösung ein, so lassen sich die Polklemmen meist leicht lösen. Da man aber in den seltensten Fällen heißes Wasser oder Sodalösung zur Verfügung hat, löst man die Klemmenschraube um zwei bis drei Umdrehungen und klemmt dann eine Schraubenzieherklinge zwischen die beiden Augen der Klemme und spreizt diese, so daß sie sich leicht abziehen läßt.

Die ausgebaute Batterie säubert man mit einer kräftigen Bürste und warmem Wasser, wobei man aber auf den Zellenstopfen nicht zu stark herumbürsten soll, denn sonst kann Wasser in die Entlüftungsbohrungen der Zellenstopfen und weiter in die Batterie gelangen. (Nicht alle Zellenstopfen sind so ausgebildet, daß von außen in die Entlüftungslöcher eindringender Schmutz oder Wasser innerhalb des Zellenstopfens aufgehalten werden.) Fremdstoffe und normales Wasser sind aber Gift für die Batterie und setzen ihre Lebensdauer herab.

(Vorsicht beim Abbürsten der Säurerückstände: auch wenn sie durch Wasser verdünnt sind, fressen sie leicht ein Loch in die Hose!)

Nach dem Trocknen der Batterieoberfläche fette man die Polköpfe ein. Die Polklemmen der Kabel bürstet man mit einer Drahtbürste ab und kratzt sie evtl. innen mit einem Messer sauber. Nachdem die Batterie wieder montiert und angeklemmt ist, fettet man auch die Polklemmen der Kabel mit einem Polfett wie Bosch-Säureschutzfett NBH 6/1 Z ein (Tube zu 75 Gr. kostet DM –,55 in einer Auto-Elektrik-Werkstatt).

Beim Wiedereinbau der Batterie zuerst Plusklemmen anschließen, danach Minusklemme. (Ein Vertauschen der Kabelklemmen ist nicht möglich – wenn man nicht gerade Gewalt anwendet –, denn der Plus-Polkopf ist dicker als der Minus-Polkopf.)

Die Batterie ist ein ziemlich unwirtschaftliches Sparschwein, denn man muß immer vielmehr in sie hereinschicken, als man nachher wieder heraus-

Selbstentladung und Fremdladen

holen kann. (Auch wenn man sie noch so lange ladet – mehr als die Nennkapazität kann man nicht speichern.)

Abgesehen davon, hat das Sparschwein auch noch ein Loch: Jede Bleibatterie entladet sich bei Nichtbenutzung von selbst. Bei normaler Temperatur (ca. 15–20°) hat sich eine geladene Batterie innerhalb eines halben Jahres praktisch selbst entladen. Je höher die Temperatur ansteigt, um so schneller geht die Selbstentladung vor sich.

Die Selbstentladung ist noch nicht einmal das Schlimmste. In einer entladenen Batterie bildet sich aber an den Platten Bleisulfat, und die Platten werden zerstört. Wenn ein Fahrzeug vorübergehend stillgelegt wird, so muß die Batterie alle 6–8 Wochen nachgeladen werden, um die Selbstzerstörung zu verhindern. (Das gilt natürlich nur für Batterien, die schon mit Säure gefüllt waren. Eine noch nicht in Betrieb gewesene Batterie ist der Selbstzerstörung nicht ausgesetzt. Ausschütten der Batteriesäure aus einer schon in Betrieb gewesenen Batterie hilft nichts, die Batterie geht noch früher ein.)

Batterieladung   Eigentlich müßte die Batterie immer ausreichend durch die Lichtmaschine des Wagens geladen werden. Fährt man viel im abendlichen Stadtverkehr mit häufigen Ampelaufenthalten, so reicht die Batterieladung durch eine Gleichstrom-Lichtmaschine vielfach nicht aus, da sie bei Leerlaufdrehzahlen des Motors noch keinen Strom abgibt. Es besteht also ein Mißverhältnis zwischen Batterieladung durch die Lichtmaschine und Batterieentladung durch die Stromverbraucher. (Eine Ausnahme sind die frühladenden Gleichstrom-Lichtmaschinen der neueren VWs. Bei Motoren mit höherer Drehzahl kann man solche Lichtmaschinen aber nicht einbauen, da die Höchstdrehzahl der Lichtmaschine überschritten würde.)

Bei den schon sehr verbreiteten Drehstrom-Lichtmaschinen hat man kaum jemals eine ungenügend geladene Batterie zu befürchten, da die Drehstrom-Lichtmaschine – wie schon gesagt – auch bei Motorleerlauf schon Strom abgibt.

Fremdladung mit Kleinlader   Hat man eine Garage mit elektrischem Anschluß, so kann man die Batterie über Nacht mit einem Kleinlader aufladen, wobei die Batterie im Wagen eingebaut bleibt.

Da diese Kleinlader meist nur einen Anfangs-Ladestrom von etwa 3 Ampere abgeben, der dann mit dem Ansteigen der Batteriespannung während der Ladung noch stark zurückgeht, kann man die Zellenstopfen aufgeschraubt lassen, denn die Gasentwicklung ist nicht besonders hoch.

Gewöhnt man sich das Nachladen mit einem Kleinlader allerdings an, so muß man in etwa wöchentlichen Abständen den Säurestand prüfen.

Wie aber schon erwähnt, bei geladener Batterie!

Die Kleinlader sind zu Preisen zwischen DM 30,– und DM 80,– erhältlich, aber für den Privatgebrauch sollte man sich kein zu teures Gerät anschaffen (das meist einen höheren Ladestrom abgeben kann), denn Sie wollen ja keine Batterie-Ladestation eröffnen.

Ist die Batterie schlecht zugängig untergebracht, so braucht man die Ladekabel nicht an den Batteriepolen anzuklemmen. Das Massekabel des Kleinladers kommt an die Fahrzeugmasse, das Pluskabel des Kleinladers an die Klemme B+.

Mehr als acht bis höchstens zehn Stunden sollte man den Kleinlader bei eingebauter Batterie nicht angeschlossen lassen, da sonst Säuredünste durch das Gasen aus den Zellenstopfen austreten können, die sich in der Nachbarschaft der Batterie böse auswirken.

Wenn der Wagen eine Drehstrom-Lichtmaschine besitzt, müssen beide Batteriekabel gelöst werden, bevor man das Ladegerät an die Batterie anschließt, denn die in der Lichtmaschine sitzenden Dioden sind für Spannungsspitzen sehr empfindlich.

Wichtig bei Drehstrom-Lichtmaschinen

Im Winter wird die Batterie beim Anlassen des Motors besonders stark beansprucht, denn der Anlasser muß jetzt unter erschwerten Umständen arbeiten. Durch das in der Kälte zähflüssig gewordene Motoröl kann der Motor nur wesentlich schwerer durchgedreht werden als bei normalen Temperaturen.
Als zusätzliche Erschwerung kommt hinzu, daß die Batterie stark temperaturabhängig ist.
Wenn man der Batterie den hohen Anlasserstrom entnimmt, dann sinkt ihre Kapazität ohnehin auf etwa 30 %. Würde man die Batterie also mit dem Anlasser leerfahren, so hätte eine Batterie mit einer listenmäßigen Kapazität von 77 Ah nur noch eine Kapazität von rund 25 Ah. (Natürlich hält der Anlasser einen solchen Dauerbetrieb nicht aus.)
Jetzt sinkt die Kapazität der Batterie aber auch noch stark mit der Temperatur. Während die Batterie bei 27° Celsius ihre Sollkapazität hat, sinkt die Kapazität bei 0° auf 72 % und bei – 20° sogar auf 42 %.
Da sich die verminderten Wirkungsgrade multiplizieren, hat man für den Anlasserbetrieb bei 27° Celsius eine wirksame Kapazität von rund 30 %. Bei einer 77 Ah-Batterie sind das rund 25 Ah. Bei 0° Celsius hätte eine 77 Ah-Batterie nur noch rund 18 Ah. Bei –27° Celsius sogar nur noch rund 10 Ah! Dabei wird aber noch vorausgesetzt, daß die Batterie vollgeladen ist!
Sofern sie – wie man meist annehmen kann – nur zu höchstens ²/₃ geladen ist, hat man für den Anlasserbetrieb nicht mal die Sollkapazität einer Motorradbatterie!

Die Batterie im Winter

Da sich die abgesunkene Temperatur besonders auf die Kapazität der Batterie auswirkt, müßte man versuchen, das Auskühlen der Batterie zu verhindern.
Dafür werden so wunderschöne Isolierkästen aus Styropor oder ähnlichen Werkstoffen angeboten. Leider haben sie ihren Nutzen aber noch nicht bewiesen, denn es ist nun einmal so, daß sich eine Wärmeisolierung in beiden Richtungen auswirkt. Die Isolierkästen verhindern zwar ein schnelles Auskühlen der Batterie, sie verhindern aber auch (wenn die Batterie ausgekühlt ist) den Wärmeübergang vom Motor- oder Fahrgastraum zur Batterie.
Da eine nur halb geladene Batterie, die +20° C hat, den Anlasser auch bei kaltem Motor immer noch wesentlich leichter durchdreht als eine vollgeladene Batterie, die auf –10° C abgekühlt ist, kann man die Batterie abends ausbauen und mit in die Wohnung nehmen. Eine solche Arbeit ist aber mehr als lästig und man wird nur in sehr kalten Nächten zu dieser Notlösung greifen, wenn die Batterie schon sehr altersschwach ist und man das nötige Kleingeld für eine neue Batterie noch nicht zur Hand hat.
Wenn man den Batterieausbau zur winterlichen Dauerlösung macht, dann

Bringt die Isolierung der Batterie etwas ein?

darf man einen Riemen, den man zum Transport um die Batterie schlingt, keinesfalls tagsüber um die eingebaute Batterie lassen, auch wenn man die Riemenschnalle zur Vermeidung von Kurzschlüssen isoliert. Das „Warum nicht" wird Ihnen Ihre Frau schon klarmachen, wenn der durch Säure brüchig gewordene Riemen reißt und die Batterie auf dem Teppich gelandet ist!

Schnelladen der Batterie

Bekanntlich kann man Batterien auch „Schnelladen" lassen. Hier wird in kurzer Zeit eine gewaltige Menge „Amperestunden" in die Batterie hineingejagt, so daß man anschließend wieder eine halb- oder dreiviertelvolle Batterie zur Verfügung hat.

Eine gesunde Batterie verkraftet diese Gewaltmethode ohne weiteres, doch sollte man das Schnelladen nicht zur Gewohnheit werden lassen.

Die Batterie-Wundermittel

Batterie-Wundermittel, die aus einer altersschwachen Batterie mit hochgedrückten Zellendeckeln eine neue machen oder die Kapazität heraufsetzen, gibt es nicht. Meist sind diese Mittel so teuer, daß man für den Preis schon 1/3 einer neuen Batterie erhält, es ist also schade ums Geld.

Ein Zusatzmittel, das die Korrosion der Batterieplatten verhindern und die Sulfatierung herabsetzen soll, ist unter dem Namen „Cobalt-MG" im Handel. Mehrere nicht mehr ausreichend leistungsfähige Batterien wurden von mir sowie von der Redaktion „mot" damit behandelt. Sie halten (teilweise schon seit neun Monaten) wieder ohne Nachladen auch im Winter die nötige Anlaß-Kapazität. Da der Preis für das Mittel nur rund DM 9,— beträgt, scheint man hiermit kein Risiko einzugehen, wenn man den Preis einer neuen Batterie auf die durchschnittliche Lebensdauer umrechnet. Längere Erfahrungen müssen natürlich noch gesammelt werden.

Trocken vorgeladene Batterien

So bezeichnet man in der Umgangssprache Batterien, die beim Händler, der Werkstatt oder der Tankstelle fabrikneu auf Lager stehen und zum Einbau in einen Wagen nur mit Säure gefüllt zu werden brauchen. Die Batteriehersteller sprechen häufig auch von vorformierten Batterien, was aber dasselbe ist.

Bei den trocken vorgeladenen Batterien werden die Plattensätze schon vor dem Einbau einem Ladevorgang unterzogen – sie werden formiert. Anschließend werden die Plattensätze gespült – also von Schwefelsäure gereinigt – und getrocknet. Um die Haltbarkeit derartiger Platten zu vergrößern, werden sie normalerweise vor dem Einbau noch konserviert.

Im Gegensatz zu einer „trockenen und ungeladenen" unformierten Batterie, die bei entsprechender Aufbewahrung jahrelang gelagert werden kann, sind die vorformierten Batterien nur ein bis zwei Jahre lagerfähig und sollen dann in Betrieb genommen werden.

Die leidige Vorbereitungszeit

Eine „trockene und ungeladene" Batterie braucht aber eine ziemlich lange Vorbereitungszeit, bis sie in Betrieb genommen werden kann, und diese Zeit hat kaum ein Kraftfahrer.

Bei „trockenen und ungeladenen" Batterien muß zuerst Schwefelsäure mit einer Dichte von 1,28 kg/l eingefüllt werden und anschließend muß die Batterie etwa 5 bis 6 Stunden stehen. Der Säurespiegel sinkt dabei ab, und anschließend muß wieder soviel Säure nachgefüllt werden, daß der Spiegel etwa 15 mm über der Plattenoberkante steht. Jetzt wird die Batterie mit $1/20$ der Stromstärke geladen werden, die der Kapazität entspricht (bei einer

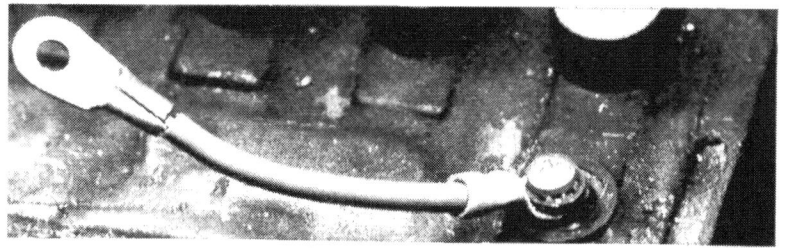
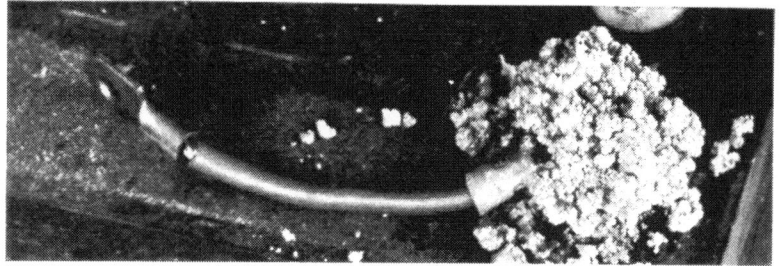

Oben: Bei dieser Batterie wurde der Polkopf durch unsachgemäßes Abhebeln der Batterieklemme abgebrochen. Da nicht sofort eine Ersatzbatterie zur Hand war, wurde in den Bleistummel ein Loch von 3 mm Durchmesser gebohrt und ein kurzes Kabelstück mit einer Blechschraube auf dem Stummel befestigt. Unten: Durch die am Bleistummel austretenden Säurespuren wurde die Verbindung innerhalb drei Wochen aufgefressen, so daß sie abfiel und der gezeigte „Blumenkohl" entstand.

66 Ah-Batterie also etwa 3 Ampere). Die Batterie muß solange geladen werden, bis alle Zellen lebhaft gasen, was etwa 15–20 Stunden dauert. Zwei Stunden nach beendeter Ladung muß dann noch einmal der Säurestand kontrolliert und gegebenenfalls destilliertes Wasser nachgefüllt werden.
Ganz anders ist die Sache bei trocken vorgeladenen Batterien. Hier wird ganz einfach Schwefelsäure eingefüllt, eine Viertelstunde gewartet, damit die Säure in die Platten eindringen kann, die Batterie leicht geschüttelt, damit evtl. Luftblasen aufsteigen können und der Säurestand wird erforderlichenfalls ergänzt. Jetzt kann man die Batterie einbauen, den Motor starten und losfahren. Spätestens 12 Stunden nach der Füllung der Batterie sollte man aber eine Fahrt von mehreren Stunden machen, damit die Batterie durch die Lichtmaschine voll geladen wird.

Fahren nur mit Batterie

Was kann man tun, wenn man bei Nacht am Aufleuchten der Ladekontrolle feststellt, daß die Lichtmaschine ausgefallen ist?
Nur nicht nervös werden!
Für zwei Stunden reicht der Stromvorrat der Batterie in fast allen Fällen (sofern man keine ganz altersschwache Batterie im Wagen hat), wenn man alle nicht unbedingt notwendigen Stromverbraucher, wie Heizgebläse, Zusatzscheinwerfer, Radio, Instrumentenbeleuchtung usw. ausschaltet. Wie lange man bei ausgefallener Lichtmaschine noch mit der Batterie fahren kann, ist für die verschiedenen Wagen in den Typenbüchern der Reihe „Jetzt helfe ich mir selbst" angegeben.
Sofern Sie sich in einem Land auf der Autobahn befinden, wo das erlaubt ist, können Sie sich vielleicht im nötigen Respektabstand hinter einen nicht allzuschnellen Vordermann hängen. Auf geraden Strecken können Sie dann mit Standlicht fahren, denn das Scheinwerferlicht des Vordermanns gibt Ihnen genügend Licht. In Kurven können Sie kurz Ihr eigenes Abblendlicht einschalten. Sie müssen aber aufpassen wie ein Schießhund, und diese Art des Fahrens zehrt stark an den Nerven.
(Nach § 33 Absatz 2 der Straßenverkehrs-Ordnung darf mit Standlicht gefah-

Links: Wenn die plusseitigen Zellendeckel hochgedrückt sind, so wie es hier der Fall ist, ist die Batterie am Ende ihrer Lebensdauer angelangt. Das „Wachsen" der Batterieplatten kommt durch den Ausfall der aktiven Masse zustande.

Rechts: So wird die Batterie mit dem Zellenprüfer daraufhin kontrolliert, ob sie noch ein ausreichendes Speichervermögen hat. Sofern beim Prüfen der Zellen alle Zellen gleichmäßig auf eine niedrige Spannung abfallen, ist die Batterie wahrscheinlich nur entladen. Fällt eine Zelle stärker ab als die anderen, so ist mit großer Wahrscheinlichkeit diese Zelle defekt.

ren werden, wenn die Fahrbahn durch andere Lichtquellen ausreichend beleuchtet wird. Der Gesetzgeber meint natürlich nicht das Hinterherfahren, sondern hat an die Straßenbeleuchtung durch stationäre Leuchten gedacht, schließlich gibt es ja auch beleuchtete Autobahnstrecken!)

Durch das Abschalten der Scheinwerfer spart man immerhin 90 Watt; von dieser Leistung können Begrenzungs-, Schluß- und Kennzeichenleuchten sowie die Zündspule zwei Stunden leben.

(Wenn man Sie erwischt, hat es keinen Zweck, sich auf dieses Buch herauszureden, ich habe ja nur theoretische Überlegungen angestellt!)

Am Tag, wenn Sie nur die Zündung benötigen (und alle anderen Stromverbraucher ausgeschaltet lassen), können Sie selbst bei einer nur halb vollen Batterie mit einer Fahrtzeit von zehn und noch mehr Stunden rechnen.

Sofern man es nicht sehr eilig hat, aber noch eine größere Strecke bis zum Heimathafen bewältigen muß, wo man die elektrische Anlage in Ruhe selbst kontrollieren kann (oder kontrollieren läßt), sollte man sich baldigst nach einer Übernachtungsmöglichkeit umsehen und erst am nächsten Tag weiterfahren. Die kurzzeitig eingeschalteten Stromverbraucher wie Bremsleuchten, Blinkleuchten und Hupe, belasten den Stromhaushalt nicht sehr. (Allerdings soll man an Ampeln die Blinker nicht während der ganzen Zeit unnütz eingeschaltet lassen.)

Die Lebensdauer der Batterie

Üblicherweise kann man bei einer Kraftfahrzeug-Batterie mit einer Lebensdauer von mindestens zwei Jahren rechnen, doch die meisten Batterien werden um einiges älter – in Ausnahmefällen sogar bis zu sechs Jahren.

Stationäre Bleibatterien haben eine wesentlich längere Lebensdauer, doch das ist keine böse Absicht der Batteriehersteller, die gern möglichst viel Batterien fürs Auto verkaufen wollen. Es liegt vielmehr daran, daß die Batterien im Wagen recht durchgeschüttelt werden (wobei aktive Masse aus den Bleiplatten ausfallen kann) und außerdem selten unter so günstigen, gleichmäßigen Ladebedingungen betrieben werden, wie dies bei stationären Batterien geschieht.

Während sich das Profil der Reifen im Laufe der Zeit abnutzt, bekommen die Batterien nach einigen Jahren erst das richtige „Profil". Hier ist die Oberfläche der Batterie an den Plusseiten der einzelnen Zellen hochgedrückt. Diese hochgedrückten Batterieoberflächen kommen vom Zerfallen der Plusplatten, die dabei „wachsen". Die Platten wachsen zwar auch nach der Seite, doch macht sich das nach außen nicht bemerkbar.

Hochgedrückte Zellendeckel

Eine solche „profilierte" Batterie ist an der Grenze der Lebensdauer angelangt, und man sollte — vor allem im Winter — rechtzeitig für Ersatz sorgen.

Wenn eine Batterie schon sehr alt ist, dann kann es vorkommen, daß eine Zelle überhaupt keinen Strom mehr durchläßt, während die anderen Zellen immerhin noch soviel Kapazität haben, um einen kurzzeitigen hohen Strom für den Anlasser abzugeben.

Handelt es sich hierbei um eine 12-Volt-Batterie mit freiliegenden Polbrücken, so kann man die defekte Zelle (meist ist es die erste Zelle mit dem Plus-Polkopf) notfalls mit starker Kupferlitze überbrücken. Natürlich hat die Batterie jetzt nur noch eine Spannung von 10 Volt, doch unter nicht allzu ungünstigen Umständen reicht auch diese Spannung noch zum Anlassen des Wagens aus.

Aus Neugier habe ich mal eine derartige „instandgesetzte" Batterie über längere Zeit im Winter gefahren, wobei natürlich stets eine neue Batterie im Wagen mitgeführt wurde. Die Batterie hat noch den ganzen Winter überstanden, doch bei Temperaturen unter −5 bis −10° C wurde der Motor nicht mehr durch den Anlasser durchgedreht.

Selbstverständlich ist eine solche Behelfsmethode nicht besonders anzuraten, aber notfalls kann man sich einmal damit helfen.

In Büchern und Druckschriften war bisher zu lesen, daß die Batteriesäure nur dann gefrieren und das Batteriegehäuse sprengen könnte, wenn nur noch Spuren von Schwefelsäure in der Mischung Schwefelsäure/destilliertes Wasser enthalten sind, die Säuredichte also unter 1,10 kg/l gesunken ist. Eine Batterie mit derartig geringer Säuredichte müßte aber schon monatelang nicht mehr geladen worden sein.

Letzte Meldung — der falsche Säurezustand der Batterie

So, und nun schauen Sie sich einmal das nachstehende Bild an!
Nicht daß diese Batterie monatelang im Freien gestanden und sich dabei selbst entladen hätte. Der Wagen mit dieser Batterie war eine Woche vorher noch gefahren worden! Anschließend stand er bei einer Temperatur von etwa −4 bis −8° C vor dem Haus. Während dieser Zeit ist die Batteriesäure gefroren und hat das Batteriegehäuse gesprengt.

Eine Batterie, die den Anlasser bei etwa −10° C noch durchdreht, kann aber nicht vollkommen entladen sein, die Säuredichte dürfte noch nicht soweit abgesunken sein, daß die Batteriesäure gefriert.

Die gefrorene Batterie wurde in eine Kunststoffwanne gestellt, aufgetaut und die Säure aus den einzelnen Zellen auf ihre Dichte kontrolliert. Mit meinem Säuredichtmesser war sie nicht mehr zu messen, die Skala geht nur hinab bis etwa 1,10 kg/l. Jetzt wurde die Säure wieder in die Zellen gefüllt und die noch intakten Zellen wurden mit einem Strom von rund 3 Ampere geladen. Nach 20 Stunden gaste die Batterie schon recht kräftig (es bilden sich kleine Gasbläschen, man hört das auch), war also wieder aufgeladen. Die Spannung an den einzelnen Batteriezellen betrug 2,12 Volt, was einer geladenen Batterie entspricht. Die Säuredichte wurde wieder gemessen, betrug aber nur 1,18 kg/l, was einer schwachen Ladung gleichkommt. Die Batterie wurde dann vier Stunden bei −3° C ins Freie gestellt und noch einmal gemessen, Spannung und Säuredichte waren gleich geblieben.

127

Was es nach der Theorie nicht geben darf: Eine Batterie, deren Säure gefroren ist und das Batteriegehäuse gesprengt hat. Das kann nur passieren, wenn die Füllung praktisch kaum noch einen Anteil an Schwefelsäure hat und fast ausschließlich aus Wasser besteht. Wie es dazu kommen kann, lesen Sie im Text. Die Pfeile zeigen auf die zu Eis gefrorene Säure.

Und wo war die restliche Säure hingekommen, die zur Dichte von 1,28 kg/l gehört???

In mehreren Werkstatt-Fachzeitschriften habe ich folgenden Tip gelesen:

Um einen korrekten Säurestand zu erreichen, saugt man das zuviel eingefüllte destillierte Wasser mit einem Säureprüfer ab, auf dessen Glasröhrchen ein Gummischlauch gesteckt wird. Dieses Gummiröhrchen wird 10 mm über dem unteren Ende durchbohrt. Nun drückt man den Gummiball des Säureprüfers zusammen, läßt ihn wieder los und automatisch wird solange Batteriesäure abgesaugt, bis bei einem Säurestand von 10 mm, Luft in den Schlauch gelangen kann.

So, und jetzt lassen Sie die Prozedur 10 oder 20 mal an Ihrer Batterie durchführen, wobei jeweils nur 10 ccm Säure abgesaugt werden!

Was glauben Sie, wie hoch die Säuredichte Ihrer Batterie dann noch sein wird?

(Leider konnte ich den Lebensweg der oben beschriebenen Batterie nicht zurückverfolgen, da sie in einem gebraucht gekauften Wagen eingebaut war, der zuletzt schnell durch mehrere Hände gegangen war.)

Das im Text erwähnte „Batterie-Mordgerät", mit dem man zuviel eingefülltes destilliertes Wasser wieder absaugen soll. Daß dabei unweigerlich auch Schwefelsäure mit abgesaugt wird, bedarf wohl keiner Erklärung. Wenn diese Methode bei jeder Batterie-Kontrolle angewandt wird, braucht man sich über das Ergebnis des vorigen Bildes nicht zu wundern.

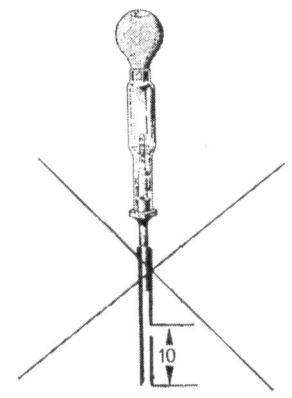

Funkenpflege und Wartung

Noch einmal die Zündung

Zündstörungen unterwegs gehören zu den unerfreulichsten Dingen. Soll es gar nicht erst soweit kommen, muß auch die Zündanlage regelmäßig kontrolliert werden, damit sich Vernachlässigungen nicht während einer Fahrt bitter rächen. Es gibt ohnehin noch genug Möglichkeiten für Zündstörungen, die unterwegs auftreten können, so daß man wenigstens diejenigen, die sich durch normale Abnutzung ergeben, vermeiden sollte. Etwa alle 5000 km kontrolliert man deshalb die Zündung.

Was zu beachten ist

Damit ein Motor seine volle Leistung erreicht, muß er einen genau festgelegten Zündzeitpunkt haben. Dieser Zündzeitpunkt läßt sich einstellen, aber bevor man daran geht, muß man zuerst einmal die mechanischen Teile des Unterbrechers prüfen und evtl. in Ordnung bringen.
Nach dem Abnehmen der Verteilerkappe sind sie mehr oder weniger gut zugängig. Zuerst versucht man den Unterbrecherhebel in Höhe des Kontakts auf und ab zu bewegen. Er darf auf dem Lagerbolzen nicht wackeln. Wackelt er merklich, den Unterbrechersatz austauschen.
Er soll sich auch auf dem Lagerbolzen nicht auf- und abschieben lassen, andernfalls fehlen Distanzscheiben oberhalb oder unterhalb der auf dem Lagerbolzen sitzenden Isolierstoffbuchse des Unterbrecherhebels. Die Distanzscheiben kann man zwar ersetzen, aber dann werden Krater und Höcker der Unterbrecherkontakte meist nicht mehr aufeinanderpassen. Ist die Sicherung am Lagerbolzen in Ordnung? Ist der Schleifklotz des Unterbrecherhebels in Ordnung oder wurde er vom Verteilernocken übermäßig abgeschliffen? Wenn ja, liegt es nur am fehlenden Fett oder ist der Verteilernocken riefig?
Federt der Unterbrecherhebel nach dem Abheben mit einem Schraubenzieher wieder einwandfrei zurück oder geht er schwer? (Isolierstoffbuchse auf dem Lagerbolzen geht zu stramm.) Hat die Isolierstoffbuchse auf dem Lagerbolzen gefressen, so daß sich der Unterbrecherhebel auf der Buchse dreht? (Bei den neueren Verteilern mit sogenannten vorjustierten Kontaktsätzen von Bosch entfallen Sicherungen und Distanzscheiben.)

Durch Auf- und Abbewegen des Unterbrecherhebels in Höhe des Unterbrecherkontaktes kann man feststellen, ob die Isolierstoffbuchse des Unterbrecherhebels Spiel auf dem Bolzen hat.

Oben: Sicherungs-
klammer, einwandfreie
Sicherungsscheibe,
ausgeleierte
Sicherungsscheibe.
Unten: Unterbrecher-
hebel mit daraufgeleg-
ter Isolierscheibe,
Metallscheibe und
Sicherungsscheibe.

**Die Unterbrecher-
kontakte**

Schon im Kapitel „Die einfache Batterie-Zündanlage" wurde gesagt, daß der Unterbrecher nichts weiter ist als ein einfacher Schalter, der den Strom in der Primärwicklung unterbricht. Über die Unterbrecherkontakte fließt ein Strom, der bei der normalen Batteriezündung je nach Zündspule und Betriebsspannung zwischen 1,5 und 4,5 Ampere liegt. Diesen Strom müssen die Unterbrecherkontakte bei einem Vierzylindermotor, der 3000 U/min macht, in der Stunde 360 000 mal ein- und ausschalten.

Obwohl die Unterbrecherkontakte aus einer verschleißfesten Wolframlegierung bestehen, ist ihre Lebensdauer nicht unbegrenzt, und nach etwa 15 000 bis 25 000 km sollte man sie bei Standard-Zündanlagen auswechseln. Bei niedertourigen Motoren und langsamer Fahrweise kann der Kontaktwechsel noch früher nötig werden. Bei jedem Öffnungsvorgang wandert eine geringe Menge des Kontaktmaterials vom beweglichen Kontakt zum feststehenden. Am beweglichen Kontakt entsteht dabei ein Krater, am feststehenden ein Höcker. Auch der Zündkondensator, der den Öffnungsfunken weitgehend unterdrückt, kann das nicht ganz verhindern.

**Das Aussehen der
Unterbrecher-
kontakte**

Aus dem Aussehen der Unterbrecherkontakte kann man Rückschlüsse auf den Zustand der Zündanlage ziehen:

Helle silberartige bzw. polierte erscheinende Kontaktstellen: = Kontakte arbeiten einwandfrei

Gleichmäßiger grauer Überzug auf der ganzen Kontaktfläche: = Kontakte sind wegen zu schwachem Kontaktdruck oder zu kleinem Kontaktabstand oxydiert.

Stark verbrannte und blau angelaufene Kontakte: = schlechter Kondensator oder schadhafte Zündspule

Schwarz verkrustete, mit verbrannten Rückständen bedeckte Kontakte: = Öl, Fett oder Schmutz ist zwischen die Kontakte gelangt

Starke Krater- bzw. Höckerbildung bei sauberen Kontaktstellen: = normal abgenutzte Kontakte; müssen ersetzt werden

Das früher übliche Nachfeilen der Unterbrecherkontakte mit der Kontaktfeile lohnt sich nicht, man baut besser einen neuen Kontaktsatz ein.

So wird der Kontaktabstand zwischen den Unterbrecherkontakten mit der Fühlerlehre gemessen. Der feststehende Unterbrecherkontaktträger kann wie hier, mit einem Schraubenzieher geschwenkt werden, der zwischen zwei Nasen der Unterbrechergrundplatte greift; bei manchen Unterbrechern wird er auch durch eine Exzenterschraube geschwenkt. Zum Verstellen des festen Kontaktträgers darf die Befestigungsschraube nicht zu lose und nicht zu fest sein.

Warum korrekter Kontaktabstand?

Je länger die Unterbrecherkontakte zwischen den einzelnen Öffnungen geschlossen bleiben, um so länger kann der Strom durch die Primärwicklung fließen und dort das erforderliche hohe Magnetfeld aufbauen. Bei einer Umdrehung des Unterbrechernockens werden die Unterbrecherkontakte bei einem Vierzylindermotor viermal geöffnet und geschlossen, so daß die Zeit, in der die Primärwicklung der Zündspule von Strom durchflossen wird, für jeden Zündvorgang recht klein ist.

Bei etwas Überlegung kommt man schnell dahinter, daß die Zeit, in der die Kontakte geschlossen sind (die sogenannte Schließzeit) um so größer ist, je kleiner der Kontaktabstand ist. Leider kann man den Kontaktabstand aber nicht beliebig klein machen, da hier noch mechanische Faktoren mitspielen. Der Kontaktabstand, der für jeden Verteiler festgelegt ist, liegt üblicherweise zwischen 0,35 und 0,5 mm. (Siehe auch die Hinweise in den Auto-Typen-Bänden „Jetzt helfe ich mir selbst". Für die behandelten Fahrzeugtypen ist der Kontaktabstand und der späterhin behandelte Zündzeitpunkt dort angegeben.)

Prüfen des Kontaktabstandes

Mit einer Fühlerlehre wird der Kontaktabstand bei vollgeöffneten Unterbrecherkontakten geprüft. Die Fühlerlehre darf man nur bei neuen Kontakten ganz einschieben, bei gebrauchten Kontakten mißt man am Rand, damit der Höcker auf dem festen Kontakt das Meßergebnis nicht verfälscht. Die Fühlerlehre muß sich leicht zwischen den Kontakten herausziehen lassen; sie darf also nicht klemmen, andererseits aber auch nicht zwischen den Kontakten wackeln können.

In Werkstätten wird der Kontaktabstand selten mit der Fühlerlehre kontrolliert; dort wird heute vielfach der sogenannte Schließwinkel, der sich mit dem Kontaktabstand ändert, mit einem Schließwinkelmeßgerät gemessen. Diese Messung ist genauer, da sie vom Kontaktabbrand nicht beeinflußt wird.

Einstellen des Kontaktabstandes

Hierzu lockert man die Befestigungsschraube des festen Kontaktträgers und zieht sie dann wieder leicht an. Bei den meisten Verteilern korrigiert man den Kontaktabstand dadurch, daß man einen Schraubenzieher zwischen die beiden kleinen Zapfen der Unterbrechergrundplatte und in den Schlitz des

So wird die Klemmenschraube für den Kontaktträger gelöst bzw. angezogen. Der linke Schraubenzieher dient wiederum zum Schwenken des Kontaktträgers.

Kontaktträgers klemmt. Der Kontaktabstand läßt sich dann durch Drehen des Schraubenziehers verändern. Anschließend wird die Befestigungsschraube des Kontaktträgers wieder angezogen und der Kontaktabstand noch einmal mit der Fühlerlehre kontrolliert. Manche Verteiler haben eine kleine Exzenterschraube zum Schwenken des Kontaktträgers. Nach Lösen der Befestigungsschraube wird die Exzenterschraube zum Einstellen des Kontaktabstandes gedreht. Befestigungsschraube wieder anziehen, Kontaktabstand nochmals kontrollieren.

Zusammenhang zwischen Schließwinkel und Kontaktabstand

Der Unterbrecherkontaktabstand kann sich theoretisch über den ganzen Drehzahlbereich des Motors nicht ändern, denn die Verteilernocken wachsen oder schrumpfen nicht und beim Schleifklotz des Unterbrecherhebels ist es nicht anders. (Trotzdem ändert sich der Unterbrecher-Kontaktabstand gelegentlich bei laufendem Motor. Das kommt dann von einem mechanischen Fehler des Verteilers; z. B. kann die Lagerung der Verteilerwelle ausgeschlagen sein und die Verteilerwelle richtet sich bei laufendem Motor unter Einwirkung der Fliehkraft auf, oder die Lagerung des Unterbrecherhebels klemmt bzw. ist ausgeschlagen.)

Schlaue Leute kamen nun auf die Messung des Schließwinkels, der bei laufendem Motor ein getreues Abbild des Kontaktabstandes ist. Die Unterbrecherkontakte sind während des Motorlaufs abwechselnd immer geschlossen und offen. Zwar ändern sich Schließ- und Öffnungszeit mit der Motordrehzahl, aber die Winkelgrade ändern sich nicht. Bei einer Leerlaufdrehzahl von 600 U/min und einer Verteilerwellendrehzahl von 300 U/min, entfallen auf jede Zündung ebenso 90° Unterbrechungsabstand, wie bei 3000, 6000 oder 12 000 U/min. Dieses unveränderliche Maß von 90° bei einem Vierzylindermotor, teilt sich nun in den Schließwinkel (hierbei sind die Unterbrecherkontakte

Links: Im Betrieb wandert das Kontaktmaterial von Plus nach Minus.
Mitte: Bei neuen Kontakten kann man die Fühlerlehre ganz einschieben.
Rechts: Bei gebrauchten Kontakten darf man die Fühlerlehre nur am Rande einschieben.

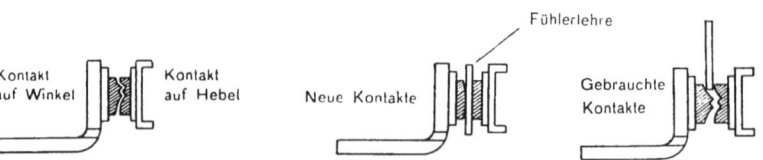

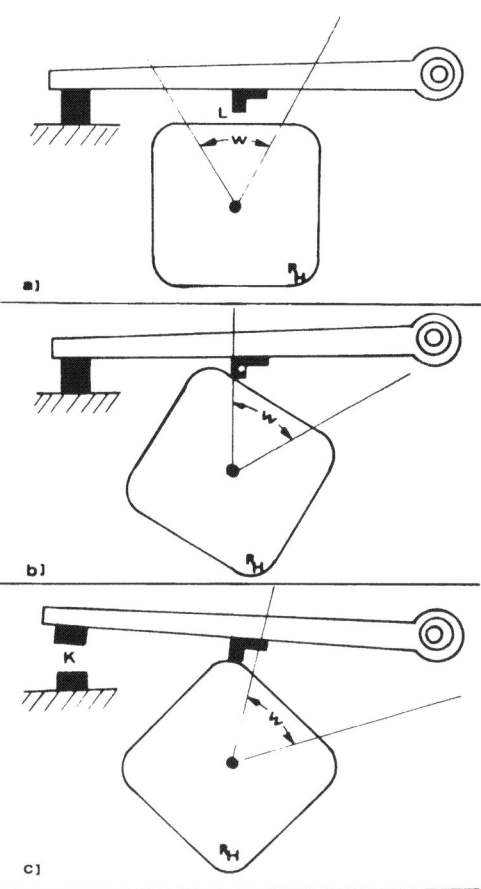

Kontaktabstand und Schließwinkel sind direkt von einander abhängig. Der Schließwinkel W beträgt bei Vierzylindermotoren rund 55° und der entsprechende Kontaktabstand etwa 0,4-0,5 mm.
a) Je knapper der Luftspalt L zwischen Unterbrecherschleifklotz und Nockenstück wird, um so früher wird der Unterbrecherhebel von einem Höcker des Nockenstücks angehoben. Der Schließwinkel W – die Winkelgrade, in der die Kontakte aufeinanderliegen – wird kleiner, der Kontaktabstand aber größer.
b) Am Ende des Schließwinkels W läuft der Schleifklotz auf einen Höcker des Nockenstücks auf und die Unterbrecherkontakte beginnen sich zu trennen – der Zündzeitpunkt ist erreicht.
c) Steht der Unterbrecherschleifklotz auf der höchsten Stelle eines Höckers, so ist der Kontaktabstand K am größten. Der erreichte Kontaktabstand ist davon abhängig, wie früh der Schleifklotz auf den Höcker aufgelaufen ist, also direkt vom Schließwinkel.

geschlossen) und den Öffnungswinkel (hierbei sind die Unterbrecherkontakte geöffnet) auf. Der Schließwinkel des Vierzylindermotors beträgt rund 2/3 des Gesamtwinkels von 90°, der Öffnungswinkel rund 1/3. Je kleiner der Anteil des Öffnungswinkels am Gesamtwinkel ist, um so größer wird der Schließwinkel und um so länger die Primärwicklung von Strom durchflossen. (Leider kann man den Öffnungswinkel aber nicht beliebig klein halten, denn der Kontaktabstand darf aus mechanischen Gründen nicht unter 0,3 mm liegen.)
Je kleiner der Kontaktabstand, um so größer der Schließwinkel, und um so länger ist die Zeit, in der die Primärwicklung das magnetische Feld in der Zündspule aufbauen kann.

Eigentlich dürfte man von einer Schließwinkeleinstellung ja nur dann reden, wenn man sie während des Motorlaufs vornehmen kann, also entsprechend der Leerlaufeinstellung, bei der ja auch nur eine Schraube gedreht wird.
In Deutschland ist das meines Wissens nur beim Opel-Diplomat mit dem amerikanischen V 8-Motor und Delco-Remy-Verteiler möglich. Hier wird am Verteiler ein Schieber hochgeschoben und der Kontaktabstand – und damit der Schließwinkel – von außen während des Motorlaufs mit einem Innensechskantschlüssel eingestellt.

Die Schließwinkel-Einstellung

Was wird billiger? Nach jeweils 5000 km den Schließwinkel in einer Werkstatt einstellen lassen (über den Daumen gepeilt 1/2 Stunde Arbeitslohn) oder die einmalige Anschaffung eines Schließwinkelmeßgerätes? Hier ein solches von Gossen zum Preis von rund 145,– DM. Natürlich hängt die Entscheidung nicht nur vom Preis ab, sondern auch von der Einstellung zum Basteln. Vielleicht lohnt es sich, wenn sich mehrere Leute zusammentun?

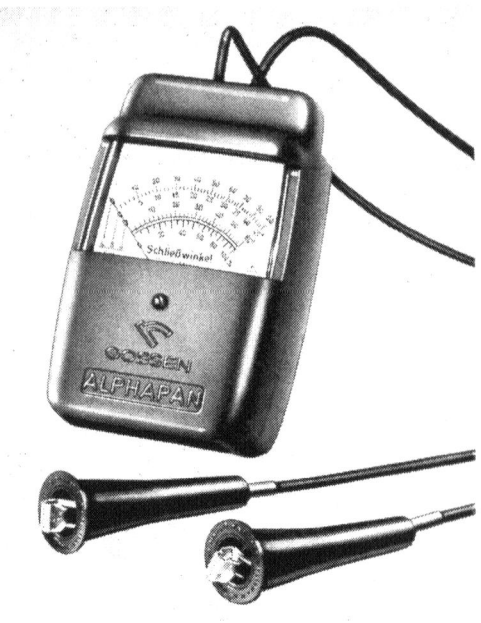

Bei vielzylindrigen Motoren ist die genaue Einhaltung des Schließwinkels wichtiger als bei einem Motor mit nur 4 Zylindern. Da man in der Werkstatt aber nach Schließwinkel „einstellt", würde eine echte Einstellmöglichkeit den Werkstattaufenthalt sehr verbilligen. Bei unseren Verteilern muß man ja stets den Motor stillsetzen, die Verteilerkappe abnehmen, den Kontaktabstand korrigieren, die Kappe wieder aufsetzen, den Motor anlassen, den Schließwinkel am Meßgerät ablesen usw., usw.

Da erhebt sich wirklich die Frage, ob man auf die Dauer nicht billiger fährt, wenn man sich ein Schließwinkelmeßgerät zulegt, als die Schließwinkel-„Einstellung" in der Werkstatt machen zu lassen.

Kontrolle des Zündzeitpunkts

Erst wenn feststeht, daß der Unterbrecher mechanisch in Ordnung und der Kontaktabstand einwandfrei ist, kann man die Zündung genau einstellen.

Wenn der Motor seine Höchstleistung erreichen und der Kraftstoff richtig ausgenutzt werden soll, muß der Zündfunke an der Zündkerze in einen genau festgelegten Zeitpunkt überspringen. Dieser sogenannte Zündzeitpunkt liegt bei den meisten Wagentypen im oder kurz vor dem oberen Totpunkt des Verdichtungstaktes.

Vor der Kontrolle des Zündzeitpunktes schraubt man die Zündkerzen heraus, damit man den Motor am Keilriemen leicht durchdrehen kann. Natürlich muß der Leerlauf eingelegt sein, sonst muß man ja beim Drehen am Keilriemen das ganze Fahrzeug weiterbewegen! Man kann den Motor bei eingelegtem 3. oder 4. Gang auch durch Hin- und Herschieben des Wagens durchdrehen.

Jetzt klemmt man die Prüflampe mit dem einen Pol an Masse, mit dem anderen Pol an die Klemme „1" des Verteilers und schaltet die Zündung ein. Am Keilriemen dreht man den Motor langsam in Drehrichtung durch – auf die Riemenscheiben der Kurbelwelle gesehen nach rechts, also im Uhrzeigersinn.

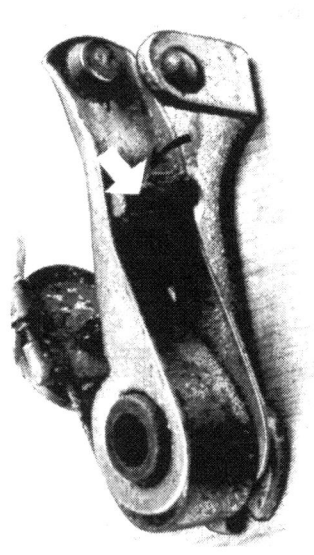 

Links: So sieht es aus, wenn der Isolierschleifklotz des Unterbrecherhebels nicht geschmiert war und stark abgenutzt ist. Der Pfeil zeigt auf den Grat am Isolierschleifklotz, der gesamte Unterbrecherhebel ist stark mit Isolierstaub überzogen. Rechts: Dieses Nockenstück der Verteilerwelle hat starke Abnutzungsspuren (Pfeile), die nun wiederum den Isolierschleifklotz des Unterbrecherhebels sozusagen abfräsen.

Markierungen für den Zündzeitpunkt

Die Riemenscheibe der Kurbelwelle besitzt meist eine kleine Kerbe, die sich im O. T. mit einer Markierung am Motorgehäuse decken muß. Kurz bevor sich die Kerbe der Riemenscheibe der Markierung am Motorgehäuse nähert, muß man ganz langsam drehen, denn die Kerbe darf auf keinen Fall über die Markierung hinweg gedreht werden. Ist das versehentlich doch passiert, dann genügt es nicht, wenn man die Riemenscheibe nur so weit zurückdreht, daß sich die Kerbe mit der Markierung deckt. Da im Antrieb zur Verteilerwelle immer ein kleines Spiel vorliegt, dreht man zwar die Kurbelwelle zurück, die Verteilerwelle wird aber noch nicht zurückgedreht. Um das Spiel wieder auszuschalten, muß man die Kurbelwelle entweder noch einmal ganz herum drehen, oder man dreht sie um etwa eine viertel Umdrehung zurück, und dann erst wieder in Drehrichtung, bis sich Kerbe und Markierung decken.

In dem Augenblick, in dem sich Kerbe und Markierung decken, muß die Prüflampe aufleuchten. Wenn sie früher aufleuchtet, (die Kerbe hat die Markierung noch nicht erreicht), so hat der Motor zuviel Frühzündung. Leuchtet die Prüflampe erst dann auf, wenn die Kerbe die Markierung überschritten hat, so liegt der Zündzeitpunkt zu spät.

Bei einem Motor mit gleichen Zündabständen von Zylinder zu Zylinder ist es für die Zündeinstellung gleichgültig, ob der Kolben von Zylinder 1 oder Zylinder 4 sich in der Zündstellung befindet; wichtig ist nur, daß sich die Markierung der Riemenscheibe und die Zeigerspitze genau decken!

Einstellen der Zündung

Wenn der Zündzeitpunkt nicht stimmt, so dreht man die Riemenscheibe der Kurbelwelle so weit, daß sich deren Markierung mit der Zeigerspitze deckt. (Nachdem die Kurbelwelle in die richtige Stellung gebracht wurde, löst man die Klemmschraube am Verteilerhals soweit, daß sich der Verteiler nicht allzuleicht drehen läßt. Damit man sicher ist, daß jedes Spiel der Verteilerwelle ausgeschaltet ist und die Fliehgewichte des Fliehkraftverstellers ganz eingezogen sind, dreht man die Verteilerwelle oben am Verteilerfinger nach

Damit sich der Schleifklotz des Unterbrecherhebels nicht unzulässig abnutzt, muß er einen kleinen Schmierkeil von Heißlagerfett erhalten. Natürlich darf nicht so viel Fett aufgebracht werden, daß es im Verteiler herumfliegt und zwischen die Unterbrecherkontakte gelangt, da dieselben sonst verschmoren und Zündstörungen verursachen. Das linke Bild zeigt das korrekt aufgebrachte Fett (Pfeile).

links. Meist ist das gar nicht mehr möglich, was heißt, daß jedes Spiel ausgeschaltet war. Hört man aber beim Versuch, die Verteilerwelle nach links zu drehen, ein Klicken und gibt die Verteilerwelle noch etwas nach, so klemmen die Fliehgewichte des Verteilers oder die Rückholfedern der Fliehgewichte sind nicht mehr in Ordnung. Der Verteiler soll dann von einer Fachwerkstatt instandgesetzt werden).

Der Dreh am Verteiler

Leuchtet die Prüflampe schon jetzt auf, so zeigt sie an, daß die Unterbrecherkontakte geöffnet sind, denn es fließt ein Strom vom Zünd-Anlaßschalter über die Primärwicklung der Zündspule und die Prüflampe zur Masse.

Man dreht das Verteilergehäuse (von oben gesehen) so lange nach rechts, also im Uhrzeigersinn, bis die Prüflampe erlischt, wodurch das Schließen der Unterbrecherkontakte angezeigt wird. Jetzt dreht man das Verteilergehäuse ganz langsam nach links – entgegen dem Uhrzeigersinn –, bis die Prüflampe soeben aufleuchtet, was die Öffnung der Unterbrecherkontakte und damit den Zündzeitpunkt anzeigt.

Leuchtet die Prüflampe zu Beginn der Einstellung nicht auf, so sind die Unterbrecherkontakte noch geschlossen, und es fließt ein Strom vom Zünd-Anlaßschalter über die Primärwicklung der Zündspule und die geschlossenen Unterbrecherkontakte direkt zur Masse. Die geschlossenen Unterbrecherkontakte überbrücken die Prüflampe und diese kann nicht aufleuchten. In diesem Fall braucht man den Verteiler nur so lange langsam nach links zu drehen, bis die Prüflampe aufleuchtet.

Hat man zu schnell gedreht und ist man etwas zu weit in das Gebiet der geöffneten Kontakte und der aufleuchtenden Prüflampe geraten, so dreht man das Verteilergehäuse etwa eine achtel Umdrehung zurück – über den Schließpunkt der Unterbrecherkontakte und das Erlöschen der Prüflampe hinaus – nach rechts. Jetzt kann man wieder langsam nach links drehen, bis die Prüflampe soeben aufleuchtet.

Die Nachkontrolle

Nach der Einstellung des Zündzeitpunktes zieht man die Klemmschraube

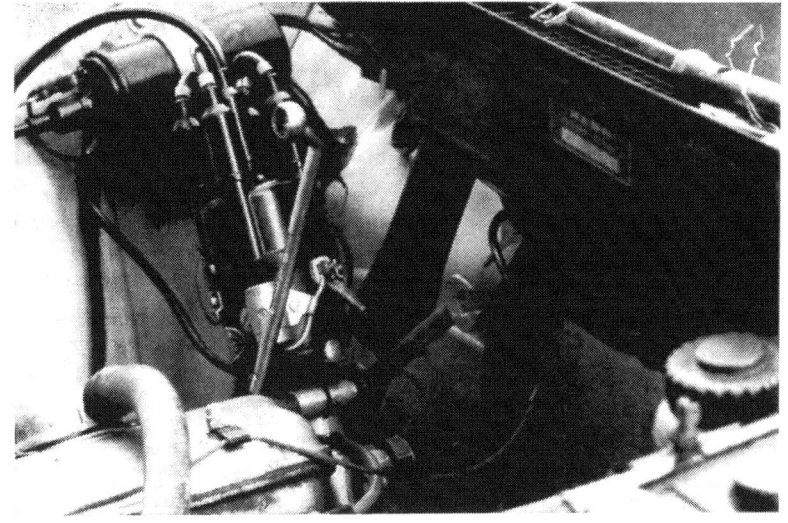

Nach dem Einstellen des Kontaktabstands wird der Zündzeitpunkt durch Verdrehen des Verteilers eingestellt. Hierzu muß die Klemmschraube am Verteilerhals gelöst werden.

am Verteilerhals wieder an. Um ganz sicher zu sein, daß der Zündzeitpunkt richtig liegt, dreht man die Kurbelwelle noch einmal um eine ganze Umdrehung durch. Hierbei muß die Prüflampe wiederum bei eingeschalteter Zündung mit dem einen Pol an Masse liegen, mit dem anderen Pol an Klemme 1 des Verteilers. Kurz bevor die Riemenscheibenmarkierung sich mit der Zeigerspitze deckt, dreht man ganz langsam. Leuchtet die Prüflampe gerade dann auf, wenn sich Markierung und Zeigerspitze drehen, dann ist der Zündzeitpunkt bei stehendem Motor bzw. Anlaßdrehzahl korrekt.

Für alle Fahrzeugtypen, die in der Reihe „Jetzt helfe ich mir selbst" behandelt wurden, ist die Einstellung des Kontaktabstandes und des Zündzeitpunktes im betreffenden Band ausführlich beschrieben.

Automatische Zündzeitpunktverstellung

Der Zündzeitpunkt liegt nicht für den ganzen Drehzahlbereich fest. Da bei höherer Drehzahl mit gleichbleibendem Zündzeitpunkt weniger Zeit für das Entflammen des Kraftstoff-Luft-Gemisches zur Verfügung steht, muß der Zündzeitpunkt hierbei mehr oder weniger vor den oberen Totpunkt verlegt werden. Im Teillastbereich wird weniger Gemisch angesaugt. Durch die geringe Gemischdichte ist der Verdichtungsdruck geringer, die Verbrennung erfolgt langsamer und der Zündzeitpunkt muß ebenfalls vorverlegt werden.

Die Fliehkraftverstellung

Die Vorverlegung des Zündzeitpunktes in Richtung „Frühzündung" erfolgt bei zunehmender Drehzahl durch die Fliehkraftverstellung. Hierbei wird das auf der Verteilerwelle angeordnete Nockenstück (dessen Nocken den Unterbrecherhebel betätigen) durch Fliehgewichte in der Drehrichtung der Verteilerwelle verstellt, so daß sich die Unterbrecherkontakte früher öffnen. Bei absinkender Drehzahl werden die Fliehgewichte durch Federn zurückgezogen und das Nockenstück dreht sich wieder zurück.

Die Unterdruckverstellung

Die im Teillastbereich erforderliche Frühzündung wird durch die Unterdruckverstellung bewirkt. Im Teillastbereich ergibt sich im Vergaser ein höherer Unterdruck als bei geschlossener Drosselklappe oder bei Vollgas.

Bei einem Zündverteiler mit Fliehkraftverstellung liegen die Fliehgewichte unterhalb der Unterbrechergrundplatte. Die Federn dieser Fliehgewichte sind der Zündverstellkurve des Motors angepaßt und dürfen nicht verändert werden. Solche Federn wie im Bild sind nicht ausgezogen, sondern speziell so ausgelegt. Die Feder mit den anscheinend ausgezogenen Ösen tritt erst in Kraft, wenn die Fliehgewichte schon zum Teil ausgeschleudert sind. Auch zwei unterschiedlich starke Federn (eine aus dünnem Draht, eine aus dickem Draht) sind beabsichtigt.

Dieser Unterdruck verdünnt über eine Schlauchleitung die Luft in der Unterdruckdose, die am Verteiler angebracht ist. Hierdurch wird eine in der Unterdruckdose befindliche Membrane durchgebogen. Die Membrane betätigt dann über ein Gestänge die Unterbrechergrundplatte und dreht sie bei steigendem Unterdruck entgegen dem Uhrzeigersinn, also entgegen der Verdrehrichtung des Nockenstücks. Bei der Verstellung des Zündzeitpunkts in Richtung „Früh" ist es gleichgültig, ob das Nockenstück in Drehrichtung der Verteilerwelle gedreht wird, oder die Unterbrechergrundplatte entgegen der Drehrichtung der Verteilerwelle; das Ergebnis bleibt gleich – früheres Öffnen der Unterbrecherkontakte.

Störungen an der Zündverstellung

Störungen an der Fliehkraft- und der Unterdruckverstellung kann man kaum selbst beheben, es sei denn, daß z. B. der Schlauch vom Vergaser zur Unterdruckdose abgezogen oder defekt ist.

Eine defekte Fliehkraftverstellung macht sich meist (sofern keine anderen Ursachen, wie z. B. mangelnde Kraftstoffversorgung, hierfür verantwortlich sind) in unzureichender Höchstleistung bemerkbar.

Eine nicht richtig arbeitende Unterdruckverstellung tritt dagegen beim Beschleunigen aus mittleren Drehzahlen heraus in Erscheinung.

Zur Überprüfung, ob Fliehkraft- und Unterdruckverstellung richtig arbeiten, benötigt die Werkstatt eine Stroboskoplampe, einen Drehzahlmesser, ein Verstellwinkelmeßgerät und eine Unterdruckpumpe. Nur mit diesen Geräten läßt sich einwandfrei feststellen, ob die Zündverstellung über den ganzen Verstellbereich richtig arbeitet, denn jeder Motordrehzahl entspricht ein bestimmter Frühzündungswert.

Die Zündkerzen

Die Zündanlage kann noch so sauber arbeiten und noch so korrekt eingestellt sein, wenn die Funkenstrecken im Zylinder – die durch die Zündkerzen gebildet werden – nicht in Ordnung sind, arbeitet der Motor dennoch nicht einwandfrei.

Obwohl die Zündkerzen der größten Belastung unterworfen sind, arbeiten sie im allgemeinen mit der größten Selbstverständlichkeit.
Haben die Zündkerzen den richtigen „Wärmewert" und ist der Motor in Ordnung, so hat man mit Zündaussetzern, die durch die Zündkerzen veranlaßt werden, nur selten zu rechnen.

Der Wärmewert

Die Wärmewertskala ist eine ursprünglich von Bosch willkürlich gewählte Zahlenreihe. Der Wärmewert ist also kein absoluter Maßstab wie z. B. „Meter" oder „Kilogramm", sondern nur ein Vergleichswert. Die von Bosch aufgestellte Wärmewertreihe reicht von 20 bis 500.
Je höher der Wärmewert einer Zündkerze ist, um so größere thermische Belastungen hält sie im Motor aus, bevor Elektroden oder Isolator zu glühen beginnen und so eine unerwünschte, frühzeitige Entzündung des Kraftstoff-Luft-Gemischs einleiten. Je geringer der Wärmewert ist, um so weniger anfällig ist die Zündkerze gegen Verrußen oder Verölen.
Eine Zündkerze, die gleichermaßen höchste thermische Belastungen wie Verschmutzungen aushält, gibt es nicht; diese gegensätzlichen Forderungen lassen sich nur in geringen Grenzen unter einen Hut bringen.

Die Selbstreinigungstemperatur

Die Widerstandsfähigkeit gegen Verrußen oder Verölen bzw. gegen thermische Belastung hat wenig mit dem Material zu tun, aus dem die Zündkerze gefertigt ist, sondern ergibt sich aus dem mechanischen Aufbau. Wenn die Zündkerze so konstruiert ist, daß der Isolator eine große freiliegende Oberfläche hat, kann sie viel Wärme aufnehmen und wenig abführen. Sie wird schon bei geringer Motorbelastung sehr heiß und der Ruß oder das Öl verbrennt, man sagt: die Zündkerze „brennt sich frei"; sie hat ihre Selbstreinigungstemperatur erreicht.
Ist die Zündkerze so gebaut, daß der Isolator nur wenig freiliegt, wodurch er weniger Wärme aufnehmen kann, die aufgenommene Wärme aber schneller an den Stahlkörper abführen kann, so dauert es länger, bis die Selbstreinigungstemperatur erreicht wird; die Motorbelastung muß höher sein.
Eine Zündkerze mit hohem Wärmewert, die in einem Hochleistungsmotor eingebaut ist, erreicht ihre Selbstreinigungstemperatur erst dann, wenn der Motor entsprechend scharf gefahren wird. Die Zündkerze wird hierbei aber noch nicht so heiß, daß Glühzündungen auftreten können.
Wird dieser Motor nun im ausgesprochenen Bummelbetrieb gefahren, wobei er nur gering belastet wird, so bleibt die Zündkerze zu kühl und kann sich nicht freibrennen. Die Rußablagerung an dem Kerzenisolator ist ein – wenn auch schlechter – elektrischer Leiter, über den ein Teil der Zündspannung zur Masse fließen kann. Man bezeichnet das als „Nebenschluß". Bei starker Rußablagerung kann es zu Zündaussetzern kommen.
Eine Kerze mit niedrigerem Wärmewert wäre jetzt richtig, denn diese brennt sich schon bei niedrigeren Temperaturen frei. Wird der Motor mit dieser Zündkerze aber scharf gefahren, so wird die Kerze zu heiß und es kommt zu Glühzündungen, wodurch der Motor überlastet wird.
Während der Durchschnitt der Motoren vor wenigen Jahren noch mit einem Wärmewert von 175 auskamen, benötigen die heutigen Hochleistungsmotoren durchweg einen Wärmewert von 225 oder sogar 240!
Der Wärmewert der Zündkerzen ist nicht nur von der Literleistung, sondern auch stark von der Einbaulage im Brennraum, der Brennraumgestaltung und den Kühlungsverhältnissen abhängig.

Das Kerzengesicht

Das Zündkerzengesicht gibt u. a. darüber Auskunft, ob der Wärmewert der Zündkerzen richtig gewählt ist, ob der Motor die richtige Betriebstemperatur erreicht, ob die Vergasereinstellung richtig ist, oder ob Öl durch undichte Kolbenringe bzw. Ventilführungen in den Verbrennungsraum gelangt.

Ob der Wärmewert der Zündkerzen Ihres Motors Ihrer Fahrweise entspricht, können Sie an dem Zündkerzengesicht erkennen, wenn Sie einige hundert Kilometer in dem Ihnen normalerweise entsprechenden Fahrbereich gefahren sind und den Motor sofort abstellen, ohne ihn zuerst noch lange im Leerlauf laufen zu lassen.

Im Allgemeinen gilt:

Isolator der Kerze zeigt eine hellbraune Farbe oder pulvrige Niederschläge in hellgelblicher bis grau-weißer Farbe, Stahlkörper der Kerze trägt einen leichten, mattschwarzen, trockenen oder hellgelblichen bis grau-weißen pulvrigen Niederschlag.	Zündkerze in Ordnung, Wärmewert richtig, Vergasereinstellung korrekt.
Isolator trägt einen stärkeren, mattschwarzen Belag.	Zündkerze wird im Betrieb nicht heiß genug (brennt sich nicht frei) = zu hoher Wärmewert, bzw. der Motor erhält durch zu fette Vergasereinstellung zuviel Kraftstoff.
Isolator ist silbrigweiß mit kleinen Schmelzperlen; glasähnlicher Belag an Isolator und Elektroden.	Zündkerze wird im Betrieb zu heiß = zu niedriger Wärmewert; evtl. zu magere Vergasereinstellung.
Isolator, teilweise auch der Stahlkörper der Kerze und die Elektroden, tragen einen glänzenden, glasähnlichen gelbroten bis braunen Überzug.	Kerze verbleit (Bleiverbindung aus dem Kraftstoffzusatz). Meist Wärmewert der Kerze zu niedrig.
Glänzender, blauschwarzer gesinterter Belag (sieht ähnlich aus wie Email-Glasur der Kochtöpfe).	In der Motorhitze geschmolzene Verbleiung. Bei stärkerer Motorbelastung treten Zündaussetzer auf. Wärmewert der Kerze zu hoch. (Bei niedrigerem Wärmewert kann die Verbleiung verbrennen.)
Isolator, Elektroden und Stahlkörper sind ölig-schwarz.	Kommt selten vor. In diesem Fall gelangt meist Öl durch die Ventilführungen – seltener an den Kolbenringen vorbei – in den Verbrennungsraum.

Zündkerzen reinigen bzw. wechseln

Das Reinigen der Zündkerzen mit Stahl- oder Messingbürsten und Kratzen mit scharfen Gegenständen hat keinen Reinigungswert, sondern schadet der Kerze.

Am besten wird die Kerze gar nicht gereinigt. Reinigen in Zündkerzenreinigungsgeräten, wobei ganz feine Glasperlen oder Sand gegen den Isolator und die Elektroden gestrahlt werden, ist gerade noch vertretbar, da die Rückstände anschließend ausgespült oder ausgeblasen werden.

Vielfach liest man, daß die Zündkerzen nach 15 000 km gewechselt werden sollen. Sofern der Motor keine Zündstörungen hat oder sich ein Nachlassen der Motorleistung bemerkbar macht, sollte man die Kerzen aber nicht einfach auswechseln. Auch bei Zündstörungen und nachlassender Motorleistung sollte man die Schuld nicht zuerst bei den Kerzen suchen, sondern den Motor und die Zündanlage prüfen oder prüfen lassen. Die Kerzen halten meist wesentlich länger als 15 000 km, doch muß evtl. der Elektrodenabstand wieder auf den richtigen Wert gebracht werden, da er im Laufe der Betriebszeit durch den Abbrand größer wird.

Wenn die Zündkerzen schon nach wesentlich weniger als 15 000 km nicht mehr richtig arbeiten, dann haben sie meist einen falschen Wärmewert. Wird der Motor ständig hoch belastet, so versucht man es mit einem höheren Wärmewert, bei niedrig belastetem Motor mit einem niedrigeren Wärmewert.

Nach rund 5000 km sollte man den Elektrodenabstand der Zündkerzen schon kontrollieren und gegebenenfalls auf den richtigen Wert — meist 0,7 mm — bringen. Hierfür gibt es Kontrollehren und Nachbiegewerkzeuge von den Zündkerzenherstellern.

Werden Sie bitte nicht zum Zündkerzenfanatiker und schrauben alle paar hundert Kilometer die Zündkerzen heraus.

Vorsicht bei Kerzenwechsel

Die Zündkerzen sitzen mit ihrem Stahlkörper im Gewinde des Zylinderkopfes. Dieser ist aus Leichtmetall und besitzt meistens leider keine Gewindebüchsen aus Stahl. Laufendes Heraus- und Hineinschrauben der Kerzen bekommt diesen Gewinden auf die Dauer nicht gut. Auf keinen Fall sollten Sie die Zündkerzen bei heißem Motor hineinschrauben und stark anziehen. Überhaupt sollte man die Zündkerzen beim Hineinschrauben so weit wie möglich mit dem Kerzenschlüssel ohne Stift hineindrehen. Nur das letzte Festziehen sollte man mit dem Kerzenschlüssel und Steckstift vornehmen.

Schon das geringste Schief-ansetzen der Zündkerzengewinde kann das Gewinde im Leichtmetall-Zylinderkopf beschädigen und die dann erforderliche Reparatur ist nicht gerade billig.

Um die Leichtgängigkeit des Zündkerzengewindes zu verbessern, fettet man das Gewinde der Kerze und das Gewinde im Zylinderkopf mit etwas Molybdänsulfit-Paste (z. B. Molykote, Liqui-Moly) ein. Auf keinen Fall normales Fett oder Öl verwenden, da diese verbrennen und die Rückstände das Kerzengewinde noch schwergängiger machen.

Bei Verwendung derartigen Schmiermittel soll man die Kerzen nicht ganz so stark anziehen wie sonst. Durch das Schmiermittel dreht sich das Gewinde leichter, so daß die Kerzen trotzdem fest sitzen.

Welche Zündkerzen für welche Betriebsbedingungen des Wagens in Frage kommen, wird in den Büchern der Reihe „Jetzt helfe ich mir selbst" ausführlich behandelt.

Die Zündspule mit Vorwiderstand

Eine „Schbrengbombe"?

Manche moderne Wagen haben eine Zündspule mit Vorwiderstand. Für viele Fahrer ist dieser Vorwiderstand ein unheimliches Gerät, denn sie kennen den Sinn nicht und haben vielleicht schon einmal als „Biertischgespräch" gehört, daß ein solcher Vorwiderstand durchgebrannt sei, wodurch der Wagen lahmgelegt worden wäre. (Ich habe den Fall noch nicht erlebt, aber der Teufel ist ein Eichhörnchen — immer dort zu finden, wo man ihn am wenigsten vermutet.)

Überbrückt man den Vorwiderstand, so wird die Zündspule überlastet und kann „egschblodieren". Davor haben manche Leute eine panische Angst.

Ein durchgebrannter Zündspulen-Vorwiderstand ist zwar ärgerlich, aber — wie wir noch sehen werden — nicht weiter schlimm.

Vom Zweck des Vorwiderstands

Es wurde schon gesagt, die Zündspule ist etwas vereinfacht ein Transformator. Nun könnte ein kluger Kopf auf den Gedanken kommen, die Primärwicklungszahl zu verringern, so daß sich infolge des höheren Übersetzungsverhältnisses auch eine höhere Zündspannung ergeben müßte.

Leider ergibt sich da aber die Schwierigkeit, daß die Primärwicklungszahl eine bestimmte Amperewindungszahl haben muß, damit das erforderliche Magnetfeld in der Zündspule aufgebaut werden kann. Die gleiche Amperewindungszahl von z. B. 120 AW, läßt sich mit 120 Windungen und 1 Ampere erreichen, wie mit 40 Windungen und 3 Ampere oder auch mit 12 Windungen und 10 Ampere.

Würde man 12 Windungen nehmen, so hätte die Wicklung aber einen zu geringen Widerstand, die Stromstärke würde dadurch weit über 10 Ampere ansteigen und die Primärwicklung würde sich übermäßig erhitzen. Schaltet man nun einen Vorwiderstand vor die Primärwicklung, so wird die übermäßige Erhitzung der Primärwicklung vermieden, ein zu hoher Strom über

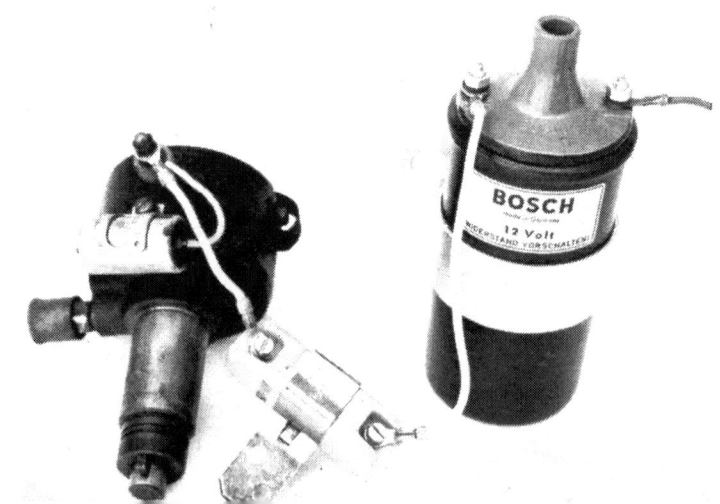

Manchmal liegt der Vorwiderstand der Zündspule zwischen dieser und dem Verteiler, manchmal vor der Zündspule. Für die Wirkungsweise ist das gleichgültig, es hat nur Schaltungsgründe.

142

Sollte wirklich einmal der mehr als seltene Fall auftreten, daß der Zündspulen-Vorwiderstand ausfällt, so schaltet man an dessen Stelle eine Scheinwerferlampe als Vorwiderstand ein. Die Steckfahne für den Masseanschluß bildet den einen „Vorwiderstandsanschluß", die Steckfahnen für Fern- und Abblendlicht (beide zusammen verbunden) den anderen „Vorwiderstandsanschluß".

die Unterbrecherkontakte verhindert und die Zündspule wird ruhestromsicher, d. h. sie wird — wenn die Zündung bei stehendem Motor versehentlich eingeschaltet bleibt und die Unterbrecherkontakte geschlossen sind — nicht überlastet und kann nicht durchbrennen.

Wenn der Vorwiderstand defekt ist

Wie gesagt, darf man eine Vorwiderstands-Zündspule nicht ohne Vorwiderstand betreiben.
Und wenn er nun zwischen Triest und Rijeka verreckt? Nun, dann nimmt man einen Ersatz-Vorwiderstand! Den braucht man aber keineswegs als Ersatzteil mitzuführen, denn er ist schon in jedem Wagen eingebaut; es sind die Glühfäden der Scheinwerfer-Glühlampen.
Von den Anschlußklemmen des ausgefallenen Zündspulen-Vorwiderstands zieht man eine Leitung an die Masse-Steckfahne einer Biluxlampe, die zweite Leitung legt man an die beiden Steckfahnen für's Fern- und Abblendlicht. Diese beiden jetzt parallel geschalteten Glühfäden haben etwa den gleichen Widerstandswert wie der Zündspulen-Vorwiderstand.
Die Glühlampe kann dabei im Scheinwerfer verbleiben, es wird nur der Glühlampenstecker abgezogen.
Da man mit einer solchen Schaltung evtl. auch nachts fahren muß, nimmt man natürlich die Scheinwerfer-Glühlampe am Fahrbahnrand. Natürlich ist die „absichtliche" Abschaltung eines Scheinwerfers nicht zulässig, aber in der Not frißt der Teufel Fliegen.

Geht nicht bei Halogen-Glühlampen

Wenn ein Wagen mit Halogen-Scheinwerfern ausgerüstet ist, hat man es nicht so bequem. Die Halogen-Glühlampen liegen mit ihrem Sockel ja an Masse, und hier kann man die Leitung vom Zündspulen-Vorwiderstand nicht anschließen. Man muß schon eine Halogen-Glühlampe ausbauen oder eine Ersatzlampe nehmen. Der Mittelanschluß wird mit der einen Anschlußklemme des Vorwiderstands verbunden, der Sockel der Halogen-Glühlampe

Schematisches Schaltbild für die Überbrückung des Vorwiderstands. Wird dieser überbrückt, so erhält die Zündspule die volle Spannung, die während des Anlassens an der Batterie verfügbar ist.

Batterie — Zündschalter — Vorwiderstand (kann zum Starten des Motors kurzgeschlossen werden) — 4 zum Zündverteiler — 1/15 zum Unterbrecher mit der anderen Anschlußklemme. Vorsicht beim Befestigen der Glühlampe! Isolierband ist schlecht, Draht ist besser, aber natürlich darf er nicht an Masse kommen!

Spielt der größere Widerstandswert eine Rolle?

Der Widerstand der Halogen-Glühlampe ist allerdings größer als die Widerstandswerte von Fern- und Abblendlicht zusammen, aber die Anlage arbeitet trotzdem einwandfrei. Selbst der noch höhere Widerstand eines Biluxlampenfadens allein läßt die Leistung der Zündspule nicht so sehr absinken, daß man Zündschwierigkeiten hat.

Ich selbst habe den Zündspulen-Vorwiderstand jeweils tagelang durch Fern- und Abblendfaden zusammen, Fernlichtfaden allein, Abblendlichtfaden allein sowie Halogen-Glühfaden ersetzt, und in keinem Fall eine Zündstörung gehabt.

Überbrücken des Zündspulen-Vorwiderstands

Während des Anlassens — also wenn der Anlasser den Motor durchdreht — sinkt die Batteriespannung durch die hohe Stromaufnahme des Anlassers ziemlich stark ab.

Um auch in diesem Fall der Zündspule die volle bzw. etwas erhöhte Betriebsspannung zuzuführen, kann man den Vorwiderstand während der Anlassereinschaltung überbrücken, wie es z. B. beim NSU Ro 80 und beim Porsche serienmäßig erfolgt. Hierzu wird ein Relais benötigt, das während des Anlaßvorgangs von der Klemme 50 des Anlassers an der Magnetspule die Pluszuführung erhält. Der jetzt angezogene Anker des Relais überbrückt bei eingeschaltetem Anlasser den Zündspulen-Vorwiderstand, so daß sich eine „Starterleichterung" ergibt.

Nachträglicher Einbau einer Vorwiderstands-Zündspule

Bei Wagen mit einer 12 Volt-Anlage kann man eine Zündspule mit Vorwiderstand nachträglich einbauen, so daß man eine höhere Zündleistung verfügbar hat. Auch hier kann man den Vorwiderstand während des Anlassens natürlich mit einem Relais überbrücken. Recht praktisch ist hier die Zündspule BZR 202 A von Magneti-Marelli, da der Vorwiderstand direkt an dieser montiert ist, man braucht also bloß die Zündspulen auszutauschen und keine weiteren Leitungen zu verlegen. Die Zündspule kostet rund 30,— DM und ist von der Firma Interconti, Heilbronn, zu beziehen. Natürlich kann man auch eine Bosch-Zündspule KW 12 V verwenden, doch muß man hier den Widerstand getrennt montieren.

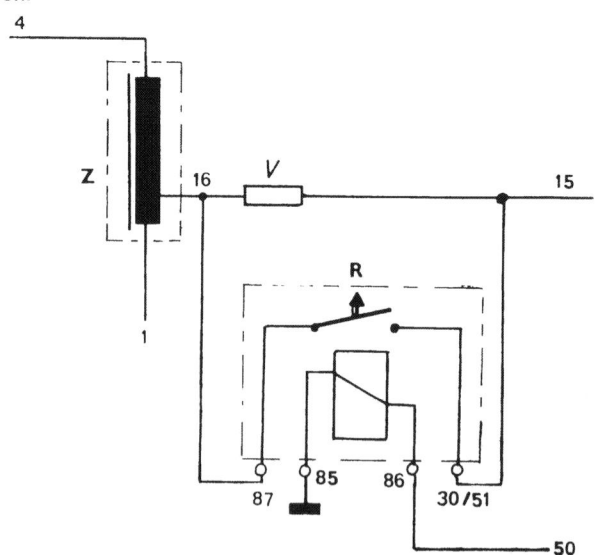

So wird der Vorwiderstand V während des Anlassens durch das Arbeitsstromrelais R überbrückt. 15 ist der Anschluß von Klemme 15 des Zündschalters, an Klemme 86 des Relais kommt eine Leitung von Klemme 50 des Zündschalters oder des Anlassers. Klemme 1 führt zum Unterbrecher, Klemme 4 ist der Anschluß für das Hochspannungskabel zum Verteiler.

Transistor- und Hochspannungszündung, Zündverstärker

Lohnt es sich?

Von der Transistorzündung, die seit einigen Jahren im Gespräch ist, erwarten viele Fahrer hinsichtlich besserer Motorleistung geradezu Wunderdinge. Was ist nun wirklich daran?

Wie schon erwähnt, kann die Zündspule nur dann ausreichend magnetisch erregt werden, wenn die Unterbrecherkontakte genügend lang geschlossen sind, so daß der Primärstrom ausreichend lang genug fließen kann. Je höher die Motordrehzahl ist, um so weniger Zeit bleibt aber für die „Schließzeit" der Unterbrecherkontakte und für den Stromfluß in der Primärwicklung.

Nun könnte man – vereinfacht gesagt – bei absinkender Schließzeit den Stromfluß durch die Primärwicklung erhöhen, so daß man auch bei höheren Drehzahlen eine ausreichende Erregung der Zündspule erreicht. Diesen höheren Strom durch die Primärwicklung kann man aber nicht zulassen, da der Abbrand der Unterbrecherkontakte hierbei zu groß würde.

Wenn man zu schwache Schalterkontakte – und das wären die Unterbrecherkontakte in diesem Fall –, entlasten will, kann man bekanntlich ein Relais verwenden, wobei die schwachen Schalterkontakte nur noch den Steuerstrom für die Magnetwicklung des Relais aushalten müßten.

Der Transistor – ein elektronisches Relais

Die Relaiskontakte können dann ohne weiteres den hohen Strom des Verbrauchers ein- und ausschalten, wie es im Relais-Kapitel beschrieben ist. Mit einem solchen Relais könnte man also auch einen hohen Primärstrom durch die Zündspule steuern. Nun kann ein mechanisches Relais die hohen Schaltgeschwindigkeiten für die Unterbrechung des Primärstroms nicht bewältigen. Der Transistor, der auch als elektronische Relais angesehen werden kann, übernimmt bei der Transistorzündung das Unterbrechen des Primärstroms. Er selbst wird durch einen kleinen Strom gesteuert, der über die Unterbrecherkontakte fließt. Der Strom über die Unterbrecherkontakte beträgt hierbei nur noch einen Bruchteil des sonst üblichen Stroms durch die Primärwicklung der Zündspule. Der hohe Strom von 5–10 Ampere durch die Primärwicklung der Zündspule wird vom Transistor ein- und ausgeschaltet.

Die Transistorzündung kann auch bei sehr hohen Drehzahlen noch den für die hohe Zündspannung erforderlichen kräftigen Strom durch die Zündspule schicken. Sie bringt also hauptsächlich bei hochdrehenden Motoren einen entscheidenden Vorteil.

Wo liegen die Vorteile?

Dadurch, daß die Zündspule der Transistorzündung eine höhere Stromaufnahme hat, ergibt sich auch eine höhere Zündleistung beim Start, doch fällt das nur bei wirklich schlecht anspringenden Motoren ins Gewicht. Die höhere Zündleistung scheint auch eine etwas bessere Entflammung des Kraftstoff-Luft-Gemischs mit sich zu bringen, wodurch der Motorlauf etwas elastischer wird.

Kontaktgesteuerte Bosch-Transistorzündung. Sie setzt sich aus Zündspule, Vorwiderstand, Zündverteiler und Schaltgerät zusammen. Den Anschluß im Fahrzeug zeigt der Schaltplan in der linken unteren Ecke.

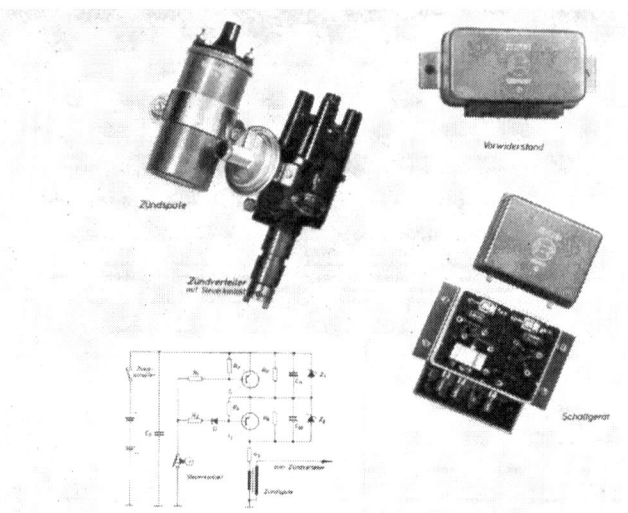

Die Verbesserung der Beschleunigung, die Erhöhung der Höchstgeschwindigkeit und eine Senkung des Kraftstoffverbrauchs sind zwar oft gegeben, bewegen sich aber nur in bescheidenen Grenzen.

Abgesehen davon werden die Unterbrecherkontakte weniger belastet. Auf die lange Wartungsfreiheit des Unterbrechers soll man sich nicht absolut verlassen, denn schließlich sind es nicht nur die Unterbrecherkontakte, die kontrolliert werden müssen. Der Zündzeitpunkt ändert sich ja nicht nur durch den Abbrand der Kontakte, sondern auch durch Abnutzung des Unterbrecher-Schleifklotzes.

Die Hochspannungs-Kondensator-Zündung

Noch neuer (wenigstens in der praktischen Ausführung) als die Transistorzündung ist die Hochspannungs-Kondensatorzündung. Sie wurde zuerst serienmäßig am Wankelmotor des NSU-Spiders eingesetzt. Diese von Bosch entwickelte Kondensatorzündung wird jedoch nicht zum nachträglichen Einbau für andere Fahrzeuge geliefert, doch gibt es seit einiger Zeit mehrere Lieferanten für Kondensatorzündungen.

Während die Transistorzündung noch ziemlich eng mit der herkömmlichen Batteriezündung verwandt ist, arbeitet die Kondensatorzündung nach einem anderen System.

Unterschied zur Spulenzündung

Bei der herkömmlichen Batteriezündung und der Transistorzündung – beide auch als Spulenzündung bezeichnet – wird in der Zündspule sozusagen magnetische Energie gespeichert, die bei der Öffnung der Unterbrecherkontakte durch den Zusammenbruch des Magnetfeldes in der Zündspule wieder in elektrische Energie umgeformt und den Zündkerzen als Hochspannungsstromstoß zugeführt wird. Bei der Hochspannungs-Kondensatorzündung wird die Batteriespannung zuerst in einem Ladetransformator auf einige 100 Volt gebracht, und mit dieser Spannung wird ein Kondensator aufgeladen, hier wird also direkt elektrische Energie gespeichert. Im Augenblick der Unterbrecher-Kontaktöffnung steuert der Unterbrecher sozusagen ein Ventil (es nennt sich Thyristor oder Stromtor) und die im Kondensator

gespeicherte elektrische Energie entlädt sich sehr schnell über die Primärwicklung eines Zündtransformators. Bei nachträglich einzubauenden Kondensatorzündungen dient die Zündspule als Zündtransformator.
In der Sekundärwicklung der Zündspule (die hier wirklich als „Transformator" arbeitet) wird dadurch in wesentlich kürzerer Zeit als bei der Spulenzündung die hohe Zündspannung aufgebaut.

Die Nebenschluß-Unempfindlichkeit

Wenn die Zündkerzen innerlich nicht ganz sauber sind, sondern eine leichte Rußschicht oder einen Ölhauch tragen, kann bei der Spulenzündung – deren Zündspannung verhältnismäßig langsam ansteigt, nämlich etwa 350 Volt pro 0,000001 Sekunde – ein Teil der Zündspannung über den vom Ruß oder vom Öl gebildeten „Nebenschluß" wegkriechen, so daß der Zündfunke geschwächt wird oder gar nicht zustande kommt.
Bei der Hochspannungs-Kondensatorzündung steigt die Zündspannung wesentlich schneller an, nämlich um ca. 8000 Volt pro 0,000001 Sekunde, so daß sie keine Zeit mehr findet, über den Nebenschluß wegzukriechen und voll für den Zündfunken verfügbar ist.
Durch diese Nebenschluß-Unempfindlichkeit springt auch noch an Zündkerzen, die bei Bummelbetrieb verrußt oder leicht verölt sind und sich nicht „freibrennen" können, ein satter Zündfunke über.
Die weiteren Vorteile der Hochspannungs-Kondensatorzündung liegen ebenso wie bei der Transistorzündung darin, daß sie auch bei höheren Motordrehzahlen aussetzerfrei arbeitet und eine höhere Zündleistung beim Kaltstart aufbringt. Auch hier können sich eine geringfügige Kraftstoffersparnis und eine – ebenfalls nicht wesentliche – Verbesserung der Beschleunigung und der Höchstgeschwindigkeit ergeben.
Die Wartungsfreiheit des Unterbrechers ist wiederum mehr ein frommer Glaube, denn wenn die Unterbrecherkontakte auch hier nicht stark belastet werden, ist der Schleifklotz des Unterbrecherhebels doch nicht unendlich verschleißfest.

Die Zündverstärker

Zündverstärker gibt es in mannigfacher Ausführung.
Meist sind sie so konstruiert, daß sich bei den einfacheren Anlagen eine Benzinersparnis von 50% und mehr ergibt. Bei besseren Zündverstärkern braucht man überhaupt keinen Kraftstoff mehr. Bei ganz besonders guten Anlagen muß man sich einen Ablaßhahn am Tank anbringen, damit man das entstehende Benzin von Zeit zu Zeit ablassen und einer Tankstelle verkaufen kann.
Sofern Sie Zündverstärker mit diesen Wirkungen kennen, geben Sie uns doch bitte Nachricht, denn wir sind auch geizig. Viele Zündverstärker arbeiten mit einer Vorfunkenstrecke. Eine solche Vorfunkenstrecke haben manche Zündkerzen serienmäßig. Bei leicht verölenden Zündkerzen können die Vorfunkenstrecken den Funkenüberschlag erleichtern. Sie können sich eine solche Vorfunkenstrecke auch selbst bauen, indem Sie das Zündkerzenkabel durchschneiden, beidseitig abisolieren und die beiden abisolierten Kupferseelen durch zwei verschiedene Löcher eines Knopfes führen, so daß sich ein Luftspalt ergibt.
Dieses Verfahren hat sich nach dem Krieg bei Motoren sehr bewährt, die auf 200 km einen Liter Öl verbrauchten. Damals war die Motorüberholung halt etwas schwierig.

Der Anlasser

Kleiner Hilfsmotor

Früher kam ein „Automobil" mit einem einzigen Motor aus, nämlich dem Motor, der aus der pferdelosen Kutsche einen „Selbstbeweger" machte.
Heute sind die Menschen etwas verwöhnter, und so hat ein modernes Auto noch einige Zusatzmotoren bekommen, von denen der elektrische Anlasser nicht unbedingt der wichtigste ist. Ein ausgefallener Anlasser ist zwar unangenehm, doch kann man den Wagen meist durch Anschieben oder Anschleppen in Trab bringen. Wenn Ihnen aber mal bei Regen und verschmutzter Fahrbahn der Scheibenwischermotor ausgefallen ist, dann bekommen Sie eine ganz andere Ansicht von der Rangfolge der Elektromotoren in Ihrem Wagen.
Nun ja, der Anlasser ist der größte und kräftigste Hilfsmotor des Wagens — gönnen wir ihm deshalb ein eigenes Kapitel.

Ersatz für Andrehkurbel

Ersatz — das Wort klingt irgendwie nach Behelf, doch kein Fahrer möchte auf den Anlasser verzichten und sich noch mit der Andrehkurbel herumschlagen, obwohl die Andrehkurbel zuverlässiger ist als der Anlasser, denn sie braucht keine volle Batterie.
Die in die heutigen Personenwagen eingebauten Anlasser sind in den meisten Fällen sogenannte „Schub-Schraubtrieb-Anlasser" oder „Schubtrieb-Anlasser". Trotzdem sie verhältnismäßig klein sind, geben sie eine Leistung ab, die etwa zwischen 0,5 und 1 PS liegt, wie sie zum Durchdrehen eines ausgekühlten Motors im Winter erforderlich ist.
Wenn man normale Elektromotoren dieser Leistung mit einem Anlasser vergleicht, dann fällt einem sofort der Größenunterschied auf. Dieser Größenunterschied beruht nicht darauf, daß die anderen Elektromotoren für 220 oder 380 Volt gebaut sind und die Anlasser nur für 6 oder 12 Volt, sondern hat seinen Grund darin, daß der Anlasser nur für kurzzeitigen Betrieb ausgelegt ist. Wenn er seine Höchstleistung dauernd abgeben müßte, würde er schnell zu heiß. Da die Batterien der Kraftfahrzeuge nur einen bestimmten Stromvorrat haben, sind sie meist schon leer, bevor sich der Anlasser unzulässig erhitzt.
Fachgerecht wird der Pkw-Anlasser als Hauptschlußmotor bezeichnet, denn der gesamte Strom, der durch die Ankerwicklung fließt, muß auch das Erregerfeld durchfließen. Umgekehrt wie die Lichtmaschine, deren Anker dadurch Strom abgeben kann, daß er durch ein Magnetfeld gedreht wird, arbeitet der Anlasser. Wird der Strom zum Anlasser eingeschaltet, so wird die Erregerwicklung magnetisch, der Strom fließt dann durch die Ankerwicklungen, wobei der Anker einen entgegengesetzten Magnetpol erhält und sich drehen muß.

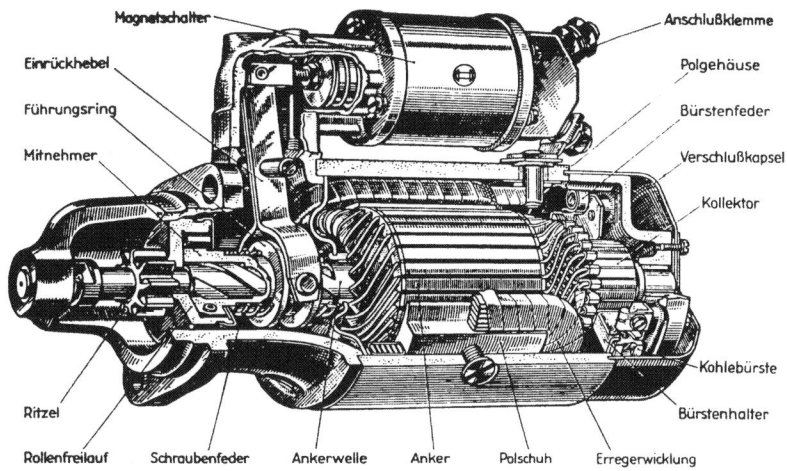

Schematischer Teilschnitt durch einen Bosch-Anlasser. Die im Personenwagen verwendeten Anlasser entsprechen in ihrem Aufbau weitgehend diesem System.

Der Schub-Schraubtrieb-Anlasser

Wenn der drehende Anlasseranker den Motor durchdrehen soll, muß er mit diesem verbunden werden. Auf der Welle des Anlasserankers sitzt deshalb ein Ritzel (so bezeichnet man ein kleines Antriebszahnrad), das in eine Verzahnung des Motorschwungrades eingreifen kann.

Dieses Ritzel ist aber nicht immer mit dem Schwungrad-Zahnkranz verbunden, sondern wird nur bei der Anlasserbetätigung in diesen „eingespurt" – es wird entsprechend verschoben. Das Einschieben des Ritzels in die Schwungradverzahnung wird heute durch den Magnetschalter vorgenommen. Dreht man den Zündschlüssel in die Anlaßstellung, so wird dem Magnetschalter an der Klemme 50 Strom zugeführt. Da der Anlasser und damit der Magnetschalter an Masse liegt, ist nun der Stromkreis geschlossen, die Erregerwicklung des Magnetschalters wird magnetisch und zieht einen Eisenkern gegen die Kraft einer Feder in den Magnetschalter hinein.

Das „Einspuren"

Der Eisenkern (man bezeichnet auch ihn als Anker) greift auf der einen Seite über einen Einrückhebel an einem Mitnehmer des Ritzels an und verschiebt dieses zum Schwungradzahnkranz, in den es – sofern ein Zahn des Ritzels einer Zahnlücke im Schwungrad-Zahnkranz gegenübersteht – zum Teil hineingeschoben wird.

An der anderen Seite des Magnetschalter-Ankers sitzt eine Kontaktscheibe, die jetzt zwei Kontakte verbindet und dadurch den eigentlichen Strom für den Anlasser freigibt, so daß der Anlasser-Anker anläuft. Die Ankerwelle trägt ein Steilgewinde, und das Ritzel sitzt auf einer Führungshülse, die innen das entsprechende Mutterngewinde des Steilgewindes trägt. Durch den anlaufenden Anker wird das Ritzel auf dem Steilgewinde ganz in den Schwungrad-Zahnkranz hineingeschoben, holt dabei etwas Schwung auf und kann den Motor dadurch leichter „losbrechen".

Steht ein Zahn des Ritzels auf einem Zahn des Schwungrad-Zahnkranzes, so drückt der Einrückhebel über eine Feder, die dabei zusammengepreßt wird, auf das Ritzel. Wenn jetzt die Kontaktscheibe die Kontakte für den Stromkreis des Anlassers verbindet, setzt sich der Anker in Drehung und das Ritzel spurt unter der Federwirkung und dem Schwung des Steilgewindes ganz in die nächste Zahnlücke des Schwungrad-Zahnkranzes ein, wodurch der Motor wiederum kräftig losgebrochen wird.

Blick auf den Magnetschalter eines eingebauten Anlassers (weißer Pfeil). Die mit „50" gekennzeichnete Steckmuffe zeigt den Anschluß des Kabels für die Steuerwicklung des Magnetschalters. Ist der Zündschalter defekt bzw. die Leitung zum Magnetschalter unterbrochen, so kann man vom Pluspol der Batterie eine behelfsmäßige Leitung zu dieser Klemme ziehen, worauf der Anlasser einspurt und den Motor durchdreht, der nun anspringen wird, sofern an Klemme 15 der Zündspule Spannung liegt.

Der Freilauf

Solange der Magnetschalter des Anlassers unter Strom steht, bleibt das Ritzel im Schwungrad-Zahnkranz eingespurt und der drehende Anlasseranker dreht den Motor durch.

Ist der Motor angesprungen, so wird das noch eingespurte Ritzel vom Schwungrad-Zahnkranz schnell angetrieben. Die Drehzahl des Ritzels ist dabei so hoch, daß der Anlasser-Anker diese Drehzahl nicht aushalten würde, seine Wicklungen würden ausgeschleudert. Aus diesem Grund liegt zwischen Ritzel und Anlasser-Anker ein Freilauf, der die Verbindung zwischen ihnen aufhebt. Das Ritzel dreht sich ziemlich schnell, nimmt den Anlasser-Anker aber nicht mit, dieser dreht sich nur mit der Drehzahl, die durch seine Stromzuführung bedingt ist, so daß er nicht beschädigt werden kann.

Läßt man den Zündschlüssel los, so daß er aus der Anlaßstellung zurückfedert, so wird die Stromzuführung zum Magnetschalter unterbrochen. Der Anker des Magnetschalters federt jetzt zurück, unterbricht die Stromzuführung zum Anlasser und über den Einrückhebel wird gleichzeitig das Ritzel aus dem Schwungrad-Zahnkranz herausgezogen.

Der Schubtrieb-Anlasser

Im großen und ganzen entspricht er in seinem mechanischen und elektrischen Aufbau dem Schub-Schraubtrieb-Anlasser. Lediglich das Steilgewinde auf der Ankerwelle ist hier nicht vorhanden, so daß das Einspuren des Ritzels nur durch den Einrückhebel erfolgt, die Schwung-Unterstützung durch das Steilgewinde zu Beginn des Anlaßvorgangs entfällt also.

Anlasser-Störungen

Für die Typen, über die ein Buch in der Reihe „ Jetzt helfe ich mir selbst" erschienen ist, findet man dort angegeben, welche Anlasser eingebaut sind und entsprechende Störungshinweise.

Da heute praktisch alle Anlasser beim Drehen des Zündschlüssels durch einen Magnetschalter eingeschaltet werden, ergeben sich zwei Grund-Störungsmöglichkeiten:

- Störung im Anlasser oder in seiner Stromversorgung,
- Versagen des Magnetschalters.

Sie lassen sich schon dem Gehör nach weitgehend auseinanderhalten. Wenn man beim Drehen des Zündschlüssels in Anlaßstellung aus dem Motorraum ein „Klick" vernimmt, so weiß man schon, daß der Fehler mit großer Wahrscheinlichkeit im Anlasser selbst liegt.

Hört man beim Drehen des Zündschlüssels kein Geräusch aus dem Motorraum, so ist (wenn die Batterie nicht entleert ist, zur Probe die Scheinwerfer einschalten) die Zuleitung zum Magnetschalter unterbrochen oder der Magnetschalter selbst defekt.

Da defekte Magnetschalter ziemlich selten sind, prüft man (sofern der Anlasser überhaupt zugänglich ist) einmal nach, ob an der Klemme 50 des Anlassers bei gedrehtem Zündschlüssel überhaupt Strom ankommt. Leider muß man dazu zu zweit sein, denn man kann nicht gleichzeitig den Zündschlüssel in Anlaßstellung drehen und an der Klemme 50 des Anlassers prüfen, ob Spannung vorhanden ist. Ob der Magnetschalter noch intakt ist und der Fehler nur an der Stromzuführung von der Batterie über das Zündschloß zum Magnetschalter liegt, kann man aber dadurch feststellen, daß man vom Batteriehauptkabel, das am Anlasser angeschlossen ist, mit einer kurzen dünnen Leitung eine Strombrücke zur Klemme 50 des Anlassers zieht.

Wenn Sie diese Prüfung vornehmen, dann muß natürlich der Leerlauf eingeschaltet sein, damit das Fahrzeug keinen Ruck nach vorn macht und Sie evtl. umwirft. Erschrecken Sie auch nicht vor dem schlagenden Geräusch und davor, daß der Motor durchgedreht wird.

Für alle Schubtrieb- und Schub-Schraubtrieb-Anlasser gelten noch folgende Hinweise:

Kleine Störungstabelle

Beim Drehen des Zündschlüssels in Anlaßstellung ertönt ein Klicken aus dem Motorraum (vom einziehenden Magnetschalter herrührend), der Motor wird aber nicht oder nur ganz langsam durchgedreht:

Mögliche Ursachen	**Störungsabhilfe**
Batterie entladen oder defekt,	Aufladen oder ersetzen,
Anlasserkabel-Klemmen an Batterie oder Anlasser lose bzw. oxydiert,	Klemmen anziehen und reinigen,
Masseverbindung fehlt oder ist schlecht,	Ersetzen oder richtig anschließen,
Kohlebürsten im Anlasser klemmen oder sind abgenutzt	Kohlebürsten kontrollieren

Der Anlasser-Anker dreht sich, der Motor wird aber nicht durchgedreht:

Mögliche Ursachen	**Störungsabhilfe**
Einrückhebel gebrochen oder Lagerbolzen der Einrückgabel herausgerutscht, Freilauf rutscht.	Anlasser instandsetzen.

Anlasser-Anker dreht sich, bis Ritzel eingespurt ist, und bleibt dann stehen:

Mögliche Ursachen	**Störungsabhilfe**
Batterie entladen,	Batterie aufladen,
Anlasserkabel-Klemmen an Anlasser oder Batterie lose bzw. oxydiert	Klemmen anziehen und reinigen,
Kontakte am Magnetschalter oxydiert,	Magnetschalter kontrollieren,
Kohlebürsten klemmen,	Kohlebürsten kontrollieren,
Masseverbindung fehlt oder ist schlecht,	Ersetzen oder richtig anziehen.

Bei diesen Störungen schaut man auf jeden Fall einmal nach, ob das Massekabel, das von der Karosserie zum Motor- bzw. Getriebegehäuse führt, richtig sitzt. Wenn das Massekabel gelöst ist, so muß sich der Strom über Starterzug (Choke), Gasgestänge, Radlager oder ähnliche Nebenwege quälen. Der Anlasser arbeitet entweder überhaupt nicht oder nur mit verminderter Leistung und Chokezug, Radlager usw. können durch den hohen Strom ausglühen.

(Es ist auch schon vorgekommen, daß sich die Nieten für die Massebürstenführung gelockert hatten, wodurch die Masseverbindung des Anlassers ausfiel.)

Die Anschlüsse für das Steuerkabel zum Magnetschalter braucht man weder am Zündschalter noch am Magnetschalter selbst zu kontrollieren, denn durch das Klicken zeigt der Magnetschalter an, daß er arbeitet.

Beim Drehen des Zündschlüssels ertönt kein Klicken aus dem Motorraum:

Mögliche Ursache	**Störungsabhilfe**
Stecker der Steuerleitung zum Magnetschalter am Zündschloß oder am Magnetschalter gelöst, Stromzuführung zum Zündschloß nicht in Ordnung, Zünd-Anlaßschalter defekt, Leitung unterbrochen.	Leitungszug in Ordnung bringen.

Ersatz für den Beifahrer

Bei vielen Arbeiten und Störungssuchen an der Zündung oder am Vergaser sind Sie unterwegs oft um einen Beifahrer verlegen, der den Motor anläßt, während Sie selbst am Motor beschäftigt sind.

Wenn z. B. der Motor nach dem Durchfahren einer Pfütze schlagartig aussetzt, so können Sie sicher sein, daß Wasser auf den Verteiler oder die Zündspule gespritzt ist. Kriechende Funken auf der Isolierkappe der Zündspule oder der Verteilerkappe können Sie aber nur dann sehen, wenn der Motor vom Anlasser durchgedreht wird. Dazu müßte ein Beifahrer den Zündschlüssel in Anlaßstellung drehen, so daß Sie die nötigen Feststellungen im Motorraum treffen können. Oft werden Sie aber keinen Beifahrer haben, und so können Sie keine Beobachtungen machen.

Hätten Sie im Motorraum einen zusätzlichen Anlaß-Druckknopf, dann könnten Sie den Motor von dort aus in Bewegung setzen und gleichzeitig beobachten, was sich tut. Serienmäßig sind solche zusätzlichen Anlaß-Druckknöpfe kaum jemals eingebaut, es ist aber nicht schwierig, sich solch einen „Beifahrer" selbst zu schaffen.

Etwa 1 bis 1,5 m elektrische Leitung von 2,5 mm² Querschnitt und ein Anlaßdruckknopf (gibt's von Bosch unter der Bestell-Nr. 0343 003 004 oder von Hella unter der Bestell-Nr. 81/10; Preis etwa 3,– DM) ist alles, was man braucht.

Anschluß des zusätzlichen Druckknopfschalters

Entweder zieht man den Stecker der Leitung 50 am Anlasser ab und klemmt unter Verwendung eines neuen Steckers die Zusatzleitung an, oder man schneidet an zugänglicher Stelle die Leitung 50 durch und setzt dort die Zusatzleitung an. (Man könnte die Leitung 50 auch am Zünd-Anlaßschloß abziehen und die Zusatzleitung dort anschließen, aber das macht meist zuviel Mühe.)

Die Zusatzleitung wird mit ihrem anderen Ende an den einen Anschluß des Druckknopfs angeschlossen, vom anderen Druckknopfanschluß führt man eine Leitung zu einem Pluspol, der nach Möglichkeit auch bei ausgeschalteter

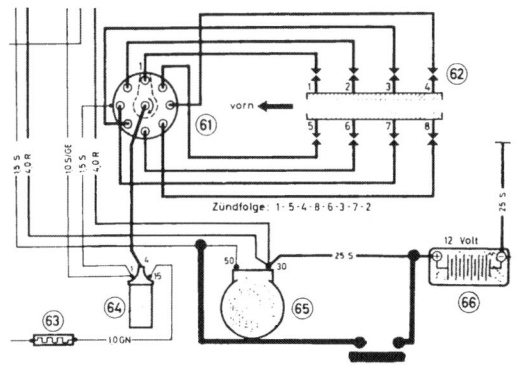

Nach diesem Teilschaltplan kann man einen Zusatzdruckknopfschalter im Motorraum vorsehen, der unter Umgehung des Zündschlosses ein direktes Anlassen des Motors ermöglicht. Natürlich muß in diesem Fall die Zündung eingeschaltet sein.

Zündung unter Spannung steht. Für den Druckknopf findet man schon eine Befestigungsstelle. Selbstverständlich muß bei der Betätigung dieses Hilfs-Anlaß-Druckknopfes der Leerlauf (bei automatischen Getrieben die Neutral- oder Parkstellung) eingelegt sein, damit sich der Wagen nicht in Bewegung setzt.

Sie werden sich wundern, wie oft Sie den Motor mit diesem Hilfsdruckknopf in Bewegung setzen werden, und sei es nur zur Erleichterung des Motordurchdrehens bei der Zündeinstellung!

Der Schwung-Lichtanlaß-Batteriezünder

Das Aggregat, das diesen Bandwurm-Namen hat, findet sich bei den heute gebauten Wagen kaum noch. Hier bei dieser Anlage sind Anlasser, Lichtmaschine und Zündunterbrecher (manchmal auch noch die Zündspule) in einer kombinierten Maschine zusammengefaßt, die direkt auf der Kurbelwelle sitzt.

Solche Anlagen waren z. B. bis zum NSU-Prinz 4 und im Sport-Prinz eingebaut, für den ja auch ein Buch in der Reihe „Jetzt helfe ich mir selbst" erschienen ist. Dort ist diese Anlage besonders behandelt. Da sie in fast gleicher Form auch im BMW 600/700 und im Glas T 600/700 eingebaut ist, kann man die dort gegebenen Hinweise auch für diese Typen weitgehend übernehmen.

Scheinwerfer und Leuchten

Lichtvolle Augenblicke

Selbst die sparsamste Automobilfabrik kommt nicht darum herum, den Wagen mit wenigstens zwei Scheinwerfern, vier Blinkleuchten, zwei Bremsleuchten, zwei Schlußleuchten und einer Kennzeichenbeleuchtung auszurüsten, denn diese Einrichtungen sind gesetzlich vorgeschrieben.

Außer den vorgeschriebenen „Beleuchtungseinrichtungen" gibt es noch Scheinwerfer und Leuchten, die man nachträglich an seinen Wagen anbauen darf, weil sie die Fahrten bei Dunkelheit und Nebel erleichtern und sicherer machen.

All diese außen am Wagen angebrachten Beleuchtungseinrichtungen müssen bauartgenehmigt sein, also ein internationales oder nationales (deutsches) Prüfzeichen haben. Ausgenommen sind nur die Suchscheinwerfer und die Rückfahrscheinwerfer, hier können Sie nehmen, was Sie wollen.

Da die meisten Wagen serienmäßig nicht gerade verschwenderisch mit Scheinwerfern ausgestattet sind und die vorgeschriebenen Scheinwerfer für Fern- und Abblendlicht außerdem recht häufig gerade nur die gesetzlich vorgeschriebenen Mindest-Beleuchtungsstärken erreichen, stößt die Verbesserung der Frontbeleuchtung auf das größte Interesse.

Nun ist die Auswahl an Zusatzscheinwerfern so groß, daß man allzuleicht die Übersicht darüber verliert und gar nicht weiß, welche Scheinwerfer man anbauen soll und welchen Nutzen sie bringen.

Das Prüfzeichen

Gleichgültig, welche „Beleuchtungseinrichtung" Sie für die äußere Anbringung an Ihrem Wagen kaufen, der erste Blick gilt nicht der Schönheit oder der zweckmäßigen Anbringung, sondern (bis auf die Suchscheinwerfer und die Rückfahrscheinwerfer) dem Prüfzeichen!

Eine Beleuchtungseinrichtung ohne internationales oder deutsches Prüfzeichen ist weggeworfenes Geld!

Bei Scheinwerfereinsätzen für asymmetrisches Abblendlicht ist das internationale Prüfzeichen ein „E" (für europäisch) mit einer dahinter stehenden Ziffer. „E 1" gilt z. B. für die Bundesrepublik, „E 3" für Italien, „E 11" für Großbritannien usw. Dieses Prüfzeichen findet sich u. a. vorn auf der Streuscheibe des Scheinwerfers. Alle Scheinwerfereinsätze mit einem solchen Prüfzeichen sind auch in Deutschland zulässig.

Daneben gibt es noch nationale Prüfzeichen, und in der Bundesrepublik sind nur solche Beleuchtungseinrichtungen zulässig, die ein Prüfzeichen haben, das sich aus einer Wellenlinie, dem dahinter stehenden Buchstaben K oder B der Prüfstelle und einer Prüfnummer zusammensetzt, z. B. ∼ K 1234, oder eine E-Nummer tragen. Leuchten ohne solche Prüfzeichen lehnen Sie auch dann ab, wenn Ihnen der Verkäufer versichert, sie seien behördlich geprüft.

Das mag stimmen, aber wenn die Sachen in „Sidi ben Jusuf" behördlich geprüft sind, sind sie bei uns längst noch nicht zulässig!

Wieviel Scheinwerfer darf ein Auto haben?

Fragen Sie mal aus Spaß bei verschiedenen Leuten herum. Es können auch Polizeibeamte darunter sein, TÜV-Ingenieure, Kontroll-Techniker an Beleuchtungsprüfständen usw. Sie werden die unglaublichsten Meinungen hören. Damit Sie nicht länger auf die Folter gespannt sind: Nach vorn neun!
1. Die serienmäßigen Scheinwerfer für Fern- und Abblendlicht,
2. Zwei zusätzliche Fernscheinwerfer,
3. Zwei Teilfernlichtscheinwerfer,
4. Zwei Nebelscheinwerfer,
5. Ein Suchscheinwerfer

Gewiß, das hört sich unglaublich an, ist aber gesetzlich zulässig. Allerdings darf man diese neun Scheinwerfer nicht gleichzeitig einschalten, selbst wenn die Lichtmaschine den hierfür erforderlichen Strombedarf decken kann.
Es hilft alles nichts, wenn Sie Ihren Wagen mit einem „Christbaum" ausstatten wollen, dann müssen Sie genau darüber Bescheid wissen, welche Vorschriften es gibt.
Welche Scheinwerfer an einem Kraftfahrzeug zulässig sind, ist in der Straßenverkehrs-Zulassungs-Ordnung (StVZO) festgelegt. Zu den einzelnen Paragraphen gibt es furchtbar viel Anmerkungen und Ausführungsbestimmungen, so daß eine Taschenbuchausgabe der StVZO, die ein Polizeibeamter auf der Straße mit sich trägt, natürlich nicht vollständig sein kann.

Die wichtigsten Paragraphen über Scheinwerfer

Wenn man sich unangenehme Scherereien und unnötige Geldausgaben bei der Polizei ersparen will, dann muß man etwas von den wichtigsten Pragraphen wissen, die den Scheinwerferanbau betreffen.
Auch wenn der Abschnitt manchmal etwas langweilig erscheint, können wir uns nicht kürzer fassen, falls Sie sich mit hieb- und stichfesten Argumenten gegenüber einem Beamten durchsetzen wollen, der die „Befeuerung" Ihres Wagens beanstandet.
§ 49 a „Beleuchtungseinrichtungen, allgemeine Grundsätze"
§ 50 „Scheinwerfer für Fern- und Abblendlicht" (Hierunter fallen auch die Halogen-Fernscheinwerfer.)
§ 52 „Zusätzliche Scheinwerfer und Leuchten" (Für Normalverbraucher fallen hierunter die Nebelscheinwerfer, die Suchscheinwerfer und die Rückfahrscheinwerfer. Die zusätzlich anzubauenden Halogen-Fernscheinwerfer fallen nicht hierunter!)
Wenn wir anschließend Paragraphen zitieren, dann nur soweit, wie sie für den Fahrzeugbesitzer wirklich von Interesse sind oder sein können.

§ 49 a „Beleuchtungseinrichtungen, allgemeine Grundsätze"

(1) An Kraftfahrzeugen und ihren Anhängern dürfen nur die vorgeschriebenen und die für zulässig erklärten Beleuchtungseinrichtungen angebracht werden; als Beleuchtungseinrichtungen gelten auch Leuchtstoffe und rückstrahlende Mittel. Die Beleuchtungseinrichtungen müssen vorschriftsmäßig angebracht und ständig betriebsfähig sein, sie dürfen weder verdeckt noch verschmutzt sein.
Es mag überflüssig erscheinen, diesen allgemeinen Paragraphen hier im Wortlaut zu zitieren, denn Sie wollen ja nur wissen, was an Scheinwerfern zulässig ist. Dieser Pragraph enthält aber u. a. ein Wort, das häufig nicht richtig verstanden wird: „angebracht".

Mancher Kraftfahrer stellt sich auf den Standpunkt: „Es geht die Polizei nichts an, wieviel Scheinwerfer ich an meinem Wagen habe, denn ich fahre oft ins Ausland und benutzte dort die in Deutschland nicht zulässigen Scheinwerfer. In Deutschland decke ich sie mit den bekannten Rallye-Kappen ab und damit ist die Sache abgetan."

Leider stimmt das nicht, denn schon das „Anbringen", nicht nur das Benutzen ist verboten. Mit solchen Rallye-Kappen kann man sich also nicht herausreden.

Keine Regel ohne Ausnahme

Hier gibt es allerdings eine Ausnahme; Nebelscheinwerfer dürfen solch ein Mützchen tragen. Da diese Erlaubnis vielerorts nicht bekannt ist, soll sie hier auszugsweise im Wortlaut zitiert werden, damit Sie sie notfalls einem Beamten unter die Nase halten können.

„ . . . Nebelscheinwerfer gehören nicht zu den vorgeschriebenen Beleuchtungseinrichtungen. Sie werden in der Regel auch nur selten benutzt; sie dürfen nach § 35 StVO nur bei Nebel oder Schneefall eingeschaltet werden. Durch die niedrige Anbringung am Fahrzeug sind sie der Gefahr der Beschädigung und Verschmutzung ausgesetzt. Es liegt also im Interesse der Verkehrssicherheit, die Nebelscheinwerfer während der Zeit der Nichtbenutzung durch Abdecken mit Stoff- oder Plastikbezügen zu schützen.

Der Bundesminister für Verkehr
im Auftrag
gez. Dr. Linder"

(Verkehrsblatt Heft 5/66, Seite 123)

Immer auf „Draht" sein

Sehr wichtig ist auch die Bestimmung daß die Beleuchtungseinrichtungen ständig betriebsfertig sein müssen.

Diese Forderung gilt sowohl für die vorgeschriebenen wie für die zulässigen Beleuchtungseinrichtungen. Sie dürfen also mit nachträglich angebrachten Fernscheinwerfern, Nebelscheinwerfern, Nebelschlußleuchten usw. nicht einmal herumfahren, wenn Sie mit der Bastelei nicht fertig wurden und die Verkabelung am nächsten Tag vornehmen wollen. Fallen Sie unter diesen Umständen einer Verkehrskontrolle in die Hände, so hängt es nur vom guten Willen der Beamten ab, ob diese ein Auge zudrücken. Sie selbst befinden sich nach dem Buchstaben des Gesetzes im Unrecht.

Scheinwerfer für Fern- und Abblendlicht

Die Vorschriften sind in § 50 der StVZO zusammengefaßt. Soweit es für uns von Interesse ist, heißt es dort:

(1) Für die Beleuchtung der Fahrbahn darf nur weißes oder schwachgelbes Licht verwendet werden.

(2) Kraftfahrzeuge müssen mit zwei gleichfarbig und gleichstark nach vorn wirkenden Scheinwerfern ausgerüstet sein, Krafträder — auch mit Beiwagen — mit einem Scheinwerfer.

(3) Die untere Spiegelkante von Scheinwerfern darf nicht höher als 1000 mm über der Fahrbahn liegen.

(4) Für das Fernlicht und für das Abblendlicht dürfen besondere Scheinwerfer vorhanden sein; sie dürfen so geschaltet sein, daß bei Fernlicht die Abblendscheinwerfer mitbrennen.

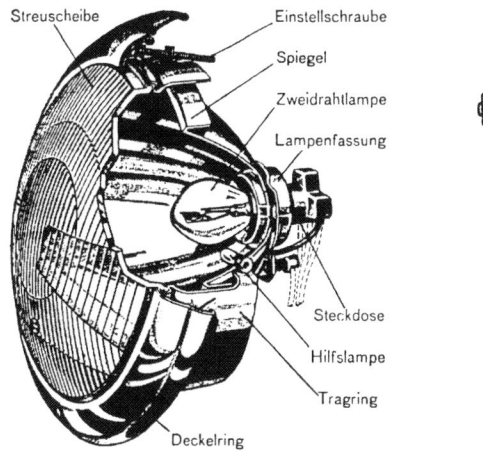 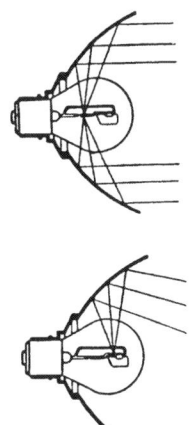

Links: Der Teilschnitt durch einen asymmetrischen Scheinwerfer läßt den Aufbau der Einzelteile erkennen.
Rechts oben: Strahlengang eines Scheinwerfers bei Fernlicht.
Rechts unten: Strahlengang eines Scheinwerfers bei Abblendlicht.

Serienmäßige Scheinwerfer für Fern- und Abblendlicht

Serienmäßig sind nicht nur die Einbauscheinwerfer eines Wagens, sondern auch die angebauten Scheinwerfer (z. B. Halogen-Fernscheinwerfer beim Rallye-Kadett), mit denen das Fahrzeug vom Werk ausgeliefert wird. Sie dürfen sich darauf verlassen, daß sie den gesetzlichen Bestimmungen entsprechen.

Gelegentlich gibt es Beamte, die die Paragraphen auf ihre eigene Art auslegen und päpstlicher sein wollen als der Papst. Wenn sie glauben, an der serienmäßigen Beleuchtung Ihres Wagens etwas aussetzen zu müssen, dann sollen sie sich an das Herstellerwerk halten, dort wird man ihnen zeigen, wo der Bartel den Most holt!

Die serienmäßigen Scheinwerfer für Fern- und Abblendlicht können ohne weiteres gegen andere Scheinwerfer der gleichen Art bzw. gegen Scheinwerfereinsätze mit einer internationalen oder deutschen Prüfnummer ausgetauscht werden.

Das asymmetrische Abblendlicht

Fast alle heute gebauten Wagen sind mit dem europäischen asymmetrischen Abblendlicht ausgerüstet. Hier ist das Abblendlicht so gestaltet, daß es in Ländern mit Rechtsverkehr auf der rechten Fahrzeugseite angehoben ist, wodurch die rechte Straßenseite beim Abblendlicht besser ausgeleuchtet wird. Die Leistungsaufnahme der Zweifaden-Lampen beträgt 45 Watt für das Fernlicht, 40 Watt für das Abblendlicht.

Scheinwerfer mit dem früher üblichen symmetrischen Abblendlicht werden heute kaum noch verwendet. Hier lag die Hell-Dunkel-Grenze beim Abblendlicht waagerecht über die ganze Straßenbreite, so daß die rechte Seite der Fahrbahn nicht besser ausgeleuchtet wurde als die linke. Außerdem hatten die Scheinwerferglühlampen nur eine Leistungsaufnahme von 35 Watt für das Fernlicht und 35 Watt für das Abblendlicht, so daß man gegenüber dem asymmetrischen Abblendlicht ohnehin eine geringere Lichtleistung hat.

Glühlampen für asymmetrisches Abblendlicht haben einen Tellersockel, Glühlampen für symmetrisches Abblendlicht benötigen eine gesonderte Fassung. Durch diesen Unterschied im Aufbau der Glühlampen verhindert man das Einsetzen der Glühlampen für asymmetrisches Abblendlicht in Scheinwerfereinsätze für symmetrisches Abblendlicht (was nicht zulässig ist), da man beim asymmetrischen Abblendlicht auch eine andere Streuscheibe benötigt.

Links oben: Schema der symmetrischen Zweifaden-Scheinwerferglühlampe.
Links unten: Nationales Prüfzeichen mit Wellenzeichen, Buchstaben (K = Karlsruhe oder B = Berlin) und Nummer. Daneben: Das europäische Prüfzeichen besteht aus einem großen E mit einer dahinter stehenden Zahl.
Rechts: Die Anordnung der Glühfäden in der asymmetrischen Scheinwerfer-Glühlampe.

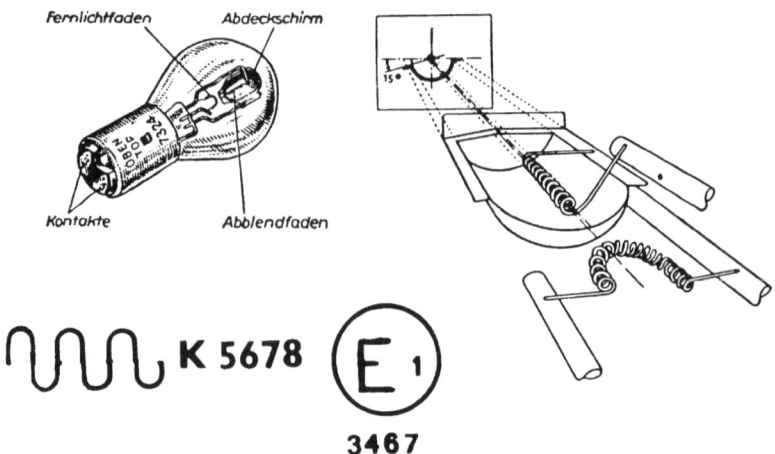

Keine unzulässigen Glühlampen einsetzen

Sowohl für asymmetrisches wie für symmetrisches Abblendlicht sind gelegentlich ausländische Glühlampen im Handel, die eine höhere Leistungsaufnahme haben, als zulässig ist. Diese Glühlampen darf man nicht einsetzen. Ebenso sind die gelbgefärbten Glühlampen, wie sie in französischen Scheinwerfern gebräuchlich sind, bei uns nicht zulässig.

Lichtverbesserung durch asymmetrische Scheinwerfereinsätze

Sofern man in einem älteren Fahrzeug noch Scheinwerfereinsätze für symmetrisches Abblendlicht findet, kann man sie ohne weiteres gegen passende Einsätze mit asymmetrischem Abblendlicht austauschen, allerdings müssen beide Einsätze ausgewechselt werden, da die Scheinwerfer ja gleichstark sein müssen.

Halogen-Scheinwerfer

Was sind Halogenscheinwerfer?

Eigentlich gibt es gar keine Halogen- oder Jod-Scheinwerfer, denn man bezeichnet diese Scheinwerfer nur deshalb so, weil sie mit Jod- oder Halogen-Glühlampen ausgerüstet sind. Da man in diese Scheinwerfer aber keine herkömmlichen Glühlampen einsetzen kann, tragen sie ihren Namen mit einer gewissen Berechtigung.
Halogen-Scheinwerfer haben eine größere Lichtausbeute als Scheinwerfer mit herkömmlichen Glühlampen, was hauptsächlich durch die verwendeten Halogen-Glühlampen erreicht wird. Daneben spielt die andere Gestaltung der Streuscheibe und des Reflektors auch eine Rolle.
Eine Halogen-Glühlampe unterscheidet sich schon rein äußerlich stark von einer herkömmlichen Glühlampe. Der Lampenkolben ist sehr klein. Er ist nicht luftleer gepumpt, sondern mit Edelgas gefüllt und der Glühwendel brennt mit wesentlich höherer Temperatur als der einer normalen Glühlampe. Der Lampenkolben besteht aus temperaturbeständigem Quarz, denn Glas würde der hohen Temperatur nicht standhalten. Der Edelgasfüllung im Kolben ist eine geringe Menge eines Halogens, z. B. Brom oder Jod, beigefügt.
Das bei der sehr hohen Glühwendeltemperatur verdampfte Wolfram schlägt sich nicht mehr an der Kolbenwand nieder, sondern geht mit dem Halogen eine Verbindung ein und kehrt zum Glühwendel zurück. Es ergibt sich ein Kreisprozeß, der die große Lichtleistung und eine längere Lebensdauer der Halogen-Glühlampe bewirkt.

Die Halogen-Zweifadenlampen sind nur mit diesem Sockel genehmigt. Sie können nur in die dafür vorgesehenen Scheinwerfer eingesetzt werden. Halogenlampen mit geändertem Sockel haben keine Prüfnummer!

Eine höhere Lichtleistung ergibt sich außerdem dadurch, daß die Halogen-Glühlampen eine höhere Leistungsaufnahme haben. Bei den Halogen- Einfaden-Glühlampen vom Typ H 1 und H 3 beträgt diese 55 Watt, während die Leistungsaufnahme der Halogen-Zweifadenlampe H 4 beim Fernlicht-Glühfaden 60 Watt beträgt, beim Abblendfaden 55 Watt.

Das helle Halogenlicht aus den zusätzlichen Fernscheinwerfern und den Nebelscheinwerfern ist zwar sehr willkommen, aber viel wichtiger ist ein besseres Abblendlicht. Für das Abblendlicht gibt es aber keine Zusatzscheinwerfer, sondern es muß der serienmäßige Scheinwerfereinsatz durch einen Halogeneinsatz ersetzt werden. Bei 4-Scheinwerfersystemen ist der Austausch gegen Halogeneinsätze schon seit längerer Zeit kein Problem mehr, und manche Fahrzeuge werden schon serienmäßig mit einem Halogen-4-Scheinwerfersystem ausgeliefert.

Einsätze für Halogenlicht

Daneben gibt es auch Halogen-Scheinwerfereinsätze, die mit je einer Halogen-Glühlampe fürs Fern- und Abblendlicht ausgerüstet sind. Diese Umbausätze sind aber nur für wenige Fahrzeuge mit Rundscheinwerfern erhältlich und verhältnismäßig teuer.

Seit Februar 1972 sind nun Umbausätze für Halogen-Zweifadenlampen erhältlich. Wie bei den bisherigen Scheinwerfer-Zweifadenlampen, sind auch hier Fernlicht- und Abblendfaden in einem Glaskolben vereinigt. Leider kann man nicht einfach die bisherige Scheinwerferlampe gegen die Halogenlampe austauschen, sondern muß den gesamten Scheinwerfer ersetzen. Die Lichtausbeute der Halogen-Zweifadenlampe ist so hoch, daß die Beleuchtungsstärke an einigen Straßenpunkten zur Blendung führen würde. Durch eine geänderte Streuscheibe wird die Beleuchtungsstärke in diesen Punkten herabgesetzt und eine Blendung des Gegenverkehrs vermieden. Damit die zugehörige Streuscheibe wirklich verwendet wird, ist sie einem Reflektor zugeordnet, der eine ebenfalls abgeänderte Lampenhalterung hat. Die Halogen-Zweifadenlampe H 4 kann also nur in die zugehörigen Scheinwerfereinsätze eingesetzt werden.

Halogen-Zweifadenlampen mit nachträglich abgeändertem Sockel, die sich

Die Halterung der Scheinwerferlampe — Halogen-Glühlampe erfolgt nicht — wie bei der herkömmlichen durch einen Federteller, sondern, wie hier beim Hella-Einsatz für den VW, durch einen Federbügel (Pfeil). Hier ist noch der Blindstopfen anstelle der Halogenlampe eingesetzt.

in die bisherigen Scheinwerfereinsätze einsetzen lassen, sind nicht zulässig! Gegebenenfalls verlieren Sie sogar Ihren Versicherungsschutz.
Komplette Umrüstsätze für Halogen-H-4-Scheinwerfer sind für die meisten Fahrzeugtypen und u. a. von den Firmen Bosch, Hella und Carello lieferbar.

Fernlicht-Zusatzscheinwerfer

Diese Scheinwerfer gelten im Sinne der Straßenverkehrs-Zulassungs-Ordnung nicht als zusätzliche Scheinwerfer, sie fallen also nicht unter den § 52, sondern unter den § 50, Absatz 4: „Für das Fernlicht und für das Abblendlicht dürfen besondere Scheinwerfer vorhanden sein; sie dürfen so geschaltet sein, daß bei Fernlicht die Abblendscheinwerfer mitbrennen."
(Fragen Sie nicht, warum das so kompliziert ist, dafür sind Sie noch zu jung!) Die gesonderten Fernscheinwerfer verbessern das Fernlicht beträchtlich, gleichzeitig können sie allerdings von Übel sein, denn bei einem ohnehin kärglichen Abblendlicht wird der Übergang vom Fern- zum Abblendlicht besonders kraß, so daß man beim Umschalten auf Abblendlicht vielfach kaum mehr etwas erkennen kann.

Wo dürfen die Fernlichtscheinwerfer angebracht werden?

Für die Anbringung der gesonderten Fernscheinwerfer gibt es nur die Vorschrift, daß die untere Spiegelkante des Scheinwerfers nicht mehr als 1000 mm über der Fahrbahn liegen darf, und daß die Scheinwerfer gleichen Abstand von der Mittellinie der Fahrzeugspur haben müssen. Normalerweise wird man die Fernscheinwerfer aber so weit wie möglich auseinandersetzen, damit man schon gleich vor dem Wagen eine möglichst breite Seitenstreuung des Lichts erreicht. (Sofern man auch Nebelscheinwerfer am Wagen montiert, sollen diese allerdings möglichst weit zur Fahrzeugaußenkante liegen, da die Seitenstreuung hier noch wichtiger ist. Außerdem dürfen Nebelscheinwerfer nur dann ohne Abblendscheinwerfer eingeschaltet werden, wenn der äußere Rand der Lichtaustrittsfläche nicht mehr als 40 cm von der Fahrzeugaußenkante entfernt ist.)

Die mechanische Befestigung

Bei manchen Fahrzeugen ist die Stoßstange so dünn und ist die Stoßstangenhalterung so schwach, daß man die Fernscheinwerfer und die Nebelscheinwerfer nicht daran montieren sollte. Zwar wird kaum die Gefahr eines

Bruchs bestehen, aber die an der Stoßstange befestigten Scheinwerfer und damit die Lichtbündel schwingen so stark, daß das Auge übermäßig strapaziert wird.

Bevor man Scheinwerfer an der Stoßstange anbringt, sollte man versuchen, bei Nacht mit einem Fahrzeug gleichen Typs zu fahren, an dem die Scheinwerfer schon dort angebracht sind, wo man sie selbst anbringen möchte. Hierbei kann man feststellen, ob eine zusätzliche Abstützung oder Verstärkung der Stoßstange oder ihrer Aufhängung erforderlich ist.

Wenn die Anbringungshöhe der Fernscheinwerfer auch nicht so entscheidend für die Sichtweite ist wie die der Abblendscheinwerfer, so sollte man sie doch nicht tiefer als unbedingt nötig anbringen, denn sonst ergeben sich schon durch kleine Fahrbahnunebenheiten starke Schlagschatten.

Hier läßt sich nur ein Rat geben: Der Durchmesser sollte so groß wie möglich sein! Zusatzscheinwerfer schafft man ja nicht als zusätzlichen Chromzierrat an, sondern wegen des Nutzeffekts. Je größer die Lichtaustrittsöffnung des Scheinwerfer ist, um so größer ist die Reichweite des Scheinwerferlichts.

Welche Fernscheinwerfer soll man kaufen?

Ob der Scheinwerfer flach gebaut sein soll, so daß die Halogen-Glühlampe quer zur Fahrtrichtung liegt, oder tief, so daß die Glühlampe in Längsrichtung liegt, hängt weitgehend von den Anbaumöglichkeiten ab. Flache Scheinwerfer lassen sich meist besser montieren als tiefe. Da die Reflektoren auf die Glühlampenanordnung ausgelegt sind, spielt die Ausführung in technischer Hinsicht keine Rolle.

Zusätzliche Fernscheinwerfer baut man nur dann an, wenn man ein besseres Fernlicht haben will. Es sind mehrere Schaltungsarten gestattet:

Schaltung der Fernscheinwerfer

1. Die besonderen Fernscheinwerfer werden allein für die Fahrbahnbeleuchtung benutzt.
2. Die besonderen Fernscheinwerfer werden zusammen mit dem Fernlicht der Hauptscheinwerfer für die Fahrbahnbeleuchtung benutzt.
3. Die besonderen Fernscheinwerfer werden zusammen mit dem Abblendlicht der Hauptscheinwerfer für die Fahrbahnbeleuchtung benutzt.

Während die erste Schaltungsart bei jedem Fahrzeug eingesetzt werden kann, erfordern die Schaltungen nach 2. und 3. leistungsfähige Lichtmaschinen, denn der Leistungsbedarf liegt ja um zweimal 55 Watt = 110 Watt über der bisherigen Belastung des Bordnetzes. (Bei der Schaltung nach 1. liegt die Leistungsaufnahme zwar auch um 20 Watt höher, denn die Halogenlampen haben eine Leistungsaufnahme von 55 Watt gegenüber der Leistungsaufnahme der bisherigen Fernlicht-Glühfäden von 45 Watt, doch diesen Mehrbedarf liefern auch kleinere Lichtmaschinen.)

Die Schaltung macht gar keine Schwierigkeiten. Hat man die Fernscheinwerfer montiert, so genügt es, wenn man die elektrischen Anschlüsse für das Fernlicht von den Zweifadenlampen abklemmt und nach entsprechender Verlängerung zu den Fernlichtscheinwerfern führt. Natürlich müssen die Verlängerungsleitungen einen ausreichenden Querschnitt haben; bei 12 Volt genügen 1,5 mm², besser — und bei 6 Volt unbedingt nötig — sind 2,5 mm².

1. Besondere Fernscheinwerfer allein

Besser, wenn auch etwas aufwendiger, ist die Verwendung eines Relais, denn wenn man schon besondere Fernscheinwerfer an den Wagen anbaut, sollen sie ihr volles Licht abgeben, und das ist nur möglich, wenn sie die volle Spannung erhalten. Auf dem Umweg über Licht- und Abblendschalter geht

Schaltung über Arbeitsstromrelais

161

Anschluß von zusätzlichen Halogen-Fernscheinwerfern anstelle der bisher verwendeten Fernlicht-Fäden in den Haupt-Scheinwerfern. Die bisher zur Klemme 56 a führenden Leitungen der Hauptscheinwerfer werden abgeklemmt. Die vorhandenen Leitungen sind dünn ausgezogen, die neu zu verlegenden Leitungen dick. Die Sicherungen zu den Jod-Halogen-Scheinwerfern werden auf 25 A verstärkt.

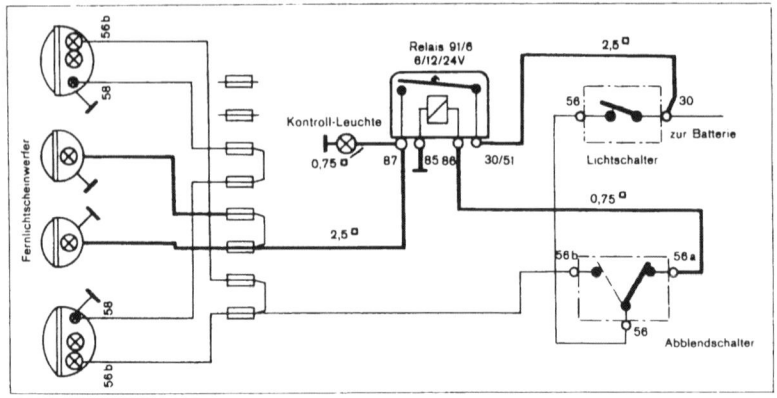

aber einiges an Spannung verloren, so daß man häufig nicht den gewünschten Erfolg erzielt. Abgesehen davon sinkt die Lebensdauer der Halogen-Glühlampen, wenn sie nicht an der vollen Spannung liegen, es ist also genau umgekehrt wie bei normalen Glühlampen.

(Sofern man einen Wagen mit Abblend- oder Schrittschaltrelais hat, z. B. die BMW-Typen mit 6-Volt-Anlage oder Audi-Modelle, braucht man natürlich kein besonderes Relais, man schließt die Fernlichtscheinwerfer an der Klemme des Abblendrelais an, an der bisher die Fernlicht-Glühfäden angeschlossen waren.) Das Arbeitsstromrelais wird in der Nähe der Fernlichtscheinwerfer aufgehängt, so daß die Leitungen möglichst kurz bleiben. Die Klemme 30/51 des Relais wird durch eine Leitung von 2,5 mm² möglichst direkt mit dem Pluspol der Batterie verbunden. Natürlich kann man auch einen anderen Plusanschluß verwenden, der immer unter Spannung steht, doch bekommt man dabei selten die volle Spannung. Von der Klemme 87 des Relais werden jetzt die beiden direkten Pluszuführungen zu den Fernlichtscheinwerfern ebenfalls mit 2,5 mm² gezogen.

Sind Sicherungen nötig?

Man kann die Leitungen über die Sicherungen für das Fernlicht führen, nachdem man dort die ehemaligen Leitungen gelöst hat, doch wäre das ein unnötiger Umweg für den Strom. Bei manchen Fahrzeugen sind die Scheinwerfer-Glühlampen ohnehin nicht abgesichert, so daß man darauf verzichten kann. Will man die Fernscheinwerfer trotzdem absichern, so kann man ja die weiter vorn beschriebenen Sicherungshalter (fliegende Sicherungen) verwenden oder eine getrennte Sicherungsdose für zwei Sicherungen in der Nähe der Fernscheinwerfer oder des Relais anbringen.

Steuerleitung für das Relais

Für das Magnetsystem des Relais ist eine Steuerleitung erforderlich, die dann Strom führt, wenn das Fernlicht eingeschaltet ist. Hier nimmt man einfach die Leitung, die zu einem der Fernlicht-Glühfäden der Hauptscheinwerfer führte. Nachdem man sie dort abgezogen hat, legt man sie (nachdem man sie gegebenenfalls verlängert hat) an die Klemme 86 des Relais. Da die Leitung keinen großen Strom führt, kann man zur Verlängerung einen geringen Leitungsquerschnitt verwenden. Der Anschluß zum Fernlicht-Glühfaden des anderen Scheinwerfers wird abgezogen, gut isoliert und irgendwo angebunden.

Die Klemme 85 des Relais wird über eine Leitung kleinen Querschnitts an Masse gelegt. Schaltet man bei der so verschalteten Anlage das Fernlicht ein, so wird die Steuerwicklung des Relais magnetisch, der Relaisanker wird angezogen und den Fernscheinwerfern wird von der Klemme Batterie-Plus über die Klemmen 30/51 und 87 der Strom zugeführt.

2. Fernscheinwerfer und Hauptscheinwerfer-Fernlicht zusammen als Fernlicht

Eigentlich könnte man die Stromzuführungen zu den Fernlicht-Glühfäden der Scheinwerfer belassen und nur vom Anschluß eines Fernlichtfadens am Scheinwerfer, eine Steuerleitung zu dem Relais für die Halogen-Fernscheinwerfer ziehen. Die weitere Verschaltung des Relais erfolgt dann so, wie im vorhergehenden Abschnitt beschrieben.

Trotzdem ist es zweckmäßig – sofern kein Abblendrelais im Wagen eingebaut ist – die beiden Zuleitungen zu den Fernlicht-Glühfäden abzuziehen und einen davon als Zuleitung zur Klemme 86 des Arbeitsstromrelais für die Halogen-Fernscheinwerfer zu legen. Von der Klemme 87 des Relais werden dann sowohl die Leitungen zu den Halogen-Fernscheinwerfern gelegt, wie zu den Fernlicht-Glühfäden, da auf diese Art auch der Spannungsabfall an den Fernlicht-Glühfäden so klein wie möglich gehalten wird. Da hier 2 x 45 Watt der Fernlicht-Glühfäden und 2 x 55 Watt der Halogen-Fernscheinwerfer über das Relais laufen – zusammen also 200 Watt – muß das Relais entsprechend hoch belastbar sein (siehe Tabelle im Kapitel „Relais").

Wenn der Wagen mit einem Abblend- oder einem Schrittschaltrelais ausgerüstet ist, dann darf man die Halogen-Fernscheinwerfer nicht zusätzlich an die Klemme des Relais anschließen, an der die Fernlicht-Glühfäden angeschlossen sind, denn derartige Relais sind üblicherweise nur bis 100 Watt belastbar. (Die geringfügige Überschreitung um 10 Watt, die sich ergibt, wenn man statt des serienmäßigen Fernlichts nur die Halogen-Fernscheinwerfer anschließt, spielt allerdings keine Rolle.) Für die Halogen-Fernscheinwerfer benötigt man also ein zusätzliches Relais.

3. Halogen-Fernscheinwerfer und Abblendlicht zusammen als Fernlicht

Diese Art der zusammengeschalteten Scheinwerfer ist im allgemeinen angenehmer als Halogen-Fernscheinwerfer zusammen mit dem serienmäßigen Fernlicht, da hier der Straßenvordergrund durch das Abblendlicht besser aufgehellt wird. Als Fernlicht reicht das Licht der Halogen-Fernscheinwerfer (also ohne serienmäßiges Fernlicht) vollkommen aus.

Bei einfacher Schaltung ohne Relais werden die Klemmen 56 und 56 b des Abblendschalters durch eine Drahtbrücke miteinander verbunden. In der Stellung „Abblenden" des Abblendschalters brennen nur die Abblendfäden, in der Stellung „Fernlicht" brennen die Halogen-Fernscheinwerfer (die man

Die Halogen-Zusatz-Fernscheinwerfer werden zusammen mit den bisherigen Fernlicht-Scheinwerfern betrieben. Die vorhandenen Leitungen sind dünn ausgezogen, die neu zu verlegenden Leitungen dick. Die Sicherungen zu den Fernlicht-Scheinwerfern werden auf 25 A verstärkt.

Zusatz-Halogen-Fernscheinwerfer in Verbindung mit dem Abblendlicht der serienmäßigen Scheinwerfer. Die Klemmen 56 und 56 b des Abblendschalters werden überbrückt. Die vorhandenen Leitungen sind dünn ausgezogen, die neu zu verlegenden Leitungen dick. Die Sicherungen werden auf 25 A verstärkt.

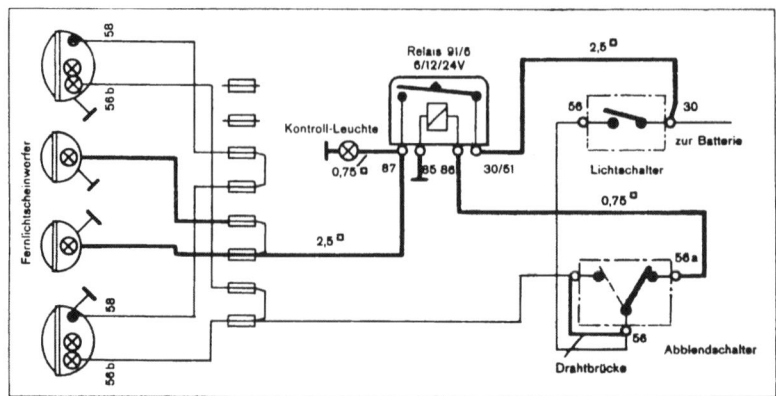

anstelle der Fernlicht-Glühfäden angeschlossen hat) und (durch die Drahtbrücke) gleichzeitig auch die Abblendfäden.

Schaltung über Relais

Selbstverständlich ist die Schaltung über Relais auch in diesem Fall weitaus besser. Am einfachsten ist es noch, wenn man zwei getrennte Arbeitsstromrelais verwendet. Sofern der Wagen allerdings ein Abblendrelais hat, kann dieses die Stromversorgung der Abblendfäden übernehmen, so daß nur die Halogen-Fernscheinwerfer über ein zusätzliches Arbeitsstromrelais gesteuert werden.

Bei Fahrzeugen mit einem Schrittschaltrelais (z. B. Audi-Modelle) läßt sich diese Schaltung allerdings nur nach Einbau eines Abblendschalters mit den getrennten Stellungen „Fernlicht" – „Abblendlicht", ausführen.

Sogenannte Breitstrahler

Solche Scheinwerfer werden vielfach in Zubehörgeschäften, Versandhauskatalogen usw. angeboten.

Das ist eine etwas irreführende Bezeichnung, denn nach der Straßenverkehrs-Zulassungs-Ordnung (StVZO) sind Breitstrahler verboten. Diese „Breitstrahler" sind nichts weiter als Nebelscheinwerfer, es gilt also das nachstehende Kapitel.

Die Nebelscheinwerfer

Neben den Fernscheinwerfern werden Nebelscheinwerfer wohl die wichtigsten, nachträglich anzubauenden Scheinwerfer sein. Nach den gesetzlichen Bestimmungen sind ein oder zwei Nebelscheinwerfer zulässig. Die Nebelscheinwerfer dürfen nur zusammen mit dem Abblendlicht oder den Begrenzungsleuchten brennen, wodurch gleichzeitig die Gewähr gegeben ist, daß die Schluß- und Kennzeichenleuchten auch eingeschaltet sind. Wird nur ein Nebelscheinwerfer verwendet, so muß gleichzeitig das Abblendlicht brennen. Das gilt auch, wenn zwei Nebelscheinwerfer angebracht werden, die weit zur Fahrzeugmitte zu angebracht sind.

Nebelscheinwerfer haben nur dann den größtmöglichen Nutzen, wenn der Fahrer nicht durch Licht irritiert wird, das nach oben in den Nebel hineinstrahlt und vor den Augen des Fahrers die gefürchtete „weiße Wand" aufbaut. Diese „weiße Wand" entsteht durch das nach oben ausgestrahlte Direktlicht der Abblend-Glühfäden.

Damit die Nebelscheinwerfer voll wirksam werden, soll also das Abblendlicht ausgeschaltet sein und nur die Begrenzungsleuchten brennen. Liegt der äußere Rand der Lichtaustrittsfläche der Nebelscheinwerfer allerdings mehr als 400 mm von der breitesten Stelle des Fahrzeugumrisses, so müssen sie so geschaltet sein, daß sie nur zusammen mit dem Abblendlicht brennen können.

Die Größe der Nebelscheinwerfer

Auch bei Nebelscheinwerfern gilt: Möglichst großer Durchmesser. Nebelscheinwerfer sollte man immer eine Nummer größer" nehmen, als es dem guten Aussehen und der Linie entspricht. Wenn die Nebelscheinwerfer bei Fahrzeugen, die serienmäßig damit ausgerüstet sind, klein und zierlich gehalten werden, so ist das eine Konzession an die elegante Linie, trotzdem läßt sich aber im Prospekt behaupten, Nebelscheinwerfer seien serienmäßig.
Im Gegensatz zu Scheinwerfern für Fern- und Abblendlicht sollen Nebelscheinwerfer so tief wie nur möglich angebaut werden, da der Nebel selten ganz bis auf die Fahrbahndecke hinunterreicht. Durch die tiefe Anbringung der Nebelscheinwerfer können sie den Nebel „unterstrahlen", weshalb unterhalb der Stoßstange angebrachte Nebelscheinwerfer eine bessere Wirkung haben, als oberhalb der Stoßstange angebrachte. Natürlich sind die tief angebrachten Nebelscheinwerfer stärker gefährdet, weshalb Abdeckkappen hier mitunter recht nützlich sein können.

Die nicht bestehende Vorschrift

Zwar gibt es die Vorschrift, daß Nebelscheinwerfer nur bei Nebel oder starkem Schneefall in Verbindung mit dem Abblendlicht bzw. den Begrenzungsleuchten eingeschaltet werden dürfen, doch ist es nicht vorgeschrieben, daß die Nebelscheinwerfer beim Einschalten des Fernlichts automatisch verlöschen!
Das ist auch bei Polizeibeamten, Straßenwachtmännern an ADAC-Beleuchtungsprüfständen usw. vielfach unbekannt. Wenn Sie Ihre Nebelscheinwerfer auf einfache Weise — wie nachstehend beschrieben — angeschlossen haben, so kann man Ihnen das Prüfschild anläßlich der alljährlichen Internationalen Kfz-Beleuchtungswoche nicht verwehren! (Wer's nicht glaubt, soll nachschauen: Liegel-Bosselmann, Straßenverkehrs-Zulassungs-Ordnung § 52, Anmerkung 7.)

Automatik mit Relais ist besser

Vergißt man beim Einschalten des Fernlichts das Ausschalten der Nebelscheinwerfer, so macht man sich allerdings strafbar. Eine automatische Ausschaltung der Nebelscheinwerfer beim Einschalten des Fernlichts ist also sicherer.
Abgesehen davon, ist der vorhin beschriebene, einfache Anschluß auch vom technischen Standpunkt aus nicht besonders zu empfehlen, da man nicht weiß, ob die Kontakte des Lichtschalters für die Begrenzungsleuchten auch noch kräftig genug sind für die hohe Stromaufnahme der Nebelscheinwerfer. Nebelscheinwerfer werden gelegentlich durch ein Relais so geschaltet, daß das Relais nur die automatische Abschaltung der Nebelscheinwerfer übernimmt, wenn das Fernlicht eingeschaltet wird. Das ist Mumpitz, denn mindestens ebenso wichtig wie das automatische Abschalten ist die Forderung, daß die Nebelscheinwerfer die volle Spannung erhalten. Auch das ermöglicht auf einfachste Weise ein Relais.
Durch einen kleinen Kunstgriff kann man aber erreichen, daß ein Relais sowohl für das automatische Ausschalten sorgt, wie für die volle Spannung an den Nebelscheinwerfern.
Das Relais wird in der Nähe der Nebelscheinwerfer angebracht und die Stromzuführung von der Batterie zur Klemme 30/51 des Relais erfolgt durch

So werden Nebelscheinwerfer mittels Relais so geschaltet, daß das Relais sowohl den Spannungsabfall verhindert wie auch das gleichzeitige Ausschalten der Nebelscheinwerfer beim Einschalten des Fernlichts übernimmt.

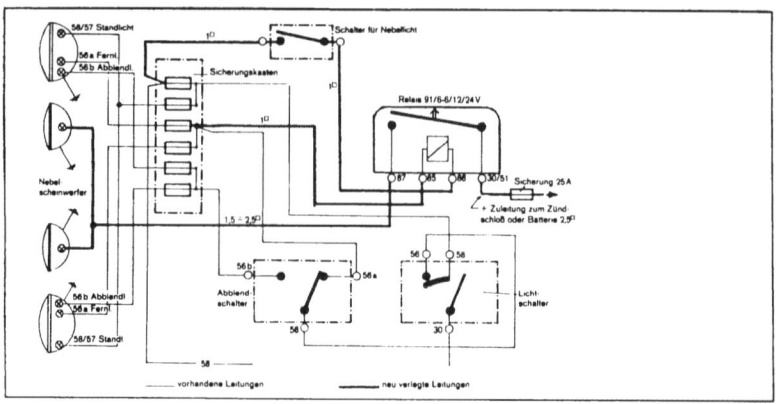

ein Kabel von 2,5 mm² Querschnitt. Liegt die Batterie weit entfernt von den Scheinwerfern im Fahrgastraum oder im Fahrzeugheck, so zieht man – wie schon beschrieben – vom Pluspol der Batterie eine Leitung von 4 mm² Querschnitt zum Bug des Fahrzeugs. An diese Leitung, die auch die Stromzuführung zu anderen Verbrauchern übernehmen kann, schließt man dann die Klemme 30/51 des Relais an.

Halogen-Nebelscheinwerfer oder „gewöhnliche"?

Da in den Halogen-Nebelscheinwerfern die gleichen Glühlampen, mit einer Leistungsaufnahme von 55 Watt, verwendet werden wie in den Fernscheinwerfern, ist der Lichtgewinn gegenüber den Nebelscheinwerfern mit einer normalen Glühlampe von 35 Watt recht beträchtlich.

Nun kommt es bei Nebelscheinwerfern nicht auf eine besonders große Lichtfülle an, denn bei richtigem Nebel kann auch noch so helles Licht nichts mehr nützen, im Gegenteil, es kann unter Umständen so in den Nebel hineinstrahlen, daß der Fahrer noch weniger sieht.

Ausreichend große Nebelscheinwerfer mit herkömmlichen Glühlampen würden vollkommen ausreichen. Durch die Lage der Halogen-Glühlampe bzw. deren Glühfäden lassen sich die hierfür bestimmten Nebelscheinwerfer aber leichter so auslegen, daß sie eine besonders große Seitenstreuung haben. Große Seitenstreuung ist bei Nebelscheinwerfern aber besonders wichtig, da man sich bei starkem Nebel ja nur mühsam am Straßenrand „vorbeitasten" kann.

Besondere Gefährdung der Halogen-Nebelscheinwerfer

Wie gesagt, können tief angebrachte Nebelscheinwerfer den Nebel besser unterstrahlen, sind aber mehr gefährdet. Bei Halogen-Fernscheinwerfern kommt außer Steinschlag noch eine andere Gefährdung hinzu: durch die hohe Leistungsaufnahme der Halogen-Glühlampen wird die Streuscheibe der Scheinwerfer äußerst heiß. Wenn jetzt bei Durchfahren einer Pfütze von einem vorausfahrenden Fahrzeug Wasser auf die Streuscheiben gespritzt wird, so springen sie häufig durch den krassen Temperaturunterschied. Halogen-Nebelscheinwerfer können also eine teure Sache werden, zumal die Halogen-Glühlampen mehr als fünfmal so teuer sind wie die herkömmlichen Einfaden-Glühlampen für Nebelscheinwerfer.

Auch hier gilt wieder: Herkömmliche Glühlampen in Nebelscheinwerfern können nicht durch Halogen-Glühlampen ersetzt werden; es müssen besondere Halogen-Nebelscheinwerfer angeschafft werden, die ebenfalls teurer sind als die herkömmlichen Nebelscheinwerfer.

Gelb oder Weiß?

Ob man Nebelscheinwerfer mit gelber oder weißer Streuscheibe anschafft, ist Geschmacksache. Sofern die gelben Nebelscheinwerfer ein Prüfzeichen haben, sind sie ebenso zulässig wie weiße.

Von Lichttechnikern wird zwar immer behauptet, daß das gelbe Licht den Nebel nicht besser durchdringt wie das weiße, aber der eigene Augeneindruck scheint oft dagegen zu sprechen. Vielleicht kommt es nur daher, daß der gelblich angestrahlte Nebel das Auge nicht so stark belästigt, wie der weiß angestrahlte. Ein verbindlicher Rat läßt sich nicht geben; mir selbst sind gelbe Nebelscheinwerfer sympathischer.

Das Teilfernlicht

Es wurde 1959 zugelassen, hat sich aber nicht durchgesetzt, obwohl es auf Straßen mit Gegenverkehr bestimmt seine Vorteile hat. Beim Teilfernlicht wird die rechte Straßenseite mit vollem Fernlicht ausgeleuchtet, während die linke Straßenseite nur im Abblendlicht liegt. Der Effekt wird dadurch erreicht, daß man — einfach ausgedrückt — einen Scheinwerfer mit Abblendlicht um 90 Grad nach links dreht, was eine senkrechte Hell-Dunkel-Grenze ergibt.
Sofern Sie noch Teilfernlichtscheinwerfer an Ihrem Wagen haben, dürfen Sie diese auch heute noch fahren.

Suchscheinwerfer

Jeder Wagen darf mit einem Suchscheinwerfer ausgerüstet sein, der eine Leistungsaufnahme von höchstens 35 Watt hat, wobei der Suchscheinwerfer innerhalb des Wagens an der Windschutzscheibe sitzen darf, auf dem Dach, oder auch am Türpfosten. Er darf also höher als 1000 mm über der Fahrbahn liegen. Ein Prüfzeichen benötigt der Suchscheinwerfer nicht.

Der Suchscheinwerfer darf allerdings nur vorübergehend und nicht zur Beleuchtung der Fahrbahn benutzt werden. Er muß so angeschlossen sein, daß er nur in Verbindung mit den Schluß- und Kennzeichenleuchten eingeschaltet werden kann. Die Zuleitung zum Suchscheinwerfer muß also an Klemme 58 des Lichtschalters bzw. an einer Sicherung zu den Schluß- bzw. Kennzeichenleuchten angeschlossen werden, wobei natürlich ein gesonderter Schalter zum Ein- und Ausschalten des Suchscheinwerfers erforderlich ist.

Rückfahrscheinwerfer

Zur Fahrbahnbeleuchtung nach hinten, sind ein oder zwei Rückfahrscheinwerfer zulässig. Sie müssen so geneigt angebracht sein, daß sie die Fahrbahn auf höchstens 10 m hinter dem Fahrzeug beleuchten. Außerdem dürfen sie bei Vorwärtsfahrt oder nach Abziehen des Zündschlüssels nicht brennen. Die Rückfahrscheinwerfer benötigen ebenfalls kein Prüfzeichen.
Ein großer Teil der heutigen Wagen wird serienmäßig mit Rückfahrscheinwerfern ausgeliefert, was durchaus erfreulich ist, denn der nachträgliche Anbau von Rückfahrscheinwerfern hat häufig seine Tücken.

Nachträglicher Anbau der Rückfahrscheinwerfer

Die Montage der Rückfahrscheinwerfer selbst macht im allgemeinen keine Schwierigkeiten, da sie sich leicht an der Stoßstange anbringen lassen. Unangenehm (aber wohlbegründet) ist die Vorschrift, daß die Rückfahrscheinwerfer bei Vorwärtsfahrt nicht brennen dürfen. Hierdurch kann man nicht einfach einen Ein-Aus-Schalter in die Leitung zum Rückfahrscheinwerfer legen, sondern muß einen Schalter verwenden, der entweder in Abhängigkeit vom Getriebe oder Schaltgestänge nur beim Einlegen des Rückwärtsgangs den Kontakt schließt, oder man muß einen Tachowellenschalter vorsehen.
Die Justierung eines vom Schaltgestänge betätigten Schalters für den Rückfahrscheinwerfer ist meist nicht ganz einfach, und auch das Schaltgestänge ist manchmal nur schwer zugängig.

Der Tachowellenschalter

Am einfachsten scheint die Verwendung eines Tachowellenschalters zu sein, der den Stromkreis zum Rückfahrscheinwerfer dann schließt, wenn sich die Tachowelle rückwärts zu drehen beginnt. Diese Tachowellenschalter stehen häufig in schlechtem Ruf, denn man sagt ihnen oft nach, daß sie den Rückfahrscheinwerfer erst dann einschalten, wenn man schon im Graben oder an der Mauer hängt. Zu Unrecht, denn es sind meist Einbaufehler, die den Tachowellenschalter an der richtigen Funktion hindern.

Um eine einwandfreie Übertragung von der Tachowelle zum Tachometer zu erreichen und ein Zittern und Tanzen der Tachonadel zu verhindern, dürfen die Tachowellen nicht in einem zu kleinen Radius verlegt werden. Die Tachowellen sind üblicherweise an mehreren Karosseriestellen mit Klammern festgelegt, damit sie nicht hin- und herschwingen können. Nun wird der Tachowellenschalter zwischen Tachowelle und Tachometer eingesetzt, so daß die Tachowelle dadurch etwas verlängert wird. Sofern die letzte Festklammerung der Tachowelle ziemlich nah am Tachometer sitzt, kann die Tachowelle nach Einbau des Tachowellenschalters nicht genügend ausweichen und es ergibt sich für sie ein viel zu kleiner Verlegeradius, wodurch die biegsame Welle in der Tachohülle gebremst wird und die Drehübertragung zur Tachonadel sowohl bei Vorwärts- wie bei Rückwärtsfahrt verzögert wird. Besonders stark macht sich das zu Beginn der Tachowellendrehung bzw. bei Umkehrung der Drehrichtung bemerkbar. Unter diesen Umständen wird das Einschalten des Tachowellenschalters natürlich ebenfalls stark verzögert, so daß man bei schlechter Montage schon über einen Meter zurückfahren muß, damit der Schalter anspricht.

Sorgfalt bei der Montage

Bei glatter Verlegung der Tachowelle mit ausreichend großen Radien, spricht der Schalter nach 0,5 bis 1 m an. Man muß also die Klammern der Tachowelle lösen und die Verlängerung so verteilen, daß sich ein glatter Verlauf ergibt. Der Biegeradius der Tachowelle darf nirgends kleiner als 200 mm sein.

Selbstverständlich muß der Tachowellenschalter auch korrekt auf das Tachometergewinde aufgeschraubt werden und darf nicht verkantet sein. Das gleiche gilt für das Anschrauben der Tachowelle am Tachowellenschalter.

Sofern man zwei Rückfahrscheinwerfer mit hoher Leistungsaufnahme montiert (z. B. 2 x 35 Watt) schaltet man die Anlage besser über ein Relais, damit die Kontakte des Tachowellenschalters nicht überlastet werden. Hat man nur einen Rückfahrscheinwerfer mit einer Leistungsaufnahme von 15 oder 25 Watt, wie es die Regel ist, so braucht man selbstverständlich kein Relais.

Die Außenleuchten

Alle Außenleuchten müssen ein Prüfzeichen haben. Darunter fallen: Schluß-, Brems-, Blink-, Stand-, Kennzeichen-, Park- und Nebelschlußleuchten. Sie dürfen nur für den vorgesehenen Zweck eingesetzt werden, es ist also z. B. nicht zulässig, eine große Lkw-Schlußleuchte als Nebelschlußleuchte zu verwenden.

Abgesehen vom nachträglichen Anbau einer Nebelschlußleuchte und zusätzlichen Parkleuchten hat man kaum etwas damit zu tun.

Nebelschlußleuchten

Durch Aufbau und verwendete Glühlampen sind sie wesentlich heller als die normalen Schlußleuchten, so daß sie den nachfolgenden Verkehr im Nebel rechtzeitig warnen. Sie müssen auf der linken Fahrzeugseite angeordnet sein und mindestens 10 cm vom Bremslicht entfernt liegen. Die Anbringungshöhe darf nicht mehr als 80 cm über der Fahrbahn betragen (oberer Rand). Eine grüne Kontrolleuchte muß dem Fahrer die eingeschaltete Nebelschlußleuchte anzeigen. Sonstige Schaltungsvorschriften bestehen nicht, man kann die Zuleitung also an jedem Pluspol abgreifen. Neben der Warnblinkanlage ist die Nebelschlußleuchte eine der besten Geldanlagen für die eigene Sicherheit und die der anderen.

Parkleuchten

Der Stromverbrauch von serienmäßig eingebauten Begrenzungs- und Schlußleuchten ist verhältnismäßig groß, so daß man einen Wagen nicht allzu lange mit eingeschaltetem „Standlicht" abstellen kann. Das gilt vor allem, wenn die Leuchten auf beiden Fahrzeugseiten zusammen eingeschaltet sind, also nicht – je nach Abstellart – entweder nur die linken oder die rechten Leuchten eingeschaltet werden können.

Anstelle der Begrenzungs- und Schlußleuchten dürfen Personenwagen ohne Anhänger innerhalb geschlossener Ortschaften, an der dem Verkehr zugewandten Seite, eine Parkleuchte haben, die nach vorne weißes und nach hinten rotes Licht ausstrahlt und mindestens 600 mm (unterer Rand) und höchstens 1550 mm (oberer Rand) angebracht ist.

Solche Parkleuchten gibt es für feste Montage aber auch mit Klemmhalter für die Seitenscheiben. Da die kleineren Parkleuchten (auch die mit Klemmhalterung) eine Stromaufnahme von nur 2 Watt haben, die größten nur 4 Watt benötigen, kann man einen Wagen mit solchen Parkleuchten bei voller Batterie tagelang stehen lassen, ohne die Batterie zu erschöpfen. (Bei einer vollen 6 V / 66 Ah-Batterie wäre theoretisch eine Brenndauer von etwa 200 Stunden möglich.)

Fester Anbau oder lose Parkleuchte?

Der feste Anbau solcher Parkleuchten lohnt sich auf jeden Fall, wenn man seinen Wagen sehr viel über Nacht auf der Straße stehen läßt. Zwei solcher Parkleuchten kosten mit dem dazugehörigen Umschalter und der erforderlichen Leitung runde zehn Mark. Sofern man den Wagen nur selten bei Nacht über längere Zeit stehen läßt, genügt eine Parkleuchte mit Klemmhalter, die man auf der entsprechenden Seite mit der Klammer auf eine Seitenscheibe steckt, die dann hochgekurbelt wird. Die Stromzuführung erfolgt über eine Leitung mit Stecker, den man in die Steckdose steckt.

Die Innenleuchten

Innenleuchten gehen außer dem Fahrer keinen Menschen etwas an. Ob man sich mit einer simplen Leuchte am Rückspiegel begnügt, an jedem Sitzplatz eine Leseleuchte anbringt oder gar eine schummrige Barbeleuchtung installiert, ist Geschmacksache. Hier braucht man keine Rücksichten auf irgendwelche Vorschriften zu nehmen und auch für die in den Leuchten verwendeten Glühlampen gibt es keine Prüfpflicht.

Mit diesen Leuchten gibt es an und für sich wenig Ärger, aber beim Ausfall einer Leuchte, die über einen Türkontaktschalter gesteuert wird, sollte man zuerst den Schalter in Verdacht haben, bevor man an das Auswechseln der Glühlampe geht. Diese Kontaktschalter – ob an den Türen, am Handschuhfach oder der Motor- bzw. Kofferraumklappe – legen eine Leitung der Leuchte an Masse. Klemmt der Schalterstift, so wird die Masseverbindung nicht hergestellt. Gelegentlich kommt es auch vor, daß sich auf der Rückseite des Schalters innerhalb der Karosserie eine Oxyd- oder Rostschicht angesetzt hat. Bevor man den Schalter ausbaut, wackelt man mal am Schalterstift und versucht ihn zu drehen, oft kann man so die Oxyd- oder Rostschicht durchbrechen, ohne daß man den Schalter ausbaut.

Glühlampen

Glück und Glas

Alle Glühlampen der Außenbeleuchtung müssen ein Prüfzeichen haben, und man darf in einen Scheinwerfer oder eine Leuchte nur die Glühlampen einsetzen, für die sie bestimmt sind, denn hiervon hängt ihre Wirksamkeit ab.
Durch verschiedene Sockel wird weitgehend vermieden, daß man Glühlampen unterschiedlicher Leistungsaufnahme in gleiche Fassungen einsetzen kann, doch gibt es einige wenige Ausnahmen, auf die wir noch zu sprechen kommen.

Glühlampen für asymmetrisches Licht

Zweifaden-Glühlampen für das sogenannte „europäische Abblendlicht" besitzen einen Tellersockel, der die Verwendung nur in den zugehörigen Scheinwerfer-Reflektoren zuläßt. Diese Glühlampen kann man also nicht unerlaubterweise in Reflektoren für symmetrisches Abblendlicht einsetzen. Sie haben eine Leistungsaufnahme von 45 Watt für das Fernlicht, von 40 Watt für das Abblendlicht. Während der Minusanschluß bei Zweifadenlampen für symmetrisches Abblendlicht durch den Metallsockel selbst gebildet wird und die Plusanschlüsse für die beiden Glühfäden durch Kontaktwarzen gebildet werden, auf die die Kontaktfedern der Fassung drücken, hat die Zweifadenlampe für asymmetrisches Abblendlicht drei Steckfahnen. Auf die Steckfahnen wird eine Steckdose mit drei Flachsteckern aufgesetzt, die die Stromzuführung übernehmen.

Verzwickte Anschlußfahnen

Hier ist nicht — wie man leicht annehmen könnte — die mittlere Fahne der Masseanschluß, sondern der Masseanschluß liegt — von hinten auf den Glühlampensockel gesehen — auf der linken Seite. Die obere mittlere Steckfahne ist der Anschluß für das Abblendlicht, die rechte Steckfahne der Anschluß für das Fernlicht.
Diese Anordnung muß man kennen, wenn man z. B. ausländische Fahrzeuge, die mit Abblendlicht „lichthupen", auf Fernlicht-Lichthupe umstellen will.
Die Umstellung an den Scheinwerfern selbst ist nämlich meist wesentlich einfacher, als die Umschaltung am Abblendschalter. Natürlich muß man in diesem Fall die alte Leitung an der Fernlichtkontrolle abklemmen und eine neue Leitung von einem Fernlichtanschluß am Scheinwerfer zur Fernlichtkontrolle führen. Trotz dieser neu zu verlegenden Leitung ist der Arbeitsaufwand vielfach erheblich geringer, z. B. beim Renault R 16.

Schlechter oder fehlender Masseanschluß

Dadurch, daß die beiden Glühfäden ihren gemeinsamen Masseanschluß an einer Steckfahne haben und nicht am Sockel selbst, kann sich auch leichter der schon erwähnte Fehler ergeben, daß eine Zweifadenlampe weder bei Fern- noch bei Abblendlicht richtig arbeitet. Trifft das auf einen Scheinwerfer zu, dann ist stets die Massezuführung nicht in Ordnung!
(Der Reflektor braucht also keine Masseverbindung zu haben, wie das bei symmetrischem Abblendlicht erforderlich ist.)

Lebensdauer der Scheinwerfer-Glühlampen

Nach den Normvorschriften sollen Glühlampen für asymmetrisches Abblendlicht eine mittlere Lebensdauer von 150 Stunden haben, wovon 100 Stunden auf den Abblendfaden, 50 Stunden auf den Fernlichtfaden entfallen sollen. Vergleicht man diese Lebensdauer mit den Haushaltglühlampen (Brenndauer ca. 1000 Stunden), oder den anderen am Kraftfahrzeug verwendeten Glühlampen, die wesentlich länger leben, so wird man vielleicht der Ansicht sein, das wäre von der Glühlampenindustrie so gewollt, um den Umsatz zu heben. Das trifft aber nicht zu, denn Betriebsspannung der Lampe, Lebensdauer und abgegebener „Lichtstrom" hängen voneinander ab.

Bei den meisten Wagen halten die Scheinwerfer-Glühlampen aber wesentlich länger als der Normvorschrift entspricht, was vielfach für besondere Güte angesehen wird. In Wirklichkeit zeugt eine lange Lebensdauer der Scheinwerfer-Glühlampen nur davon, daß die elektrische Anlage des Wagens nicht mit der erforderlichen Sorgfalt gebaut wurde.

Hält ein Fernlicht-Glühfaden wesentlich länger als 50 Stunden, so kommt an den Glühlampen nicht die volle Spannung an. Zwar steigt die Lebensdauer der Glühlampen, doch der sogenannte „Lichtstrom" (also die Helligkeit) nimmt stark ab. Andererseits sinkt die Lebensdauer der Glühlampe, wenn sie mit höherer Spannung betrieben wird, doch der Lichtstrom steigt an. Um ein möglichst gutes Licht zu erhalten, sollte an den Glühlampen die volle Betriebsspannung ankommen, wozu man meistens zu Relaisschaltungen übergehen muß. Lieber besseres Licht und kürzere Glühlampen-Lebensdauer als umgekehrt. Wie sich Lichtstrom, Spannung und Lebensdauer zueinander verhalten, zeigt die Tabelle:

Spannung	Lichtstrom	Lebensdauer
90 %	76 %	440 %
95 %	83 %	210 %
100 %	100 %	100 %
105 %	120 %	50 %
110 %	145 %	28 %
120 %	200 %	6 %

Die Norm-Lebensdauer bezieht sich übrigens nicht auf die sogenannte Nennspannung von 6 oder 12 Volt, sondern auf eine Prüfspannung von 6,6 V bzw. 13,2 Volt, (diese Spannung muß die Lichtmaschine während der Fahrt erreichen, um die Batterie zu laden).

Prüfzeichen bei asymmetrischem Abblendlicht

Da dieses sogenannte „europäische Abblendlicht" mittlerweile in elf europäischen Ländern genehmigt ist, darf man die in diesen Ländern gefertigten Glühlampen auch in deutschen Fahrzeugen fahren, sofern die Glühlampen ein entsprechendes Prüfzeichen haben, das aus einem Kreis besteht, der ein großes E mit einer dahinter stehenden Ziffer 1 bis 11 umschließt, sowie einer dahinter stehenden Nummer der Prüfstelle. Nicht zulässig sind Glühlampen höherer Leistungsaufnahme, die natürlich auch kein Prüfzeichen tragen.

Schäden an Scheinwerfer-Glühlampen

Normal verbrauchte Glühlampen (am stark geschwärzten Glaskolben erkennbar), infolge Überspannung durchgebrannte Glühlampen (6-V-Lampe an 12-V-Spannung) und zerbrochene Glaskolben sind natürlich Schäden, für die die Hersteller der Glühlampen nicht verantwortlich gemacht werden können. Daneben gibt es aber auch „Garantiefälle", bei denen die Lampenhersteller Ersatz leisten.

Bei der Herstellung von Glühlampen können natürlich Fertigungsfehler auf-

Solche Glühlampen-Schäden fallen unter Garantie.
Links: Gebrochene Glühwendel, die auf sprödes Material des Glühfadens zurückzuführen sind.
Rechts: Diese Glühlampe hat Luftzieher. Der Schaden ist erkennbar am bläulich-gelblichen Belag des Glaskolbens, die hellen Spuren im Glaskolben sind von abgefallenen Glühfäden verursacht, die im Glaskolben herumtanzten.

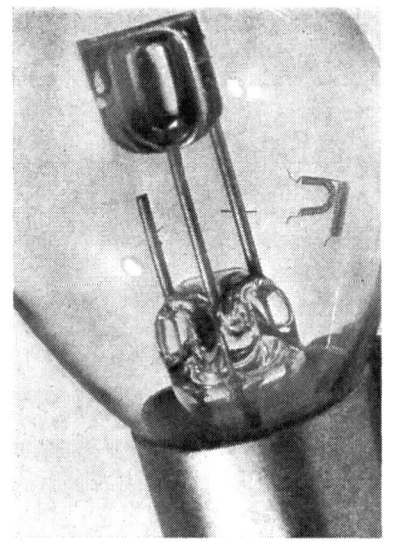

treten, so daß die Zweifadenlampe schon nach kurzer Betriebszeit ausfällt. Ein nicht allzu selten auftretender Fertigungsfehler ist der sogenannte „Luftzieher". Hierbei dringt Luft durch einen Haarriß (meist am Quetschfuß des Glaskolbens) in den Glaskolben ein, wobei die Glühfäden der Lampe verbrennen. Der sich durch das Verbrennen des Fadens ergebende Metalldampf schlägt sich dann am Glaskolben nieder, wodurch sich dieser bläulich oder gelblich-weiß verfärbt.

Hierbei handelt es sich einwandfrei um einen Garantiefall, und der Laden, der einem diese Glühlampe verkauft hat, tauscht dieselbe ohne weiteres um, da er sie von dem Hersteller ersetzt bekommt.

Zu den Garantiefällen gehören auch Glühlampen, bei denen sich Glühfäden an den Anschweißstellen der Fadenträger gelöst haben, denn das sind schlechte Schweißstellen. Auch wenn die Glühfäden schon nach kurzer Ein-

Links: Halogen-Glühlampe im Größenvergleich zu den rechts dargestellten Glühlampen.
Rechts: Eine stark geschwärzte Scheinwerfer-Glühlampe im Vergleich zu einer einwandfreien Glühlampe. Die starke Schwärzung, die sich bei Scheinwerfer-Glühlampen schon nach 50 Betriebsstunden ergibt, bewirkt natürlich einen starken Lichtverlust.

bauzeit in der Nähe des Fadenträgers abbrechen, liegt ein Garantiefall vor, denn der Wolframdraht ist im Material zu spröde.
Grundsätzlich gelten diese Hinweise für alle Glühlampen, doch treten die Fehler meist an den hoch belasteten Zweifaden-Lampen der Scheinwerfer auf, seltener bei Einfaden-Lampen für Nebelscheinwerfer und kaum jemals an den übrigen niedrig belasteten Glühlampen.

Beim Einsetzen einer Glühlampe — vor allem der Scheinwerfer-Lampen — soll man den Glaskolben nicht mit den bloßen Fingern anfassen, denn die auf dem Glaskolben zurückbleibenden Schweißspuren verdampfen beim Einschalten der Lampen. Die meisten Scheinwerfer-Reflektoren sind zwar durch eine Quarzschicht geschützt, so daß sie dadurch nicht angegriffen werden, aber es kann sich ja zufällig um einen nicht quarzbedampften Reflektor handeln. Die kleine Vorsichtsmaßnahme, daß man die Glühlampe beim Einsetzen mit einem sauberen Taschentuch oder ähnlichem anfaßt, lohnt sich also tatsächlich doch.

Das Einsetzen der Glühlampen

Der Aufbau entspricht weitgehend den asymmetrischen Glühlampen, doch ist die Abblendkappe nicht abgeschrägt. Die Leistungsaufnahme beträgt nur je 35 Watt für den Fernlicht- und den Abblendlicht-Glühfaden. Sie werden in eine gesonderte Fassung eingesetzt, die am Reflektor befestigt ist. Die Fassung hat zwei verschieden breite Aussparungen für die ebenfalls verschieden breiten Lappen am Sockel der Glühlampe, so daß man sie nicht verkehrtherum einsetzen kann. Der schmale Lappen der Glühlampe zeigt nach oben, und an der oberen Seite des Sockels findet sich die Aufschrift „Top", so daß man gleich Bescheid weiß.
Hält man die Glühlampe in der richtigen Lage, so liegt an der linken isolierten Warze auf der Sockelrückseite die Stromzuführung für den Fernlichtfaden, an der rechten für den Abblendfaden.
Glühlampen für symmetrisches Licht gibt's nicht mit einer europäischen Prüfnummer, sie müssen — ebenso wie die anderen Glühlampen der Außenbeleuchtung — eine deutsche Prüfnummer mit Wellenzeichen haben. Glühlampen für symmetrisches Abblendlicht mit einer größeren Leistungsaufnahme, wie sie im Ausland erhältlich sind, dürfen nicht verwendet werden.

Glühlampen für symmetrisches Abblendlicht

Glühlampen mit einer Leistungsaufnahme von 35 Watt haben den gleichen Sockeldurchmesser wie Glühlampen für symmetrisches Abblendlicht. Obwohl die Einbaurichtung gleichgültig, haben aber auch sie zwei verschieden breite Lappen am Sockel.
(Es wird das gleiche Sockelgehäuse wie bei den Zweifadenlampen verwendet.)
Glühlampen mit einer Leistungsaufnahme von 25 Watt haben einen Sockel mit kleinerem Durchmesser.

Glühlampen für Nebel, Such- und Rückfahrscheinwerfer

Diese Glühlampen haben wieder zwei Glühfäden. Der mit der schwächeren Leistungsaufnahme von 5 oder 7 Watt ist für das Schlußlicht bestimmt, der mit der höheren Leistungsaufnahme von 18 bis 21 Watt für das Brems- bzw. Blinklicht.
Da die beiden Glühfäden nicht vertauscht werden dürfen (das Schlußlicht darf nicht mit der höheren Leistung brennen, das Brems- bzw. Blinklicht nicht mit der geringeren) sind die Sockelstifte unterschiedlich angeordnet.

Zweifadenlampen für Schluß-Bremslicht oder Schluß-Blinklicht

Links: Die Steckfahnen am Sockel einer asymmetrischen Zweifaden-Glühlampe. M = Masse, A = Abblendfaden, F = Fernlichtfaden. Daneben Sockel einer symmetrischen Zweifaden-Glühlampe. Daneben: Sockel BA 15 s für Einfaden-Kugellampen, wie sie z. B. im Suchscheinwerfer verwendet werden. Daneben: Eine Zweifaden-Lampe (5/15 Watt), deren Sockel in der Höhe versetzte Stifte hat. Eine solche Zweifaden-Lampe wird z. B. als Schlußlicht-Bremslicht-Lampe verwendet

Verzwickte Sockelstifte

Die Sockelstifte sind nicht unterschiedlich breit, wie bei den Glühlampen für symmetrisches Abblendlicht, so daß man die Lampen nur in einer Stellung in die Fassung schieben kann, sie sind auch nicht — wodurch sich der gleiche Erfolg ergeben würde — gegeneinander versetzt, sondern stehen sich genau gegenüber. Man kann die Lampen zwar jeweils um 180 Grad versetzt in die Fassung einschieben, doch nicht gegen die Federspannung der Kontakte in das Bajonett einrasten. Die Sockelstifte stehen nämlich auf verschiedener Höhe, so daß man die Glühlampe — wenn der Sockel nicht im Bajonett einrastet — um 180 Grad drehen muß.

Weitere Glühlampen für Außenleuchten

Die sonstigen Glühlampen (Einfadenlampen) für Schluß-, Brems-, Blink-, Kennzeichen- und Begrenzungslicht erfordern beim Einsetzen keine besondere Aufmerksamkeit, da ihre Sockel in beiden Stellungen eingesetzt werden können. Gleichgültig ob es sich um Kugel- oder Sofittenlampen handelt. Bei den Kugellampen muß man allerdings darauf achten, daß sie die richtige Leistungsaufnahme haben, denn Kugellampen für 5 bzw. 7 Watt und 18 bzw. 21 W haben vielfach den gleichen Sockel.

Halogen-Glühlampen

Die in den Fern- und Nebelscheinwerfern verwendeten Halogen-Glühlampen sind in ihrem Aufbau, ihrem Sockel und Leistungsaufnahme (55 Watt) gleich. Es gibt allerdings zwei verschiedene Ausführungen, die mit H 1 und H 3 bezeichnet werden. Die Glühlampe vom Typ H 1 ist beidseitig gequetscht und länger als die einseitig gequetschte Glühlampe vom Typ H 3. Da die Scheinwerfer nur für einen bestimmten Lampentyp ausgelegt sind, kann man die H 1-Lampe nicht gegen die H 3-Lampe bzw. umgekehrt, auswechseln.

Die Halogen-Zweifaden-Glühlampe — H 4 —, die schon seit Jahren im Gespräch ist, ist seit Juni 1971 international zugelassen. Bislang ist diese Glühlampe allerdings nur für die Halogen-Scheinwerfer des neuen Mercedes-Benz 350 SL verwendbar.

Relais sehr wichtig

Während die herkömmlichen Glühlampen bei zu geringer Spannung länger leben als bei Nennspannung, sind Halogenlampen gegen Unterspannung sehr empfindlich und ihre Lebensdauer sinkt ab. Bei Unterspannung wird in der Glühlampe nicht die hohe Temperatur erreicht, die dazu nötig ist, daß sich verdampfendes Material des Glühfadens wieder an diesem niederschlägt. Halogen-Glühlampen sollten also möglichst über Relais betrieben werden.

Die Blinkanlage

Leuchtsignale

Im allgemeinen bezeichnet man sie als Blinker, doch seit der Zulassung der Warnblinker oder der Rundum-Warnblinkanlage nennt man sie auch „Richtungsblinker".
Bei den meisten Wagen besteht sie aus vier Blinkleuchten, Blinkerschalter und Blinkgeber.

Die Einkreis-Schaltung

Hierunter versteht man Blinkanlagen mit vier eigenen Blinkleuchten. Im Prinzip arbeiten alle Anlagen gleich; nach dem Betätigen des Blinkerschalters arbeiten die Blinkleuchten auf der betreffenden Wagenseite mit einer Blinkfrequenz von 90 ± 30 Impulsen pro Minute (oder sie sollen es wenigstens). Diese Blinkfrequenz (also höchstens 120 pro Minute, wenigstens 60 pro Minute) ist gesetzlich vorgeschrieben. Wird sie nicht eingehalten, so bekommt man Ärger mit der Polizei oder dem TÜV.
Nun arbeiten die Blinkleuchten nur dann mit der richtigen Frequenz, wenn der Blinkgeber in Ordnung ist, wenn er eine ausreichende Spannung erhält, wenn sich in der Zuleitung über den Blinkerschalter zu den Blinkleuchten kein Spannungsabfall durch schlechten Kontakt ergibt und beide Blinker-Glühlampen einer Fahrzeugseite arbeiten, also nicht defekt sind.

Die Blinkerkontrolle

Für Fahrzeuge, deren Blinker man nicht vom Fahrersitz aus überwachen kann, ist sie vorgeschrieben. Sie kann optisch oder akustisch sein. Wenn die Blinker-Kontrollampe durchgebrannt ist, so kann hieran kein Beamter Anstoß nehmen, sofern man den Blinkgeber auch bei laufendem Motor im Fahrgastraum vernehmlich ticken hört.
Die einwandfreie Funktion der Blinkleuchten kann man bei kaum einem Wagen vom Fahrersitz aus überwachen, so daß hierzu eine oder zwei Blinker-Kontrolleuchten eingesetzt werden.
Arbeiten die Blinkleuchten auf beiden Fahrzeugseiten im richtigen Rhythmus, so arbeitet auch die Kontrolle einwandfrei. Sobald auf einer Wagenseite eine oder gar beide Blinkleuchten ausfallen, arbeitet die Kontrolle stark abweichend. Je nach Schaltung der Kontrolle arbeitet sie entweder mit wesentlich höherer oder langsamerer Frequenz als üblich, oder überhaupt nicht.
Aus diesem Verhalten kann man die Fehler in der Blinkanlage teilweise schon erkennen. Weicht die Blinkfrequenz der Kontrolle auf einer Seite vom üblichen Rhythmus ab, so wird mit großer Sicherheit eine Glühlampe ausgefallen sein. Seltener wird es ein schlechter Kontakt am Blinkerschalter oder an der Glühlampe sein bzw. ein Fehler in der Zuleitung.
Ist die Frequenz der Blinkerkontrolle für beide Fahrzeugseiten anders als

üblich, so kann es an abgesunkener Batteriespannung liegen; beim Gasgeben wird sich dann die richtige Frequenz der Kontrolle wieder einstellen. Sofern die Frequenz auch dann noch nicht normal wird, liegt der Fehler ziemlich sicher am Blinkgeber bzw. an der Stromzuführung vom Zündschloß zum Blinkgeber oder an der Verbindung vom Blinkgeber zum Blinkerschalter. Bevor man den Blinkgeber verdächtigt, prüft man zuerst einmal die leicht zugängigen Anschlüsse der Leitungen zwischen Zündschloß, Blinkgeber und Blinkerschalter auf richtigen Sitz (Steckverbindungen abziehen und wieder aufstecken).

Die Zweikreis-Schaltung

Leider findet man auch heute noch Autos, bei denen die Bremsleuchten auch die Funktion der hinteren Blinkleuchten übernehmen müssen. Beim Bremsen arbeiten die Bremsleuchten wie gewohnt, werden die Blinker eingeschaltet, so arbeitet die Bremsleuchte auf der Seite, nach der geblinkt wird, als Blinkleuchte. Bei gleichzeitigem Bremsen und Blinkern arbeitet die eine Bremsleuchte mit Dauerlicht, die andere auf der Seite, nach der abgebogen werden soll, als Blinkleuchte.

Dieses System stammt noch aus der Zeit, als die Blinker gerade eingeführt wurden und man hinten am Wagen nicht gerne eine zusätzliche Blinkleuchte anbauen wollte. Moderne Autos sollten diese Zwitteranlage nicht mehr haben. Sie hat nur den Vorteil, daß sie etwas billiger ist. Außerdem kann man an der Blinkerkontrolle feststellen, ob eine Blinker-Glühlampe ausgefallen ist; da die hinteren Blinker-Glühlampen gleichzeitig als Glühlampen für das Bremslicht dienen, hat man auch eine Bremslichtkontrolle.

Der Hitzedraht-Blinkgeber

Die meisten Blinkgeber arbeiten auch heute noch nach dem Hitzdrahtsystem. Die Stromzuführung zu den Blinkleuchten wird hierbei dadurch ein- und ausgeschaltet, daß ein sogenannter Hitzdraht in Verbindung mit einem Magnetsystem arbeitet.

Diese Hitzdraht-Blinkgeber arbeiten entweder mit Hellbeginn (die Blinkleuch-

Links: Schematische Darstellung eines Hitzdraht-Blinkgebers. Rechts: Bei diesem Blinkgeber ist die Stromzuführung durch falschen Anschluß des Blinkgebers durchgebrannt. Beim Anschluß eines neuen Blinkgebers sollte man sich merken, welche Farbmarkierung der Leitung an welche Klemmenbezeichnung des Blinkgebers kommt.

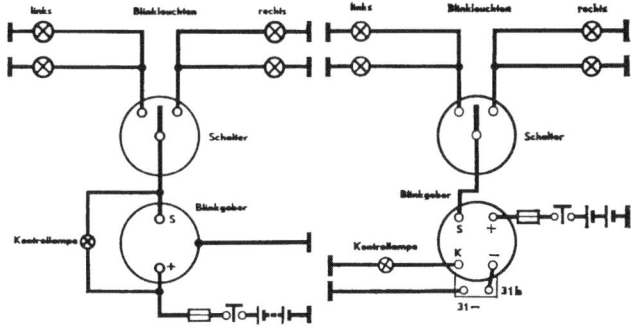

Links: Schaltschema für einen Blinkgeber mit zwei Anschlüssen.
Rechts: Schaltschema für einen Blinkgeber mit vier Anschlüssen.

ten leuchten sofort nach Betätigen des Blinkerschalters auf und erst dann kommt eine Dunkelphase) oder mit Dunkelbeginn (zuerst kommt eine Dunkelphase von max. 1 Sekunde).
Hellbeginn-Blinker scheinen gegenüber den Dunkelbeginn-Blinkgebern im Vorteil zu sein, aber das trifft nicht unbedingt zu. Dauert es bei Dunkelbeginn-Blinkgebern länger als 0,5 bis höchstens 1 Sekunde, ehe die Blinkleuchten aufflammen, so zeigt das sofort einen Fehler im Bordnetz oder im Blinkgeber an. Meist ist die Bordnetzspannung zu niedrig (besonders im Motor-Leerlauf) oder die Anschlußstecker sind oxydiert. Man sollte gelegentlich einmal darauf achten, wie lange es dauert bis die Blinkleuchten zum ersten Mal aufleuchten; eine längere Zeit zeigt an, daß man die elektrische Anlage mal unter die Lupe nehmen sollte. Beim Auswechseln eines defekten Blinkgebers muß man natürlich nicht das gleiche Fabrikat verwenden, doch müssen die Anschlüsse des neuen Blinkgebers den alten entsprechen. Die Anschlüsse der Blinkgeber sollen stets nach unten gerichtet sein, und Blinkgeber sollen nicht rauh behandelt werden, da sie stoßempfindlich sind.
Hitzdrahtblinkgeber dürfen nur mit der vorgeschriebenen Belastung an Glühlampen betrieben werden, da sonst der Blinkrhythmus gestört wird.

Erhöhen der Blinkfrequenz

Wenn die Blinkleuchten bei älteren Fahrzeugen mit „schlechter Elektrik" einen zu langsamen Rhythmus haben, so kann man diesen evtl. durch Austausch der Blinker-Glühlampen anheben. Sind die Blinkleuchten z. B. mit Glühlampen von 18 Watt bestückt, so kann man 15-Watt-Glühlampen einsetzen, wodurch der Blinkrhythmus schneller wird. Diese Methode ist aber nicht fein, denn die Ursache des zu langsamen Blinkens (Übergangswiderstände, gealterter Blinkgeber) werden dadurch nicht behoben sondern nur verschleiert. Bei manchen Blinkgebern findet man am Isolierträger für die Klemmen noch eine Bohrung, die mit einem Klebestreifen verschlossen ist. Hinter dieser Bohrung sitzt im Blinkgeber eine Justierschraube für den Hitzdraht. Durch vorsichtiges Drehen dieser Schraube mit einem feinen Schraubenzieher kann man die Spannung des Hitzdrahtes verändern und so den Blinkrhythmus verändern. Es gehören feinfühlige Chirurgenhände (und Glück) dazu, so daß man mit einem neuen Blinkgeber und (oder) Beseitigung der Übergangswiderstände schneller zum Ziel kommt.

Pneumatische Blinkgeber

Hier wird ein kleiner Anker von einer Magnetspule angezogen und wieder losgelassen, wobei der Anker die Kontakte für den Blinkleuchtenstrom steuert. Im Prinzip arbeitet ein solcher Blinkgeber nach dem gleichen System wie das Horn. Da die Frequenz des schwingenden Ankers für die Blinkleuchtensteuerung natürlich viel zu hoch liegt, wird die Ankerbewegung durch eine Luftdüse gebremst, so daß sich der niedrige Blinkrhythmus ergibt. Von der „Luftbremse" her hat der Blinkgeber die Bezeichnung „pneumatisch". Diese Blinkgeber sind weitgehend belastungsunabhängig. Als Richtungsblinkgeber findet man sie nur selten, aber sie werden oft als Warnblinkgeber eingesetzt.

Die elektronischen Blinkgeber

Bei den elektronischen Blinkgebern erfolgt die Steuerung des Blinkrhythmus über Transistoren. Sie sind etwas teurer als die sonst serienmäßig eingebauten Hitzdrahtblinkgeber, so daß es verschwenderisch erscheint, sie als Ersatz einzubauen.

Elektronische Blinkgeber sind aber außerordentlich frequenzkonstant, belastungs- und temperaturunabhängig und äußerst spannungsunempfindlich. Sie arbeiten auch bei starker Unterspannung, z. B. 4,5 Volt bei 6 Volt Nennspannung oder 9 Volt bei 12 Volt Nennspannung, noch einwandfrei. Die Sorgen mit einem zu langsamen Blinkrhythmus wird man hiermit endgültig los. Solche elektronischen Blinkgeber werden vielfach schon in Export-Fahrzeugen eingebaut. Elektronische Blinkgeber werden u. a. von den Firmen Bosch, Hella, SWF und Striebel geliefert.

Da diese Blinkgeber bei Einbau eines entsprechenden Schalters nicht nur das Richtungsblinken übernehmen, sondern auch als Warnlicht-Blinkgeber arbeiten können, macht es sich beim Ersatz eines ausgefallenen Hitzdraht-Blinkgebers auf jeden Fall bezahlt, einen elektronischen Blinkgeber einzubauen. In vielen Fällen wird man einen der im Zubehörhandel erhältlichen elektronischen Blinkgeber für den Opel oder VW (evtl. nach kleinen Änderungen an den Steck- oder Schraubanschlüssen) verwenden können.

Warnblinkanlagen

Nach § 23 der Straßenverkehrs-Ordnung müssen haltende bzw. liegengebliebene Fahrzeuge auf ausreichende Entfernung kenntlich gemacht werden. Soweit es sich hier um elektrische Einrichtungen am Wagen selbst handelt, sind zur Zeit zulässig:

- Das Springlicht. Hierbei leuchten die hinteren Blinkleuchten oder die Bremsleuchten bei haltendem Fahrzeug abwechselnd an der linken und rechten Fahrzeugseite auf. Nur gelbe Leuchten dürfen Springlicht zeigen.
- Das sogenannte Doppel-Warnblinklicht. Hier leuchten die hinteren Blinkleuchten im gleichen Rhythmus auf. Es dürfen nur die Blinkleuchten herangezogen werden, sofern sie gelb sind.
- Das sogenannte Rundum-Warnblinklicht. Hier leuchten alle Blinkleuchten des Fahrzeugs im gleichen Rhythmus auf.

Erstmals in den Verkehr kommende Fahrzeuge müssen ab 1. Januar 1970 serienmäßig mit einer Rundum-Warnblinkanlage ausgerüstet sein. Da dieses Warnblink-System über kurz oder lang auch für ältere Fahrzeuge vorgeschrieben werden wird, lohnt es sich nicht, mit einem anderen System herumzubasteln, auch wenn dieses billiger wird.

Rundum-Warnblinkanlagen

Ein echter „Eigenbau", bei dem man sich mit Schalter, Umschaltrelais oder zusätzlichem Blinkgeber eine solche Anlage „zimmert", lohnt sich wirklich nicht. Komplette Rundum-Warnblinkanlagen gibt's schon ab 15,50 DM bis um 40 DM herum.

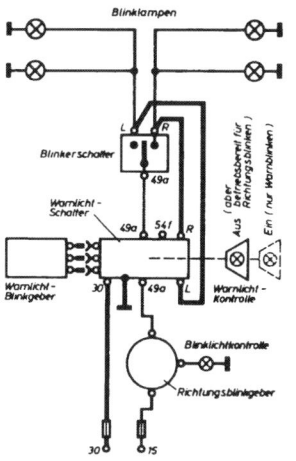 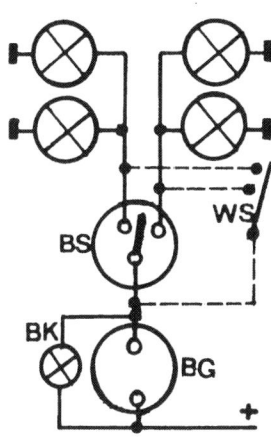

Links: Schaltschema für einen SWF-Warnlichtblinkgeber.
Rechts: So geht es nicht. Mancher Bastler möchte einfach durch einen mehrpoligen Schalter den bisherigen Blinkgeber auch als Warnlicht-Blinkgeber einsetzen. Sie stellen sich das so vor:
Bk = Blinker-Kontrolle,
BG = Blinkgeber,
BS = Blinkerschalter,
WF = Warnlichtschalter mit einem Eingang und zwei Ausgängen. Bei einer solchen Schaltung wird der Hitzdraht des Blinkgebers überlastet und der Blinkgeber versagt ziemlich schnell.

Der Einbau einer solchen Anlage ist im allgemeinen recht einfach, da die Hersteller ein Schaltschema und manchmal auch Einbauhinweise zu der Anlage mitliefern. Bei manchen Wagen müssen allerdings die Anschlußleitungen verlängert werden, was Ihnen aber keine Schwierigkeiten machen wird.
Leider sind die Blinkleuchten meist nicht einzeln abgesichert. Tritt der Fall ein, daß Sie bei einer kleinen Karambolage einen Kotflügel mit der darauf sitzenden Blinkleuchte zerknautschen, so kann es zu einem Kurzschluß in der Leitung zu dieser Blinkleuchte kommen, wodurch die anderen Blinkleuchten ebenfalls ausfallen. Der gerade dann äußerst wichtige Warneffekt der übrigen Blinkleuchten entfällt jetzt ebenfalls. Der Einbau von vier Sicherungen (für jede Blinkleuchte eine) ist also immer anzuraten.

Warnblinkanlagen mit eigenem Blinkgeber

Der im Fahrzeug eingebaute Blinkgeber für die Richtungsanzeige wird im Warnblinkfall nicht benutzt. Für das Warnblinken wird ein besonderer Blinkgeber herangezogen, der die vier Blinkleuchten gleichzeitig mit Impulsen versorgt. (Der serienmäßig eingebaute Blinkgeber kann ja nur die Blinkleuchten einer Fahrzeugseite direkt versorgen, wenn er nicht überlastet werden soll.)

Warnblinkanlagen mit Relais

Der im Fahrzeug eingebaute Richtungs-Blinkgeber übernimmt auch die Impulsgabe für das Warnblinken. Da der Richtungs-Blinkgeber unter normalen Umständen aber nur zwei Blinkleuchten mit Impulsen versorgen kann, würde er durch vier oder mehr Blinkleuchten (bei Anhängerbetrieb) überlastet. Der Blinkgeber steuert deshalb ein Arbeitsstromrelais, das die Blinkimpulse für die restlichen Blinkleuchten gibt. (Die Steuerwicklung des Arbeitsstromrelais nimmt nur so wenig Strom auf, daß der Blinkgeber durch den zusätzlichen Anschluß nicht überlastet wird.)

Warnblinkanlagen mit elektronischem Blinkgeber

Elektronische Blinkgeber sind zwar am teuersten, können aber — wie schon gesagt — gleichzeitig als Richtungs- und Warnblinker dienen. Sie haben außerdem die schon im Abschnitt „Die Blinkanlage" beschriebenen Vorteile. Auch wenn die Batteriespannung bei langem Betrieb der Warnblinker stark abgefallen ist, arbeiten die Blinkleuchten noch im normalen Rhythmus, was im Pannenfall sehr wichtig ist.

Warnlichtanlagen können entweder so aufgebaut sein, daß ein gesonderter Warnlichtblinkgeber die Versorgung aller Blinkleuchten übernimmt, wie im linken Bild beim VDO-Warnlicht-Blinkgeber, oder so, daß der serienmäßige Blinkgeber eine Blinkleuchtenseite steuert und ein hiervon gesteuertes Relais die Stromversorgung der anderen Blinkleuchten übernimmt, wie beim Hella-Warnlichtschalter (rechts).

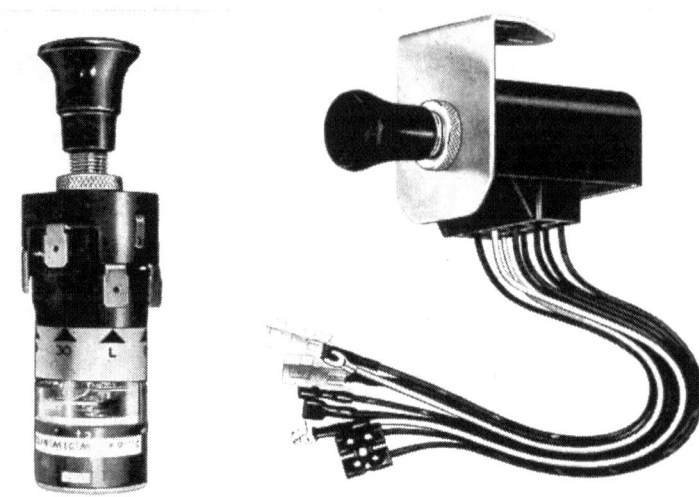

Serienmäßige Warnblinkanlagen

Bislang werden Warnblinkanlagen erst bei wenigen Fahrzeugtypen serienmäßig eingebaut. Ein für diese Typen vorgesehener elektronischer Blinkgeber, der sowohl das Richtungs- wie das Warnblinken übernimmt, kann — evtl. nach Anbringen anderer Steckanschlüsse an den Leitungen — auch bei anderen Fahrzeugen eingebaut werden, deren Blinkgeberschaltung diesen Modellen entspricht. Natürlich muß für das Warnblinken noch ein dazu passender Warnblinkschalter eingebaut werden.

Hörner und Fanfaren

Schallzeichen

Auch diejenigen Kraftfahrer, die ihr Horn fast nie gebrauchen und nur die Lichthupe beim Überholen betätigen, dürfen an ihrem Fahrzeug nicht auf das Horn verzichten, denn in § 55 der StVZO sind Vorrichtungen für „Schallzeichen" — so vornehm werden dort die Hörner und Fanfaren bezeichnet — zwingend vorgeschrieben. Dort heißt es u. a.:

„(1) Kraftfahrzeuge müssen eine Vorrichtung für Schallzeichen haben, deren Klang gefährdete Verkehrsteilnehmer auf das Herannahen eines Kraftfahrzeuges aufmerksam macht, ohne sie zu erschrecken und andere mehr als unvermeidbar zu belästigen."

Die Vorschriften

In weiteren Absätzen wird dann aufgeführt, daß nur Hupen und Hörner zulässig sind (Fanfaren fallen auch darunter), daß sie einen in der Tonhöhe gleichbleibenden Klang oder harmonischen Akkord erzeugen müssen und daß die Lautstärke nicht mehr als 104 DIN Phon betragen darf. Das Tatütata der Polizei oder Feuerwehr ist für normale Kraftfahrer nicht zulässig, ebensowenig die bekannten italienischen Fanfaren, die einen in der Höhe veränderlichen Zwitscherton oder ähnliches erzeugen.

Darüber, wieviele Hörner und Fanfaren man am Wagen anbringen darf, gibt es keine Vorschriften — es darf eben nur ein gleichbleibender Ton oder ein Akkord erzeugt werden und die zulässige Lautstärke nicht überschritten werden.

Manch einer sagt nun, wenn schon — denn schon.

Wenn ich schon Hörner oder Fanfaren an meinem Wagen haben muß, dann sollen sie so laut wie nur möglich zulässig sein, damit mich ein Lastzugfahrer auf der Autobahn auch dann noch hört, wenn er mein Lichthupen-Signal nicht bemerkt; also lasse ich mir eine Zweiklang-Fanfare einbauen.

Da beginnt der Trugschluß, denn Fanfaren sind keineswegs lauter und besser zu vernehmen als Hörner, das Gegenteil ist der Fall. Während Hörner eine ausgeprägte Richtwirkung nach vorn haben und die Lautstärke rechts und links von einem begrenzten Keil relativ stark absinkt, strahlen Fanfaren in einem Halbkreis um die Wagenfront herum eine fast gleichmäßige Lautstärke ab, doch sinkt die Schalldruckenergie mit der Entfernung stark ab. Eine Fanfare, die 103 Phon abgibt, hört man erst in einer Entfernung von 17 Meter, während ein nur ebenso lautes Horn bereits bei 35 m erkannt wird.

Lautstärke nicht entscheidend

Durch einen schwingenden Körper — wie es die Membran eines Horns ist — wird die davor befindliche Luft in Schwingungen versetzt, die sich wellenförmig ausbreiten und am menschlichen Ohr Druckunterschiede erzeugen, die dann als Ton oder Geräusch empfunden werden.

Das menschliche Gehör kann aber nur Schwingungen in einem bestimmten Frequenzbereich aufnehmen; aus diesem Bereich besonders gut die Frequenzen von ca. 2000 bis 2500 Hz (Schwingungen pro Sekunde). In diesem Bereich hört man die Töne bei gleichem Schalldruck wesentlich lauter als bei tieferen oder höheren Frequenzen. Nun liegt die Grundfrequenz der Hörner im allgemeinen zwischen 200 und 650 Hz — also in einem Bereich, in dem das menschliche Ohr verhältnismäßig unempfindlich ist. Hörner und Fanfaren sind aber so aufgebaut, daß sie auch noch sogenannte Oberwellen abstrahlen, wobei die Oberwellen immer ein vielfaches der Grundfrequenz betragen. Bei einer Grundfrequenz von 300 Hz können die Oberwellen z. B. die Frequenzen 900 Hz, 1200 Hz, 1500 Hz haben. Welche Oberwellen-Frequenzen ein Schallerzeuger hat, hängt von dem mechanischen Aufbau ab.

Nun haben „Vorrichtungen für Schallzeichen" verschiedene Aufgaben; im Stadtverkehr will man Fußgänger warnen, im Überlandverkehr möchte man sich dem Fahrer eines Lastzuges verständlich machen.

Während die Straßengeräusche kaum jemals so laut sind, daß die Fußgänger das Horn oder die Fanfare nicht vernehmen, sind die Eigengeräusche im Fahrerhaus eines Lastwagens schon recht hoch, und diese müssen zuerst übertönt werden, bevor der Fahrer das Signal eines anderen Fahrzeugs vernimmt.

Die Aufschlaghörner

Sie wurden ausführlich im Kapitel „Das Horn" zu Anfang des Buches behandelt, so daß nichts mehr zu sagen ist.

Elektrofanfaren

Als Elektrofanfaren kann man die Fanfaren ansehen, die das Antriebssystem für die Membran direkt eingebaut haben.

In ihrem mechanischen Aufbau entsprechen diese Fanfaren weitgehend den Aufschlaghörnern. Der an der Membran befestigte Anker schlägt jedoch nicht auf den Magnetkern auf, sondern die Membrangruppe schwingt nur vor dem Magnetkern hin und her. Bei der Fanfare fällt auch der an der Membrane sitzende Schwingteller fort, denn dadurch, daß der Anker nicht auf den Magnetkern aufschlägt, kann er nicht zu eigenen Schwingungen angeregt werden. Die Tonhöhe und die Klangfarbe der Fanfare sind von Form, Länge und Werkstoff des Trichters und der Membrane abhängig. Bei Elektrofanfaren ist der Trichter meist schneckenförmig aufgewickelt, so daß man die räumliche Ausdehnung klein halten und die Fanfare überall anbauen kann.

Links: Oberteil einer Fanfare. Sie entspricht in ihrem Innenaufbau einem Horn.
Rechts: Das Mittelteil mit daran befestigter Membran M.

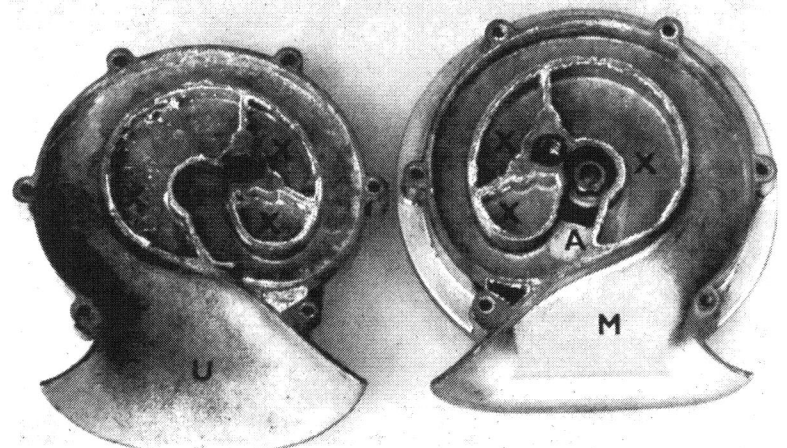

Links: Unterteil einer Fanfare mit Schneckengang. Die Kammern X dienen nur der Gewichtserleichterung. Rechts: Das Mittelteil der Fanfare mit dem Schneckengang. Die Kammern X dienen wiederum nur zur Gewichtserleichterung. Bei A ist der Luftaustritt für die von der Membran erzeugten Luftschwingungen.

Während die Aufschlaghörner einige im günstigen Hörbereich liegende Frequenzen mit hoher Lautstärke haben, haben bei der Fanfare nur einige gleich nach der Grundfrequenz folgende Oberwellen eine höhere Lautstärke; die im günstigen Hörbereich liegenden Oberwellen sind dagegen schwächer als der Grundton. Durch die vielen ausgeprägten Oberwellen hat die Fanfare aber den vollen wohlklingenden Ton, der im normalen Straßenverkehr angenehmer ist als der Ton des Aufschlaghorns. Fanfaren sind zwar angenehmer anzuhören, können sich aber gegen starke Störgeräusche nicht so gut durchsetzen wie Aufschlaghörner.

Druckluftfanfaren

Als weitere „Vorrichtung für Schallzeichen" sind noch die Druckluft- oder Kompressor-Fanfaren bekannt, die vorwiegend von italienischen Firmen vertrieben werden.

Bei diesen Anlagen wird durch eine elektrisch angetriebene Pumpe Druckluft erzeugt, die dann den Fanfaren zugeführt wird und dort eine dünne Blechmembran von etwa 0,1 mm Stärke in Schwingungen versetzt.

Der Druckluferzeuger ist meist eine sogenannte Drehflügelpumpe, die von einem starken Scheibenwischermotor angetrieben wird.

Meist werden zwei oder drei Fanfaren von einem Kompressor versorgt, so daß sich ein in der Tonhöhe gleichbleibender Klang ergibt. Sofern die Lautstärke derartiger Druckluftfanfaren die zulässigen 104 Phon nicht überschreitet, sind sie auch bei uns zulässig.

Der elektrische Anschluß

Damit Hörner und Fanfaren größerer Stromaufnahme nicht „unterernährt" werden, schaltet man sie zweckmäßig über ein Relais. Die Plus-Stromzuführung nimmt man bei Fahrzeugen mit der Batterie im Heck oder im Fahrgastraum über die erwähnte Hauptstromzuführung des besonderen Plus-Kabels vor.

Um eine möglichst günstige Schallabstrahlung zu erreichen, sollen die Schalltrichter der Hörner und Fanfaren in Fahrtrichtung zeigen und nicht zur Fahrbahn geneigt sein.

Der Scheibenwischer

Mattscheiben-Beseitiger

Prinz Heinrich von Preußen mußte seinen Scheibenwischer noch von Hand betätigen, aber weil es zu dieser Zeit überhaupt noch keine Scheibenwischer gegeben hatte, erhielt er für seine Erfindung ein Patent.

Heute müssen die Scheibenwischer bei Fahrzeugen über 20 km/h selbsttätig wirken, und man findet nur noch den elektrischen Antrieb. Ein kleiner Elektromotor treibt dabei über ein Untersetzungsgetriebe ein außerhalb des Motors liegendes Umlenkgestänge an, das die Drehbewegung des Motors in die Hin- und Herbewegung der Wischerblätter umsetzt.

Lagerung pflegen

Wenn die Wischerblätter im Laufe der Zeit zu schwer und zu langsam gehen, so liegt das meist am Übertragungsgestänge und der Lagerung für die Achse der Wischerarme, die hin und wieder einmal gepflegt sein wollen.

Schwergängige Achsen für die Wischerarme verhindern aber nicht nur eine genügend schnelle Bewegung der Wischerblätter, sondern können auch den Scheibenwischermotor überlasten, dessen Wicklungen sich dadurch so aufheizen, daß sie verbrennen.

Die meisten Schäden treten also erst auf Umwegen am Motor auf. Der Wischermotor besteht in der Hauptsache wieder aus einem Anker, der sich in einem Magnetfeld dreht. Das Magnetfeld kann entweder durch einen Dauermagnet gebildet werden oder — wie bei der Lichtmaschine und dem Anlasser — von Polschuhen mit einer Erregerwicklung.

Automatische Endabstellung

Fast alle heute gebräuchlichen Scheibenwischer haben diese Einrichtung, bei der die Scheibenwischerblätter nach dem Ausschalten erst dann zur Ruhe kommen, wenn sie das Sichtfeld des Fahrers nicht mehr behindern, sondern den Rand der Windschutzscheibe erreicht haben. Hierbei ist es gleichgültig, in welcher Position der Scheibenwischerschalter auf „Aus" gelegt wird.

Daran ist nichts Geheimnisvolles. Scheibenwischermotoren mit Endabstellung besitzen einfach zwei Pluszuführungen und zwei Schalter. Die eine Pluszuführung läuft über den von Hand zu betätigenden Scheibenwischerschalter zum Wischermotor. Die andere Pluszuführung geht direkt zum Scheibenwischermotor, in den ein Schalter eingebaut ist, der in Abhängigkeit von der Stellung der aus dem Scheibenwischermotor herausführenden Antriebsachse betätigt wird. Hat die Antriebsachse die Stellung, die der Ruhestellung der Scheibenwischerblätter entspricht, so schaltet der im Wischermotor eingebaute Schalter diese direkte Pluszuführung ab.

Solange der Scheibenwischermotor arbeitet, wird dieser Schalter laufend geöffnet und geschlossen.

Befinden sich die Scheibenwischerblätter noch nicht in Endstellung, so ist der Schalter im Wischermotor geschlossen und dem Motor wird unabhängig vom Scheibenwischerschalter „Plus" zugeführt

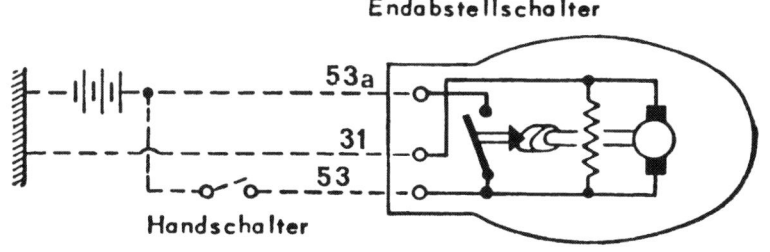

So arbeitet der Endabstellschalter eines Scheibenwischermotors. Wird der Motor durch den Scheibenwischerschalter eingeschaltet, so erhält er an der Klemme 53 seine Pluszuführung. Die Klemme 53 a des Scheibenwischermotors steht dauernd unter Plus.

Natürlich beeinflußt diese doppelte Stromzuführung die Arbeitsweise nicht, denn es ist nicht so wie beim Bierhahn, daß aus zwei Zapfleitungen die doppelte Biermenge ausströmt.

Kein „doppelter" Strom

Wenn die Scheibenwischerblätter in die Parkstellung kommen, öffnet sich der Endabschalter. Solange der Scheibenwischerschalter eingeschaltet ist, wird die Arbeit des Scheibenwischermotors durch den Endabschalter aber nicht beeinflußt.

Schaltet man den Scheibenwischer nun am Scheibenwischerschalter aus, so bleiben die Wischerblätter nicht im Augenblick des Ausschaltens auf der Windschutzscheibe stehen, sondern laufen in ihre „Parkstellung", denn der Wischermotor erhält ja noch die Pluszuführung durch den geschlossenen Endabstellschalter.

Nun hat der Anker des Scheibenwischermotors einen gewissen Schwung und auch die Reibung der Scheibenwischerblätter auf trockener oder noch feuchter Windschutzscheibe ist unterschiedlich, so daß die Scheibenwischerblätter mehr oder weniger über die Endabstellung hinauslaufen können.

Die Bremseinrichtung

Um den Punkt der Endabstellung genau zu treffen, werden die Scheibenwischermotoren mit einer Bremse ausgerüstet, die den Anker in dem Augenblick, in dem der Endabstellschalter geöffnet wird, abbremst. Früher verwendete man mechanische Bremsen, während man heute die Kurzschlußbremse wählt. Wenn der Anker sich durch Schwung dreht, wirkt der Motor als Dynamo — er kann Strom abgeben. Werden die Plus- und Minusklemmen miteinander verbunden — also kurzgeschlossen — so wird die durch die Ankerdrehung erzeugte elektrische Energie aufgezehrt und der Motor bleibt sofort stehen.

Scheibenwischer ohne automatische Endabstellung sind ja mehr als antiquiert, aber im Winter kann die automatische Endabstellung gelegentlich ihre Tücken haben.

Die Tücke der Endabstellung

Wenn die Scheibenwischerblätter am Rand der Windschutzscheibe festgefroren sind, kann die automatische Endabstellung zu einem verbrannten Wischermotor führen. Schaltet man jetzt den Scheibenwischer — z. B. bei einsetzendem Schneefall — ein, so läuft der Scheibenwischermotor zwar an, kann die Wischerblätter aber nicht in Bewegung setzen. Wenn man den Wischermotor jetzt wieder ausschaltet, steht er aber immer noch unter Strom, denn durch das kurzzeitige Anlaufen hat sich der Endabstellschalter im Scheibenwischermotor geschlossen und gibt seinerseits die Stromzuführung frei. Die festgefrorenen Wischerblätter halten den unter Strom stehenden Wischermotor fest, die Wicklungen verbrennen. (Das kurzzeitige Anlaufen des Wischermotors ergibt sich durch das Spiel im Übertragungsgestänge zu den Wischerblättern.)

Wischerblätter sofort lösen

Wenn sich die Wischerblätter nach dem Einschalten des Scheibenwischers nicht in Bewegung setzen, so genügt es nicht, wenn man den Wischerschalter wieder ausschaltet. Man muß auf dem schnellsten Weg rechts herausfahren und die Wischerblätter lösen. Sie machen dann eine Hin- und Herbewegung und anschließend wird der Scheibenwischermotor durch den Endabstellschalter wieder ausgeschaltet. (Machen die Wischerblätter keine Hin- und Herbewegung, so hat das Spiel im Gestänge noch nicht dazu ausgereicht, den Motor soweit anlaufen zu lassen, daß sich der Endabstellschalter schließt. In diesem Fall passiert nichts.)

Laufen Sie bitte nicht ins Haus um Defrosterspray zu holen und damit die eingefrorenen Wischerblätter zu lösen. Lieber die Wischgummis zerreißen, als einen neuen Wischermotor zu bezahlen! (Sie können sich nicht darauf verlassen, daß sie solch ein Glück haben wie ich. Bei mir reichten zwei Minuten zum Holen des Defrostersprays gerade dazu aus, daß es stark „nach Elektrik roch", aber danach lief der teilweise verschmorte Wischermotor mit doppelter Wischgeschwindigkeit noch über zwei Jahre!)

Plusanschluß vor oder hinter dem Zündschloß?

Wird die Pluszuführung zum Scheibenwischermotor hinter dem Zündschloß abgegriffen, so daß er erst bei eingeschalteter Zündung Strom erhalten kann, so kann nach dem Ausschalten der Zündung nichts passieren. Zudem hat der Anschluß hinter dem Zündschloß den Vorteil, daß man die Wischerblätter durch Ausschalten der Zündung mitten auf der Windschutzscheibe anhalten und im Winter eine Zeitung oder eine Pappe dahinter klemmen kann, die die Windschutzscheibe vor Vereisen schützt.

Der Anschluß hinter dem Zündschloß hat aber einen anderen Nachteil: Schaltet man bei laufendem Scheibenwischer die Zündung aus und stehen diese fast in der Endstellung, so kann man im Winter übersehen, daß der Scheibenwischer bei festgefrorenen Wischerblättern unter Strom steht, und der obige Schaden kann sich trotzdem ergeben. Im Normalfall schaltet man also immer zuerst den Scheibenwischer ab, so daß der Wischermotor garantiert in die Endstellung gelaufen ist und schaltet dann erst die Zündung aus.

Zweistufige Scheibenwischer

Während vor ein paar Jahren die Scheibenwischer mit nur einer Wischgeschwindigkeit noch die Regel waren, besitzen heute viele Wagen zweistufige Scheibenwischer. In der langsamen Stufe haben diese Scheibenwischer ein höheres Drehmoment, können also leichter gegen größere Widerstände auf der Windschutzscheibe ankämpfen, wie z. B. starke Schneeschichten wegräumen. In der schnellen Stufe ist das Drehmoment zwar geringer, doch während der Fahrt spielt das keine Rolle, da die laufend gewischte Windschutzscheibe keine größeren Widerstände zuläßt.

Haben die Scheibenwischer mit zwei Wischgeschwindigkeiten einen Dauermagnet als Erregerfeld, so hat der Anker drei Kohlebürsten als Stromzuführung. Bei der langsamen Wischgeschwindigkeit erhält er die Stromzuführung über die beiden gegenüberliegenden Kohlebürsten, bei der höheren Wischgeschwindigkeit erfolgt die Pluszuführung über die seitlich etwas versetzte Kohlebürste.

Wenn die magnetische Erregung des Wischermotors durch Feldwicklungen erfolgt, so hat er eine sogenannte Hauptschlußwicklung, durch die der gesamte Ankerstrom fließen muß, und eine oder zwei Nebenschlußwicklungen. Die Nebenschlußwicklungen liegen parallel zur Anker- und Hauptstromwicklung und verstärken das Drehmoment, setzen aber die Wischgeschwindigkeit herab.

In der langsamen Stufe sind alle Feldwicklungen eingeschaltet, in der schnellen Stufe wird entweder die einzige Nebenschlußwicklung ausgeschaltet oder (bei zwei Nebenschlußwicklungen) nur eine der beiden.

Immer wieder wird die Frage gestellt, ob man einen einstufigen Scheibenwischermotor mit einer zweiten Wischgeschwindigkeit versehen kann. Dazu ist zuerst zu sagen, daß man auf keinen Fall eine höhere Geschwindigkeitsstufe erreichen kann. Wenn einem die erste Geschwindigkeitsstufe ausreichend erscheint und eine niedrige Geschwindigkeitsstufe vorgesehen werden soll, dann kann man für die niedrigere Stufe einen Widerstand vorsehen. Dieser Widerstand muß allerdings hoch belastbar sein und an einer Stelle befestigt werden, wo seine Wärmeentwicklung nicht stört. Wie die Größe dieses Widerstands ermittelt wird, ist im Kapitel „Von 6 auf 12 Volt" beschrieben.
Außer diesem Widerstand benötigt man noch einen neuen Scheibenwischerschalter mit zusätzlichen Kontakten.

Umbau auf zwei Wischgeschwindigkeiten

Da der Umbau ziemlich viel Arbeit macht, erreicht man das Ziel vielleicht leichter und besser mit einem sogenannten Intervallschalter.

Bei Nieselregen ist selbst die langsame Wischgeschwindigkeit in den meisten Fällen noch viel zu hoch, denn zwischen jeder Wischblattbewegung ist nur so wenig Wasser auf die Windschutzscheibe gelangt, daß die Wischerblätter mehr oder weniger auf der trockenen Scheibe arbeiten. Nicht nur die Windschutzscheibe wird dadurch verschmiert oder streifig, auch die Wischerblätter nutzen sich schnell ab, denn sie werden nicht durch Wasser „geschmiert".

Die zu schnelle Wischgeschwindigkeit

In diesen Fällen würde es vielfach durchaus genügen, wenn sich die Wischerblätter nur in größeren Zeitabständen über die Windschutzscheibe bewegen würden und dann wieder eine Pause einschalten. Natürlich kann man das selbst durch kurzzeitiges Ein- und Ausschalten der Scheibenwischer erreichen, was aber sehr umständlich ist.

Hier gibt es unter dem Namen „Intervallschalter" elektronische Zeitschaltwerke, die den Scheibenwischermotor für eine Hin- und Herbewegung der Wischerblätter einschalten. Die Pausen zwischen den periodischen Wisch-

Die Intervallschaltung

Sollen die Wischerblätter bei Nieselregen nicht auf der trockenen Windschutzscheibe laufen, so genügt es, wenn sie nur in kürzeren oder längeren Pausen eine Hin- und Herbewegung ausführen. Der zeitliche Ablauf dieser Hin- und Herbewegungen läßt sich mit einem sogenannten Intervallschalter regeln. Im Bild ein Intervallschalter von SWF.

blattbewegungen lassen sich dabei durch einen Drehknopf meist zwischen 2 bis 20 (oder mehr) Sekunden regeln.

Zwar werden die Anschluß-Schaltpläne für die Intervallschalter von den Herstellern mitgeliefert, doch sind sie nicht immer ausführlich genug. (Gilt besonders für Intervallschalter im Versandhaushandel.)

Eine ausführliche Einbauanleitung mit einer Klemmensuchanleitung, die auch ausländische Fahrzeuge gut berücksichtigt, gibt's von der Firma Hella.

Sehr gut sind auch die Anschlußpläne der Firma SWF, kein Wunder, die Firma stellt die Wischermotore für sehr viele Fahrzeuge her.

Die Scheibenwascher

Bei den meisten Scheibenwaschern wird das erforderliche Waschwasser durch eine Fuß- oder Handpumpe mit Gummiball auf die Windschutzscheibe gespritzt, wobei der Scheibenwischer gleichzeitig durch den Pumpenknopf eingeschaltet werden kann. (Beim VW wird das Waschwasser durch Druck auf den Knopf des Scheibenwischerschalters gefördert, hier drückt der Luftdruck des Reserverades auf die Flüssigkeit im Scheibenwaschbehälter.)

Diese Anlagen werden oft als unzulänglich empfunden, da man zum Wischen und Waschen mehrere Bewegungen ausführen muß, bzw. Hände oder Füße für längere Zeit beschäftigt sind, was in manchen Verkehrssituationen recht störend sein kann. Viel praktischer sind die elektrisch arbeitenden Wisch-Wasch-Kopplungen, die nach Betätigen eines Knopfes den ganzen Vorgang des Wischens und Waschens automatisch ablaufen lassen.

Wisch-Wasch-Automatiken

Soll der ganze Vorgang des Wischens und Waschens automatisch ablaufen, so gibt es verschiedene Lösungen, die einen unterschiedlichen Aufwand verlangen. Der Schaltungs- und Materialaufwand ist dabei nicht nur vom Grad der gewünschten Bequemlichkeit abhängig, sondern auch von der Art des im Wagen eingebauten Scheibenwischermotors.

Die Wisch-Wasch-Automatik

In den früheren Auflagen wurde nur der Selbstbau einer Wisch-Wasch-Automatik nach dem System der beim BMW serienmäßig eingebauten Automatik beschrieben, da eine derartige Anlage als fertiger Satz nicht greifbar war.

Dieser Selbstbau einer Wisch-Wasch-Automatik erforderte das umständliche Beschaffen der benötigten Einzelteile von verschiedenen Herstellern. Auch heute ist der „Eigenbau" bei manchen Fahrzeugtypen noch nicht zu umgehen,

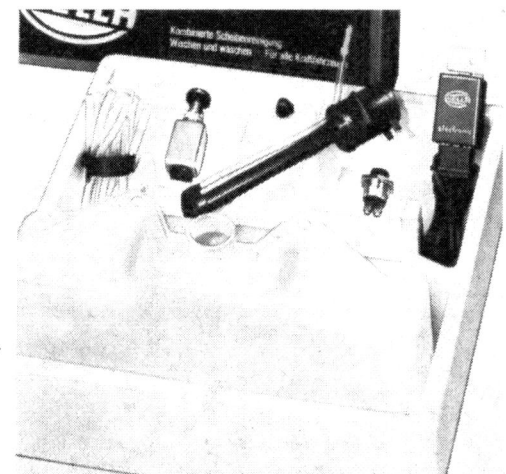

Mit diesem Bausatz von Hella ist der Umbau auf Wisch-Wasch-Automatik kein Problem. Hier die Anlage mit dem 3-Liter-Wasserbehälter.

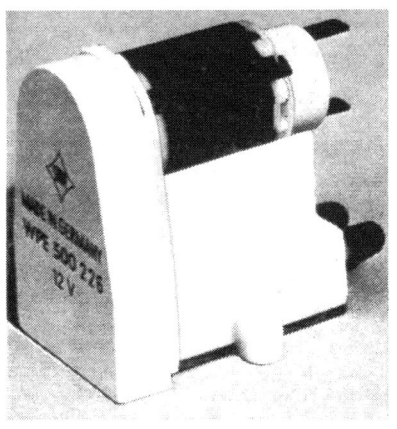
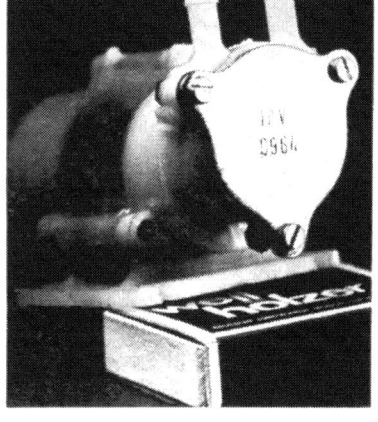

Durch elektrische Scheibenwascherpumpen läßt sich der Waschvorgang sehr erleichtern. Links die SWF-Membranpumpe, rechts: die VDO-Zahnradpumpe.

wenn die Platzverhältnisse sehr ungünstig sind, bzw. der Wagen noch mit einer 6-Volt-Anlage ausgerüstet ist.

Treffen diese „Behinderungen" nicht zu, so ist es einfacher, wenn man sich eine komplette Anlage besorgt. Von Hella gibt's eine sogenannte Wisch-Wasch-Electronic, in der die ganzen Zubehörteile als Bausatz zusammengefaßt sind. Das Steuergerät mit Kabelsatz, ein 1,5- bzw. ein 3-Liter Wasserbehälter mit eingesetzter elektrischer Wascherpumpe, Betätigungsdruckknopf, Wasserschläuche und nicht zuletzt eine vorzügliche Einbaubeschreibung. Die 1,5-Liter-Anlagen werden mit einem Druckknopfschalter zur Fußbetätigung geliefert, die 3-Liter-Anlagen mit einem Druckknopfschalter für Handbetätigung.

Solange man den Druckknopfschalter betätigt, wird von der elektrischen Wasserpumpe Wasser auf die Windschutzscheibe gespritzt, die Wischerblätter laufen an. Nach dem Loslassen des Schalters laufen die Wischerblätter noch ca. 6 Sekunden und wischen die Scheibe wieder trocken.

Beide Anlagen gibt's um den gleichen Preis — knapp DM 60,— mit Mehrwertsteuer. 1,5-Liter-Anlage hat die Bestellnr. WA 27—1 MP 12 V, 3-Liter-Anlage die Bestellnr. WA 28—1 MP 12 V.

Natürlich ist die 3-Liter-Anlage empfehlenswerter, aber dazu braucht man den erforderlichen Einbauraum. Damit es sich leichter planen läßt:

Der 3-Liter-Behälter hat mit aufgesetzter Pumpe die Maße: Höhe 220 mm, Breite 330 mm, Tiefe 70 mm.

Der 1,5-Liter-Behälter hat eine Höhe von 245 mm, Breite 200 mm und Tiefe 50 mm.

Klappt der Einbau aus Platz- oder Spannungsgründen nicht, so muß man zu den nachstehenden Lösungen greifen.

Elektrisches Waschen ohne Automatik

Das VDO-Electric-set enthält eine elektrische Wascherpumpe und das Installationsmaterial. Damit macht man aus der balgbetätigten Waschanlage eine elektrisch betätigte. Hier kann man den ursprünglichen Wasserbehälter beibehalten, hat allerdings keine Automaitk; die Scheibenwischer muß man gesondert hinzuschalten. Allerdings beträgt der Preis auch nur rund DM 32,—. Die Anlage gibt's für 6 und 12 Volt.

Wasch-Automatik mit Verzögerungsschalter

Nicht so elegant wie eine „Vollautomatik", man benötigt aber im „sparsamsten" Fall nur einen Verzögerungsschalter und eine elektrische Wascherpumpe. Kommt dann auf etwa DM 40,—. Den ursprünglichen Wasserbehälter kann man beibehalten. Empfehlenswert ist natürlich ein größerer Behälter. (Von SWF und VDO gibt's 2-Liter-Behälter, die man einfach in die Aufhänge-

Links: Der SWF-Verzögerungsschalter.
Rechts: Wenn man neue Scheibenwaschschläuche einziehen muß, ist das oft nicht einfach. Hier hilft eine Autosicherung, auf die man die beiden Schläuche aufsteckt. So kann man mit dem alten Schlauch den neuen Schlauch einziehen.

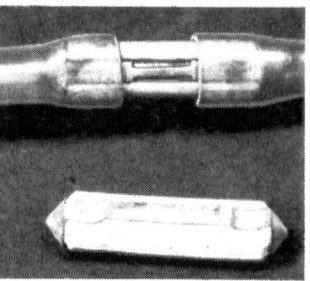

vorrichtung der meisten flachen 1-Liter-Behälter einhängen kann.) Eine derartige Automatik gibt's von Hella auch komplett. Gleiche Anlage wie oben beschrieben, nur ist das elektronische Steuergerät durch den Verzögerungsschalter ersetzt. Dafür beträgt der Preis aber nur ca. 35,– DM.

Große Bohr- und Installationsarbeiten sind für die vorgeschlagene Anlage nicht nötig. Der Schalter benötigt in Lenkradnähe im Instrumentenbrett ein Loch von 10 mm, für die Wascherpumpe sind zwei Löcher in der Spritzwand im Motorraum erforderlich.

Der Verzögerungsschalter

Nach dem Einbau des Schalters im Instrumentenbrett ist nur ein einfacher Knopf sichtbar, wie er auch bei anderen Zugschaltern zu finden ist. Den Knopf kann man allerdings 20 mm weit herausziehen, wobei ein Federwerk gespannt wird.

Nach dem Loslassen des Zugknopfes läuft seine Zugstange unter der Federkraft zwei Sekunden zurück, wobei Wascherpumpe und Wischermotor gleichzeitig arbeiten.

Nach diesen 2 Sekunden gibt es einen kleinen Sprung und jetzt ist die Wasserpumpe ausgeschaltet und nur noch der Wischermotor in Tätigkeit. Er arbeitet, während die Zugstange durch die Feder weiter zurückgezogen wird, etwa

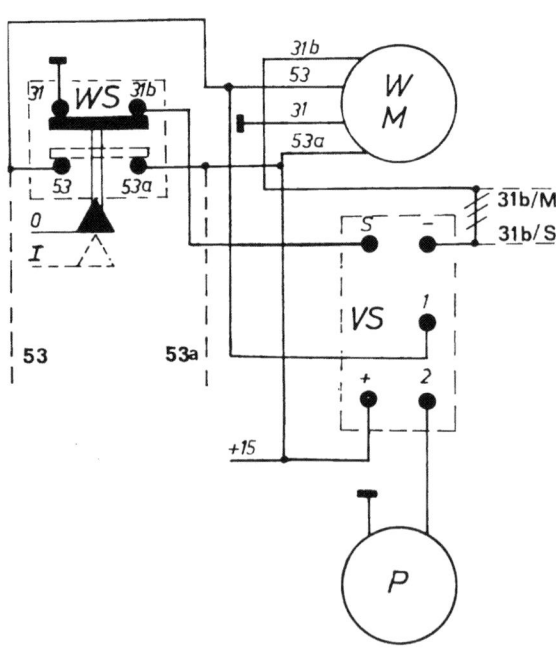

So läßt sich eine Wisch-Wasch-Kopplung in Verbindung mit einem Intervallschalter installieren. Hier handelt es sich um den SWF-Scheibenwischermotor vom Typ SWA, wie er u. a. bei den VW-Käfer-Modellen eingebaut ist. (Siehe auch Aufstellung der eingebauten Scheibenwischermotoren im Text.) Die Anschlüsse für den Intervallschalter sind gestrichelt dargestellt und die dort angegebenen Nummern beziehen sich auf den SWF-Intervallschalter. Es bedeuten: WS = Wischerschalter, WM = Wischermotor, VS = Verzögerungsschalter, P = Wascherpumpe.

zehn Sekunden lang, dabei entfernen die Wischerblätter die Nässe von der Windschutzscheibe.
Nach Ablauf des Verzögerungswerks wird die Kurzschlußbremse des Scheibenwischermotors eingeschaltet, so daß er in Parkstellung zur Ruhe kommt.
Für Selbstbau-Anlagen werden benötigt:

Hella- oder SWF-Verzögerungsschalter	rund DM 15,—
SWF-Zahnradpumpe für 6 oder 12 Volt	rund DM 30,—
SWF-Membranpumpe für 6 oder 12 Volt	rund DM 28,—
VDO-Zahnradpumpe für 6 oder 12 Volt	rund DM 30,—

Selbstbau-Wisch-Wasch-Automatik

Wenn man Einbauschwierigkeiten mit einem größeren Wasserbehälter hat oder einen Wagen mit einer 6-Volt-Anlage besitzt, ist man auf eine größere Bastelei angewiesen. Hier benötigt man eine elektrische Wascherpumpe, ein Verzögerungsrelais, einen Lenkstock- oder Druckknopfschalter und evtl. einen größeren Wasserbehälter, sowie gegebenenfalls ein Umschaltrelais. Bei den Typen Ford 17 M Oktober 1960 bis August 1964, Opel Rekord/Caravan September 1957 bis Juli 1966, Opel Kapitän/Admiral/Diplomat ab 1964 bis Juli 1969, mit zweistufigem Scheibenwischer SWD von SWF, sowie bei den VW-Typen mit regelbarer Scheibenwischergeschwindigkeit (SWD stufenlos), ist der Aufwand am geringsten. Für Fahrzeuge mit anderen Scheibenwischermotoren sind abgeänderte Schaltungen mit etwas höherem Schaltungsaufwand erforderlich.

Das Verzögerungsrelais

Das Herzstück dieser Selbstbau-Wisch-Wasch-Automatik ist ein sogenanntes Verzögerungsrelais von Hella, das für 6- und 12-Volt-Anlagen lieferbar ist. Mit dem Einschalten der Zündung erhalten Wascherpumpe und Verzögerungsrelais die Pluszuführung, sie sind also an Klemme 15 des Zündschalters gelegt. (Da der Anschluß am Schalter selbst mit einigen Schwierigkeiten verbunden ist, kann man ihn auch an Klemme 15 der Zündspule legen; das ist praktischer.)
Die Masseklemme der Wascherpumpe und die Klemme 31 b des Verzögerungsrelais liegen am isolierten Anschluß des Lenkstockschalters. Von der Klemme M des Verzögerungsrelais wird bei zweistufigen Scheibenwischern eine Leitung zur Klemme 53 des Scheibenwischermotors oder des Scheibenwischerschalters gezogen.
Soll die Scheibenwasch-Automatik eingeschaltet werden, so wird der Lenkstockschalter betätigt. Hierdurch werden die Minusklemme der Wascherpumpe und die Klemme 31 b des Verzögerungsrelais an Masse gelegt.
Das Verzögerungsrelais schaltet nach einer kurzen Ansprechzeit von 0,5 ± 0,2 Sekunden den Scheibenwischermotor ein.
Da die Wascherpumpe sofort nach Anziehen des Lenkstockschalters anläuft — der Scheibenwischermotor aber erst nach der erwähnten kurzen Verzögerung — ist die Windschutzscheibe schon mit Wasser benetzt, bevor sich die Scheibenwischerblätter über die Windschutzscheibe bewegen. Durch diese kurze Verzögerung können die Wischerblätter nicht über die noch trockene Windschutzscheibe streichen.
Wird der Lenkstockhebel losgelassen, so wird die Verbindung zur Masse und damit der Stromfluß durch das Verzögerungsrelais unterbrochen. Nach einer Verzögerungszeit von 4 Sekunden wird der Scheibenwischermotor stromlos. Er erhält nur noch seine Pluszuführung über den eingebauten Endab-

Bei Fahrzeugen mit den Wischermotoren vom Typ SWD und SWDV läßt sich ohne besondere Schwierigkeiten auch ein sogenanntes Verzögerungsrelais einbauen. Diese Schaltung ist ja bei den neuen BMW-Modellen serienmäßig. Es bedeuten: WS = Wischerschalter, WM = Wischermotor, VR = Verzögerungsrelais, P = Wascherpumpe, LS = Lenkstockschalter, der beim Einschalten der Anlage kurzzeitig die Masseverbindung für das Verzögerungsrelais und die Pumpe herstellt. Die Leitungen für den Intervallschalter sind wiederum gestrichelt dargestellt.

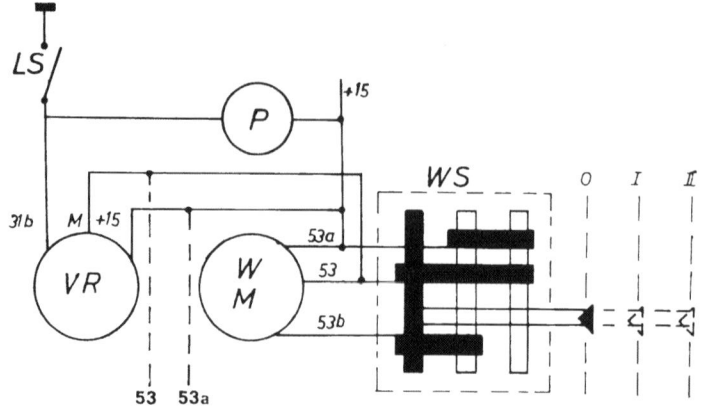

schalter, so daß die Wischerblätter in der Parkstellung zur Ruhe kommen.
Solange der Lenkstockschalter betätigt wird, sind Wascherpumpe und Relais (und damit der Scheibenwischermotor) gemeinsam eingeschaltet. Es wird also Waschwasser gefördert und gleichzeitig gewischt!
An Teilen werden benötigt: Ein Lenkstock- oder Druckknopfschalter, Hella-Verzögerungsrelais 91/48-6-Volt oder 91/48-12-Volt (rund 10,— DM) und eine der im vorigen Abschnitt erwähnten Wascherpumpen.
Bei den Typen Ford 12 M / 15 M / 17 M (außer Oktober 1960 bis August 1964) / 20 M, die meisten Mercedes-Modelle, alle NSU, Opel Rekord ab August 1966, Kadett ab August 1965, Olympia, Commodore, VW 1200 bis 1500 (Käfer), Karmann-Ghia 1300 / 1600, VW 1600, mit den SWF-Wischermotoren vom Typ SWA, SWM, SWMV benötigt man noch ein zweipoliges Umschaltrelais, das die Masseverbindung von der Klemme 31 b des Wischermotors zur Klemme 31 (Masse) beim Einschalten der Wisch-Wasch-Kopplung aufhebt. Das entsprechende Hella-Relais hat die Nummer 91/17-6-Volt oder 91/17-12-Volt und kostet etwa 13 Mark.
Leider ist dieses doppelpolige Umschaltrelais aus der Fertigung genommen worden, so daß man es nur noch aus alten Lagerbeständen bekommt. Anstelle dieses doppelpoligen Umschaltrelais kann man aber 2 einzelne Um-

Auch beim Wischermotor vom Typ SWA kann man den Wisch-Wasch-Vorgang durch ein Verzögerungsrelais steuern. Da dieser Motor eine Kurzschluß-Bremse hat, benötigt man zusätzlich noch ein Umschaltrelais UR. Die Leitungen für den Intervallschalter sind gestrichelt angegeben.

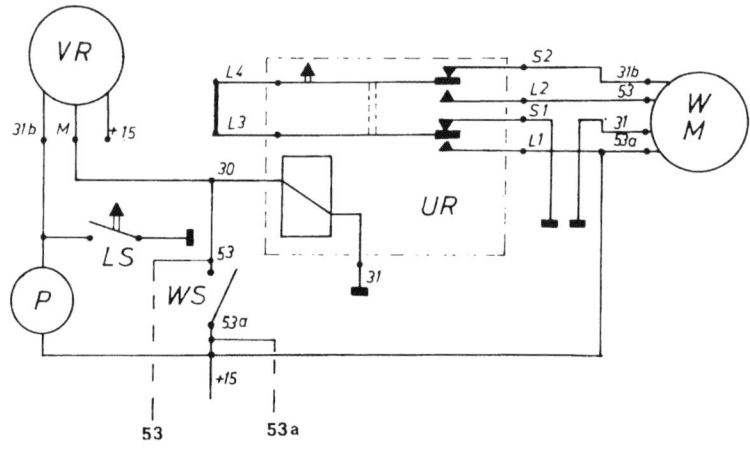

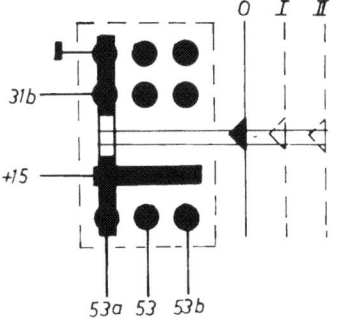

Zweitourige Wischermotoren vom Typ SWM besitzen einen Scheibenwischerschalter, der die Leitung 31 b des Scheibenwischermotors an Masse legt. Beim Einschalten der Wisch-Wasch-Kopplung muß diese Masseverbindung aufgehoben werden, was wiederum durch den Verzögerungsschalter geschehen kann.

schaltrelais verwenden. Die beiden Steuerspulen dieser Relais kommen mit ihren Klemmen 85 an Plus (Klemme 30 des Umschaltrelais), die beiden Klemmen 86 an Masse. Die Klemmen 30/51 beider Relais werden miteinander verbunden. Die Klemmen 87 und 87 a des einen Relais werden L 2 bzw. S 2, die Klemmen 87 und 87 a des anderen Relais werden L 1 bzw. S 1. Solche Umschaltrelais gibts u. a. von Bosch, Hella und SWF.

Da die Kennzeichnung der Leitungsanschlüsse an Scheibenwischern und Scheibenwischerschaltern manchmal unterschiedlich ist, hier eine Gegenüberstellung:

Leitung	Klemmenbezeichnung		
	neu	alt (Bosch)	SWF
Direkte Plusleitung zum Scheibenwischermotor und zum Scheibenwischerschalter	53 a	54 oder +	+
Plusleitung vom Scheibenwischerschalter zum Scheibenwischermotor	53	54 d oder S	S oder 1
Führen mehrere Plusleitungen vom Scheibenwischerschalter zum Scheibenwischermotor, so ist: Zuführung zur Hauptstromwicklung	53		
Zuführung zur Nebenstromwicklung	53 b		
Direkte Masseleitung vom Scheibenwischermotor zur Masse	31		— oder 4
Masseleitung vom Scheibenwischermotor zum Scheibenwischerschalter	31 b		3

In den Schaltbildern bedeuten außerdem:
VS = Verzögerungsschalter, LS = Lenkstockschalter, WM = Wischermotor, WS = Wischerschalter, P = Wascherpumpe, VR = Verzögerungsrelais, UR = Umschaltrelais.
Die gestrichelten Leitungen gelten für die Anschaltungen eines Intervallschalters. Natürlich kann dieser auch ohne Wisch-Wasch-Automatik eingebaut werden.
Die Leitungsanschlüsse bei den verschiedenen Intervallschalter-Herstellern entsprechen einander wie folgt:

Bosch		Duokombischa	Hella	SWF	Wilkie
88	(rot)	rot	+ 49	53 a	rot
88 a	(gelb)	grün	53	53	grau
85	(braun)		— 31		schwarz
87	(weiß)	blau	31 b 1	31 b / S	grün
87 a	(schwarz)	weiß	31 b 2	31 b / M	grün

Nachträglicher Instrumenteneinbau

Kontroll-Inspektoren

Die meisten Wagen sind nicht allzu üppig mit Anzeigeinstrumenten ausgestattet, so daß man oftmals gerne noch etwas zusätzliches tun möchte. Mehr Instrumente erfordern aber auch mehr Aufmerksamkeit und die muß man vom Verkehrsgeschehen abzweigen, so daß die Kontrolleuchten mit ihrem größeren Auffälligkeitswert nicht nur Sparsamkeitsmaßnahmen darstellen.
Trotzdem, über manche Vorgänge möchte man etwas genauer orientiert sein, so daß in vielen Fällen nur der nachträgliche Einbau weiterhilft.

Drehzahlmesser

Im Interesse des Motors wäre ein Drehzahlmesser wesentlich nützlicher als der Tachometer, da jeder Motor eine konstruktionsbedingte Höchstdrehzahl hat, die möglichst nicht überschritten werden soll. Nun sind Drehzahlmesser gesetzlich nicht vorgeschrieben, wohl aber Tachometer. Meist findet man auf dem Tachometer Geschwindigkeitsmarken für die unteren Gänge, die einen gewissen Ersatz für den Drehzahlmesser darstellen. Trotzdem wird der nachträgliche Einbau eines Drehzahlmessers recht häufig gewünscht.
Erstens weil ein Drehzahlmesser so schön sportlich aussieht.
Zweitens weil er bei drehfreudigen Motoren eine wirkliche Daseinsberechtigung hat.
Heute hat kaum mehr ein Gebrauchsmotor einen Antrieb für einen mechanischen Drehzahlmesser mit biegsamer Welle, so daß man auf elektrische Übertragung angewiesen ist.

Zündungs-Drehzahlmesser

Wenn man einen Drehzahlmesser nur aus Prestigegründen einbauen will, dann kommt man recht billig davon, weil es hier auch ein kleiner Drehzahlmesser mit begrenzter Skala tut, der nicht mal genau anzuzeigen braucht. (Abgesehen davon könnte man eine genaue Anzeige bei kleiner Skala ohnehin nicht ausnutzen.)
Soll aber ein Drehzahlmesser eingebaut werden, der wirklich eine Überwachung der Motordrehzahl ermöglicht, so schlägt der Einbau schon kräftig zu Buche. Der Drehzahlmesser sollte ein Rundinstrument sein, damit die Skala möglichst lang wird und ein genaues Ablesen ermöglicht. Zum genauen Ablesen gehört aber auch eine genaue Anzeige des Instruments, und die hat man mit einiger Sicherheit nur dann, wenn es aus einem Haus stammt, das einen guten Ruf zu verlieren hat, wie es u. a. bei Grossen, Hartmann & Braun und VDO der Fall ist. Leider sind die großen Instrumente schlecht unterzubringen, da man entweder eine entsprechende Öffnung im Instrumentenbrett vorsehen oder sie an einem besonderen Halter unter dem Instrumentenbrett anbringen muß. Für Instrumentenbretter, die unterhalb der Windschutzscheibe in den Fahrerraum hineinragen, gibt es auch Aufsatz-Drehzahlmesser.

Einbaudrehzahlmesser von Gossen, Erlangen. Der Anschluß an eine Kondensatorzündung – der bei allen Drehzahlmessern etwas schwierig ist – wird von Gossen so angegeben: Eine zusätzliche Leitung wird von Klemme 1 des Verteilers an eine Klemme des Drehzahlmessers gelegt. Von dessen zweiter Klemme wird eine Leitung an Klemme 15 des Zündschalters geführt. In diese Leitung wird bei 6 V-Anlagen ein Widerstand von 10 Ohm (3,5 Watt belastbar) gelegt, bei 12 V-Anlagen 20 Ohm.

Transistor-Drehzahlmesser

Die Transistor-Drehzahlmesser, zu denen u. a. die Geräte von VDO gehören, sind parallel zur Zündspule angeschlossen. Bei jeder Unterbrechung des Primärstroms erhält der Drehzahlmesser einen Impuls. Die Unterbrechungen des Primärstroms sind proportional der Motordrehzahl, und so zeigt das Instrument bei richtiger Auswahl (Zylinderzahl, 6- oder 12-Volt-Spannung, Zwei- oder Viertaktmotor) die Motordrehzahl an.

Transistor-Drehzahlmesser lassen sich nicht ohne weiteres an Transistor-Zündungen betreiben, da die Spannungsimpulse derartiger Zündanlagen anders sind als bei Standardzündanlagen. Entweder muß die Innenschaltung des Transistor-Drehzahlmessers im Werk geändert oder ein Vorschaltglied (Bosch) verwendet werden.

Die meisten der auf elektrischer Grundlage arbeitenden Drehzahlmesser müssen auf Zylinderzahl des Motors, auf die Taktzahl und die Spannung abgestellt sein, so daß man sie beim „Umzug" auf einen Wagen mit darin abweichenden Daten nicht mitnehmen kann. Bei hochwertigeren Instrumenten ist das natürlich unerfreulich, denn beim Verkauf oder Inzahlunggabe eines Wagens wird der Wert des Drehzahlmessers ebensowenig ausreichend angerechnet, wie der, anderer Zusatzeinrichtungen am Wagen.

Umschaltbare Drehzahlmesser

Damit man einen hochwertigen Drehzahlmesser von einem zum anderen Wagen ohne Schwierigkeiten übernehmen kann, liefert die Firma VDO neuerdings

Der neue VDO-Transistor-Drehzahlmesser läßt sich universell verwenden, da er sowohl für 6- wie 12-Volt-Spannung geeignet ist und auch die Zylinder- und Taktzahl des Motors einstellbar ist.

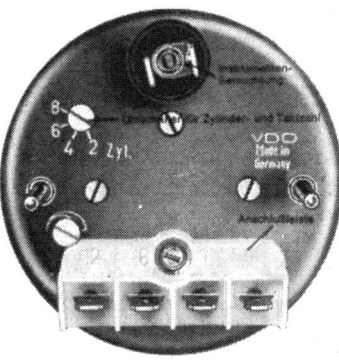

195

umschaltbare Transistor-Drehzahlmesser. Die Geräte haben Anschlußsteckfahnen für 6 und 12 Volt auf der Rückseite, an die die Plusleitung entsprechend der Fahrzeugspannung angeschlossen wird.

Mittels eines Schalters auf der Geräterückseite wird die Zylinderzahl des Motors eingestellt. Da derartige Drehzahlmesser die Drehzahlanzeige aus der Zahl der Zündimpulse beziehen, wird dieser Schalter bei Zweitaktmotoren (die ja die doppelte Zahl von Zündungen in der Minute haben wie ein Viertaktmotor) auf die halbe Zylinderzahl eingestellt.

Die Schalterstellung „2", die für einen 2-Zylinder-Viertaktmotor gilt, entspricht also auch einem 1-Zylinder-Zweitaktmotor. Bei Fahrzeugen mit mehreren Zündspulen wird das Gerät nur an eine Zündspule angeschlossen, so daß für den Schalter z. B. bei einem 3-Zylinder-Zweitakter auch wieder die Schalterstellung „2" gilt.

Drehzahlmesser mit Meßwandler

Der Drehzahlmesser von Hartmann & Braun arbeitet mit einem eingebauten Meßwandler (Transformator), wobei der gesamte Primärstrom der Zündung über das Gerät fließt. Durch diese Konstruktion ergibt sich zwar eine sehr genaue Anzeige, doch der Transformator ist nur für Ströme ausgelegt, wie sie bei herkömmlichen Batteriezündungen fließen. Das ist bei Transistorzündungen sehr wichtig, denn hier fließt ein wesentlich höherer Strom durch die Primärwicklung der Zündspule, der den Meßwandler zerstören würde.

Bei diesen Drehzahlmessern muß man auch darauf achten, daß an Klemme 15 der Zündspule nur die Leitung vom Drehzahlmesser angeschlossen und keine weitere Leitung abgegriffen wird.

Elektrische Temperaturmessung

Für das Wohlbefinden eines Motors ist es von entscheidender Bedeutung, daß die Öltemperatur und bei wassergekühlten Motoren auch die Kühlwassertemperatur, in bestimmten Grenzen gehalten wird.

Zu kaltes Öl ist zähflüssig und kann noch nicht richtig schmieren, ist das Öl dagegen zu heiß, so kann der Schmierfilm reißen und die Schmierung ist wiederum in Frage gestellt.

Ist das Kühlwasser zu kalt, so ist der Motorverschleiß größer und der zwischen Kolben und Zylinderwand ins Schmieröl gelangte Kraftstoff kann ebenso-

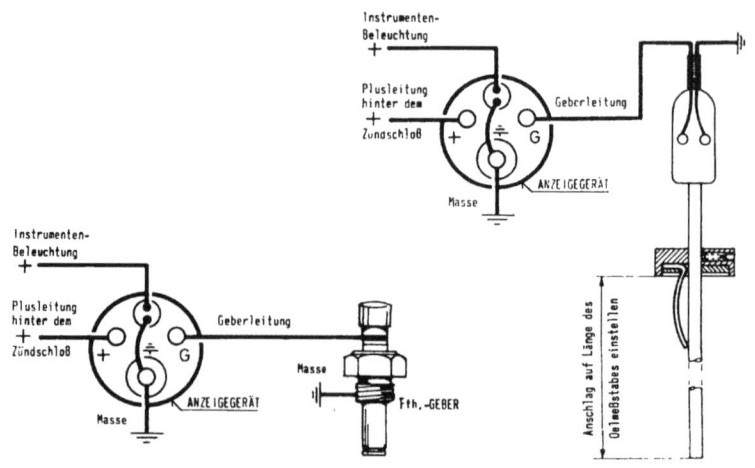

Links: Anschaltung des Öldruckthermometers mit einem Geber, der anstelle der Ölablaßschraube eingesetzt wird.
Rechts: Für manche Fahrzeuge wird anstelle des Gebers, der die Ölablaßschraube ersetzt, ein Ölmeßstab mit Geber verwendet. Der serienmäßige Ölmeßstab wird hier durch den Meßstab mit Geber ersetzt.

wenig wie Kondenswasserniederschläge verdampfen. Ist die Kühlwassertemperatur zu hoch, so verdampft das Kühlwasser so stark, daß der Dampf nicht mehr im Wasserkasten des Kühlers kondensiert, sondern das Überdruckventil im Kühlerverschluß anhebt und entweicht, was gleichbedeutend mit Kühlwasserverlust ist.

Kühlwasserthermometer

Die Kühlwassertemperatur soll möglichst zwischen 85 und 95 Grad Celsius liegen. Ein Thermostat in der Kühlwasserleitung sorgt dafür, daß das Kühlwasser bei tieferen Temperaturen noch nicht durch den Kühler fließt und dort rückgekühlt wird. Erst dann, wenn das Kühlwasser die erforderliche Temperatur erreicht hat, öffnet das Thermostat und das Wasser fließt durch den Kühler.

Vielfach verlassen sich die Automobilhersteller nur auf die richtige Funktion dieses sogenannten Kühlwasserreglers und verzichten auf den Einbau eines Kühlwasserthermometers. Leider merkt man aber höchstens im Winter an der Heizung, wenn das Thermostat zu früh öffnet, da der Heizkörper jetzt nicht richtig warm wird. Ob das Kühlwasser zu heiß wird, merkt man ohnehin meist erst zu spät, da der sich entwickelnde Dampf durch das Überlaufrohr des Kühlers abströmt und nicht sichtbar wird.

Ein Kühlwasserthermometer ist also auch bei modernen Motoren mit Kühlwasserthermostat keineswegs ein Luxus.

Fernthermometer mit Kapillarrohr

Bei den serienmäßigen Temperaturmessern für die Kühlwasser- und Öltemperatur wendet man im allgemeinen die Übertragung durch ein Kapillarrohr an. Vom Wärmefühler am Zylinderkopf, einem Kühlwasserschlauch oder der Ölwanne verläuft das mit einer leicht siedenden Flüssigkeit gefüllte Kapillarrohr zum Anzeigeinstrument. Temperaturfühler, Kapillarrohr und Anzeigeinstrument sind dabei eine Einheit, d. h. das Kapillarrohr kann nicht abgeschlossen werden. Zwar gibt es derartige Fernthermometer mit Kapillarrohr auch zum nachträglichen Einbau, doch macht der nachträgliche Einbau durch die Verlegung des Kapillarrohres ziemliche Schwierigkeiten.

Elektrische Fernthermometer

Für den nachträglichen Einbau sind Fernthermometer mit elektrischer Übertragung günstiger. Hier wird in den Kühlwasser-Austrittsschlauch ein Wärmefühler eingesetzt und im oder am Instrumentenbrett wird das Anzeigegerät angebracht. Zwischen Wärmefühler und Anzeigegerät ist lediglich eine elektrische Leitung nötig, die man natürlich viel leichter verlegen kann, als ein Kapillarrohr. Außerdem wird noch eine Masseleitung am Wärmefühler und eine solche am Anzeigegerät erforderlich. Das Anzeigegerät selbst erhält noch eine Pluszuführung. Die Skala des Instruments reicht üblicherweise bis 100 Grad Celsius.

Öl-Fernthermometer

Öl-Fernthermometer sind serienmäßig höchstens bei Sportmotoren zu finden. Ein nachträglicher Einbau ist unbedingt ratsam, wenn es sich um einen Motor handelt, der durch Frisieren auf eine höhere Leistung gebracht wurde. Für den Einbau gilt das Gleiche wie bei dem Kühlwasser-Fernthermometer. Der nachträgliche Einbau eines Instrumentes mit elektrischer Übertragung ist einfacher als der eines Instrumentes mit Kapillarrohr. Der Wärmefühler wird entweder anstelle der Ölablaßschraube eingeschraubt oder ist am Ölmeßstab angebracht.

Da die Anschlüsse der Geber für viele Fahrzeuge unterschiedlich sind, muß der Geber auf das Fahrzeug abgestimmt sein.

Links: Die Anschaltung eines elektrischen Öldruckmessers mit dem Öldruckgeber. Der Geber wird anstelle des Druckschalters für die Öldruckkontrollleuchte eingeschraubt. Rechts: Neben dem Öldruckmanometer kann auch die Öldruckkontrolle noch beibehalten werden. In diesem Fall ist ein Geber mit Warnkontakt nötig, der die Öldruckkontrolleuchte steuert.

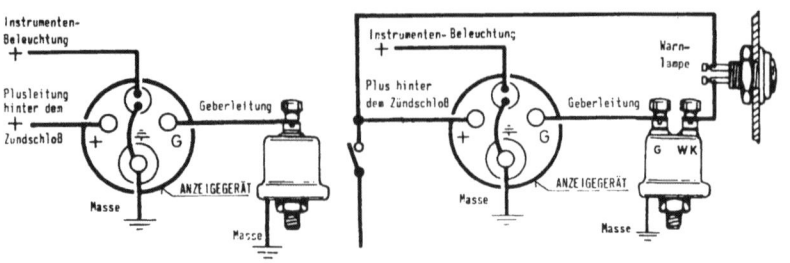

Die Skala der Öl-Fernthermomoeter reicht je nach Ausführung bis 120 oder 140 Grad Celsius, denn die Öltemperatur liegt üblicherweise über der Kühlwassertemperatur. 120 Grad Celsius Öltemperatur sollten keinesfalls überschritten werden.

Natürlich kann man ein Öl-Fernthermometer auch als Kühlwasser-Fernthermometer einsetzen, doch umgekehrt ist es nicht ratsam, da man andernfalls über 100 Grad C ja keine Anzeige mehr hat.

Öldruckmesser

Ob der von der Ölpumpe gelieferte Druck dazu ausreicht, den Motor einwandfrei zu schmieren, wird heute bei den meisten Wagen durch eine Öldruckkontrolleuchte angezeigt. Hierzu sitzt am Motorgehäuse ein Druckschalter, der sich bei ungenügendem Öldruck schließt und den Stromkreis für die Öldruckkontrolleuchte herstellt. Früher verwendete man meist einen Öldruckmesser, der auf die Übertragung durch ein Druckrohr angewiesen war.

Der nachträgliche Einbau eines Öldruckmessers mit Druckrohr macht einige Schwierigkeiten, da sich das Druckrohr nicht gut verlegen läßt. Zwar kann man die Verbindung zwischen Druckgeber und Rohr sowie zwischen Rohr und Anzeigeinstrument trennen — das Rohr also getrennt verlegen — doch ist das Rohr ziemlich starr. Da der Motor gegenüber der Karosserie schwingen kann, muß man auf eine ausreichende flexible Verlegung mit nachgiebigen Windungen achten.

Auch hier läßt sich der Einbau durch die elektrische Übertragung sehr vereinfachen. Die Anschlüsse für das Geberteil des Öldruckmessers sind ebenfalls recht unterschiedlich, weshalb man auch hier ein auf das Fahrzeug abgestimmtes Instrument erwerben muß.

Überwachung der Batterieladung

Amperemeter

Ob die Batterie von der Lichtmaschine geladen wird, soll die Ladekontrollleuchte anzeigen. Wie schon erwähnt, zeigt sie aber lediglich an, ob die Spannung der Lichtmaschine auf die Batteriespannung angestiegen ist. Um feststellen zu können, ob ein Strom von der Lichtmaschine in die Batterie fließt oder ob statt dessen die Batterie Strom abgeben muß, benötigt man ein Amperemeter.

Bei Gleichstrom-Lichtmaschinen wird das Instrument in die Ladeleitung zwischen Regler und Anlasser gelegt.

Handelt es sich um einen sogenannten Schwung-Lichtanlaß-Batteriezünder, wie meist bei Zweizylindermotoren gebräuchlich, so kann man kein Amperemeter verwenden. Hier ist die Ladeleitung zwischen der Anlage und der Batterie ja gleichzeitig das Batteriekabel für den Anlasser, so daß während des

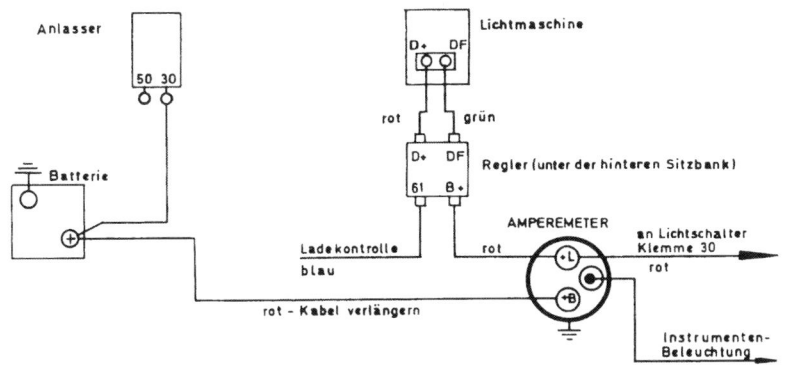

So wird ein Amperemeter bei Gleichstrom-Lichtmaschinen angeschlossen. Es liegt in der Leitung von B + des Reglers zur Klemme 30 des Anlassers (dickes Batteriekabel). Die Verwendung eines solchen Amperemeters bei Schwung-Lichtanlaß-Batteriezündern ist nicht möglich.

Anlaßvorgangs der gesamte Anlaßstrom über das Amperemeter fließt, und für solch hohe Ströme sind diese Instrumente nicht ausgelegt.
Bei Drehstromlichtmaschinen wird das Amperemeter zwischen die Plusklemme der Lichtmaschine und Klemme 30 des Anlassers geschaltet.
Werden Stromverbraucher direkt an Klemme 30 des Anlassers bzw. am Pluspol der Batterie angeschlossen, so wird deren Stromaufnahme nicht vom Amperemeter angezeigt. Sowohl bei Gleichstrom- wie bei Drehstrom-Lichtmaschinen darf man hier also nur kurzzeitige Stromverbraucher (z. B. Fanfaren) direkt anschließen, wenn man eine zuverlässige Anzeige von Ladung und Entladung haben will.

Voltmeter

Da die Bordnetzspannung bei ladender Lichtmaschine stets über der Batteriespannung liegt, kann man die Batterieladung auch durch ein Voltmeter überwachen. Normale Voltmeter z. B. mit 10-Volt-Meßbereich bei 6 Volt Bordnetzspannung bzw. 15-Volt-Meßbereich bei 12 Volt Bordnetzspannung sind allerdings nicht brauchbar, da hierbei die Ablesegenauigkeit zu klein ist.
Die hier verwendeten Voltmeter haben um den Punkt der Bordnetzspannung herum eine sehr gedehnte Skala, so daß man genau sehen kann, ob die Batterie entladen oder geladen wird.
Vielfach haben diese Instrumente nicht den Namen Voltmeter sondern eine Phantasiebezeichnung, wie z. B. „akku-test"; haben auch keine Zahleneinteilung sondern farbige Felder, die Ladung oder Entladung anzeigen — Voltmeter sind es trotzdem.
Derartige Instrumente kann man auch dann verwenden, wenn das Ladekabel gleichzeitig Batteriekabel ist, wie bei den Schwung-Lichtanlaß-Batteriezündern. Auch wenn Stromverbraucher direkt am Pluspol der Batterie bzw. am Anlasser angeschlossen und über Relais geschaltet werden, wie es zur Herabsetzung des Spannungsabfalls empfohlen wurde, läßt sich mit einem solchen Instrument die Batterieladung überwachen.

Benzinstandanzeige

Manche Fahrzeuge besitzen zur Kontrolle des Kraftstoffvorrats nur eine Warnleuchte, die beim Erreichen der Reservemenge (die üblicherweise noch für mindestens 50 Kilometer ausreicht) aufleuchtet.
Bei fast allen derartigen Fahrzeugen läßt sich nachträglich eine sogenannte „Benzinuhr" einbauen. Der Einbau des hierfür erforderlichen Anzeigeinstrumentes im Instrumentenbrett ist zwar nicht sonderlich schwierig, dafür aber

der Einbau des Gebers im Kraftstoffbehälter. In die Oberseite des Kraftstoffbehälters muß eine ziemlich große Öffnung geschnitten werden, in die der Geber eingebaut wird. Sofern alle Seitenwände genau senkrecht sind (was kaum jemals zutrifft) kann man ein Universal-Tankgerät von VDO einbauen. Für andere Fahrzeuge gibt es teilweise spezielle Geräte, über die man sich beim Fahrzeughersteller bzw. bei den Zubehörhändlern erkundigen muß.

Zusatz-Instrumentensätze

Der nachträgliche Einbau von Zusatz-Instrumenten ins Instrumentenbrett stößt meist auf einige Schwierigkeiten. Manche Firmen bieten deshalb Einzel-Instrumente oder Instrumentensätze zum Anbau unterhalb des Instrumentenbretts an. Bei solchen Geräten soll man aber darauf achten, daß sie nicht als „Rammböcke" auf die Knie der Fahrzeuginsassen wirken können. Halterungen aus Gummi oder Weichplastik sind ungefährlicher als Metallhalter.

Diebstahl-Warnanlagen

Eine Diebstahl-Warnanlage, die nicht nur beim Diebstahl eines Wagens bzw. beim Öffnen einer Tür, der Motor- oder Kofferraumhaube, sondern schon beim Stehlen von Radkappen, Abmontieren von Scheinwerfern usw. einen Alarm auslöst, muß hochempfindlich sein.

Das Bundesverkehrsministerium hat etwas gegen solche Anlagen, die schon beim Bewegen eines Fahrzeuges einen Alarm auslösen. Danach dürfen Erschütterungen des Fahrzeugs oder Hantierungen am Fahrzeug von außen, die Anlage noch nicht in Betrieb setzen.

Lieferanten von Diebstahl-Warnanlagen sind unter „Nützliche Adressen" aufgeführt. Auf jeden Fall sollte man sich zuerst ausführliche Unterlagen davon kommen lassen, bevor man gutes Geld für die meist ziemlich teuren Anlagen zum Fenster hinauswirft.

Instrumente zur Fahrtüberwachung

Die bisher beschriebenen Instrumente dienen der Überwachung von Motor und Nebenaggregaten auch schon bei laufendem Motor aber noch stehendem Fahrzeug. Daneben gibt es noch Instrumente, die Kontrollfunktionen während der Fahrt haben. Sie arbeiten zwar nicht auf elektrischer Grundlage, sollen aber trotzdem erwähnt werden.

Wegstreckenzähler

Für normalen Betrieb reicht der im Tachometer eingebaute Kilometerzähler vollkommen aus. (Feinere Fahrzeuge haben ja sogar einen zusätzlichen Ta-

Die Firma VDO liefert unter dem Namen „Cockpit" einen Halter aus Weichplastik, der unterhalb des Instrumentenbretts angebracht werden kann. Bis zu drei Instrumente können in einem Halter zusammengefaßt sein. Der abgebildete Halter hat links einen Öldruckmesser, in der Mitte ein Amperemeter, rechts Ölthermometer.

geskilometerzähler, den man jederzeit beliebig auf Null stellen kann, wobei er danach erneut mit dem Zählen der zurückgelegten Kilometer beginnt.)
Für Rallyefahrer gibt's da noch besonders edle Geräte mit mehreren Zählwerken (Tripmaster und Twinmaster), die sogar schon nach jeweils 10 Meter eine Zahlenrolle schalten. Die Zählwerke können auf Vorder- und Rückwärtszählen gestellt werden, können addieren usw. Derartige Geräte sind natürlich nicht billig, kommen deshalb meist auch nur für Wettbewerbsfahrer in Frage.

Frostwarner

Hier ist ein Temperaturfühler unter der vorderen Stoßstange angebracht, der auf einem Thermometer am Instrumentenbrett die Außentemperatur in Bodennähe anzeigt und so auf die Gefahr von Glatteisbildung hinweisen soll.
Ganz ehrlich, ein solcher Frostwarner ist nur bedingt brauchbar. Wenn man im Winter aus dem warmen Süden wieder in heimische Gegenden kommt, so zeigt einem das Gerät natürlich an, daß es draußen wesentlich kälter geworden ist, aber das merkt man auch an der verminderten Heizleistung.
Die Temperatur über der Fahrbahn selbst — und damit die evtl. Glatteisbildung — wechselt mitunter so schnell, daß das Thermometer noch mehrere Grad über Null anzeigt, wenn man sich schon auf dem Glatteis einer Brücke gedreht hat.

Ventilatoren, Lüfter und Gebläse

Die Windmacher

Eigentlich müßte man den im Wagen erwünschten Luftwechsel oder einen wärmenden bzw. kühlenden Luftzug durch den Fahrtwind erhalten können. Gleichgültig ob er den Heizkörper der Wasserkühlung durchströmt und so Wärme in den Wagen pumpt oder ob er durch die ganz oder teilweise geöffneten Fenster einströmt. Leider kann man aber nicht immer so schnell fahren, daß der Staudruck die gewünschte Wärme oder Kühle in den Wagen hineinpustet. Sofern das Gebläse eines luftgekühlten Motors nebenher die Förderung der Heizluft übernimmt, ergeben sich keine elektrischen Probleme.

Bei wassergekühlten Motoren sieht die Sache meist anders aus. Die Luft, die zur Heizung und Lüftung des Fahrgastraumes dienen soll, wird nicht vom Kühlerventilator geliefert, sondern sie wird bei Frontmotoren durch einen gesonderten Eintritt geführt, damit sie nicht durch den Dunst des eigenen Motors verunreinigt wird.

Das elektrische Gebläse

Bei niedriger Fahrgeschwindigkeit reicht der Luftzug vielfach nicht dazu aus, die benötigte Frischluftmenge durch den Heizkörper zu pressen. Wassergekühlte Motoren haben deshalb fast immer ein elektrisches Gebläse, das bei stehendem oder langsam fahrendem Wagen den zur Heizung erforderlichen Luftzug durch den Heizkörper erzeugt.

Die Motoren der Heizgebläse haben eine Leistungsaufnahme von 15 bis 40 Watt, so daß man ihren Stromverbrauch unter erschwerten Bedingungen schon in Rechnung stellen muß, wenn man nicht plötzlich mit leerer Batterie dastehen will. Beispiel: Gleichstrom-Lichtmaschine mit 240 Watt Maximalleistung, Nebelfahrt in der kühleren Jahreszeit, wenn Windschutzscheibe durch Nebel feucht wird und Scheibenwischer arbeiten müssen.

2 x 55 Watt Halogen-Nebelscheinwerfer	= 110 Watt
2 x 5 Watt Schlußlicht	= 10 Watt
2 x 5 Watt Begrenzungslicht	= 10 Watt
2 x 5 Watt Kennzeichenlicht	= 10 Watt
Nebelschlußleuchte	= 35 Watt
Zündung	= 15 Watt
Scheibenwischer	= 35 Watt
Transistorradio	= 15 Watt
gesamt	240 Watt

Obwohl es bei Nebelkriechfahrt im Wagen kühl werden wird, soll man das Gebläse nicht mehr einschalten, denn die Lichtmaschine wird schon durch die übrigen Verbraucher voll ausgelastet. Das Gebläse müßte seinen Strom aus der Batterie holen. (Wagen mit derartig schwachen Lichtmaschinen sind heute leider noch nicht ausgestorben!)

Ventilatoren im Fahrgastraum haben nicht nur die Aufgabe, den Insassen frische Luft zuzufächeln, sondern sie übernehmen auch das Freiblasen von beschlagenen Scheiben. Links: Ein SWF-Ventilator, dessen Geschwindigkeit mit einem Drehwiderstand stufenlos geregelt werden kann. Rechts: Der VDO-Walzenlüfter.

Der Gebläsemotor erfordert keine Wartung. Gott sei Dank, denn selbst das Auswechseln von Kohlebürsten ist ziemlich umständlich. Da der Gebläsemotor im eigenen Luftstrom liegt, und immer gut gekühlt wird, hält man ihn — für die hohe Leistung — recht klein; er ist also ein ziemlicher Schwerarbeiter.

Wenn der Gebläsemotor auch keine Wartung erfordert, sollte man ihm doch etwas Aufmerksamkeit schenken; ab und zu mal hinhören, ob er noch munter läuft und nicht schwerer geht. Dieser schwere Gang kann von klemmenden Lagern kommen, die als Selbstschmierlager ausgebildet sind. Klemmen die Lager, so muß der Motor schwerer arbeiten, nimmt zu viel Strom auf und die Wicklungen verbrennen. Diese Schäden sind zwar sehr selten, aber wenn sie auftreten, ist der Spaß nicht billig, denn in der Werkstatt kommen außer dem Motor noch einige Arbeitsstunden auf die Rechnung.

Keine Wartung — aber Aufmerksamkeit

Im Sommer ist man mit der Belüftung oft nicht recht zufrieden, in der kühleren Jahreszeit stört einen oft das Beschlagen der Heckscheibe. In beiden Fällen kann der zusätzliche Einbau eines Ventilators nützlich sein. Diese Ventilatoren gibts für ortsfesten Einbau mit Wechselhalter oder mit Saugbefestigung. Die Leistungsfähigkeit der Ventilatoren hängt natürlich von der Stärke des Elektromotors und damit vom Gewicht ab. Ventilatoren mit Saugbefestigung sind deshalb selten so kräftig wie solche für festen Anbau.

Ob Propeller- oder Walzenventilator, spielt im allgemeinen keine Rolle, da die Richtung des Luftstrahls in beiden Fällen ausreichend geändert werden kann. Für stärkere Ventilatoren gibt es gelegentlich Potentiometer (Drehwiderstände) mit denen sich die Drehzahl des Ventilators stufenlos regeln läßt, wie es z. B. beim SWF-Ventilator der Fall ist.

Zusätzliche Ventilatoren

Im Sommer soll der Ventilator wohl hauptsächlich zum Zufächeln frischer Luft dienen und deshalb in der Nähe des Fahrers angebracht sein. Im Winter dient der Ventilator vorwiegend dazu, den Feuchtigkeitsbeschlag auf der Innenseite der Scheiben zu entfernen. Da man die Windschutzscheibe durch Einschalten des Heizgebläses bei entsprechender Stellung der Luftdüsen freihalten kann, soll der zusätzliche Ventilator an der Heckscheibe sitzen. Um den Wechsel von der Front- zur Heckscheibe zu erleichtern, gibts z. B. für den Walzenventilator von VDO zwei Steckvorrichtungen, die vorne und hinten angebracht werden können. Der Ventilator kann dann ohne viel Mühe umgesteckt werden.

Sommer- und Winterbetrieb

Das Autoradio

Musik und Straßenzustandsbericht

Erwarten Sie bitte keine Kaufberatung oder eine Auskunft darüber, welches Autoradio das Beste ist! Zwischen billigstem Gerät mit zwei Wellenbereichen und der Spitzenklasse mit automatischem Sendersuchlauf, der im Fond durch Fernbedienung eingeschaltet wird, liegt eine Spanne wie zwischen Kleinwagen und Luxusgefährt.

Neben der Entscheidung zwischen den unterschiedlich teuren Autoradios erhebt sich auch noch die Frage, ob es ein fest eingebautes Gerät sein soll oder ein Kombi-Gerät, das nebenher als Kofferradio dienen soll. Solche Kombi-Geräte haben normalerweise eine fest in den Wagen eingebaute Verstärkerstufe mit Lautsprecher, mit der sich das sogenannte Portabel beim Einschieben selbsttätig kuppelt, so daß die Leistung im Wagen entsprechend höher ist.

Da einschiebbare Kombi-Geräte zu den begehrten Beutestücken von Autodieben gehören, sollte man ein abschließbares Gerät wählen. Praktisch ist es, wenn die Sicherung automatisch erfolgt, das Portabel also elektromagnetisch verriegelt wird und erst nach Einschalten der Zündung herausgezogen werden kann.

Die Entstörung

Sämtliche in Deutschland vertriebenen Wagen mit Ottomotor haben eine sogenannte Grundentstörung der Zündanlage. Durch diese Grundentstörung wird aber nur erreicht, daß Rundfunk- und Fernsehgeräte außerhalb des Wagens nicht durch die Zündanlage gestört werden.

Grundentstörung

Sie ist ziemlich einfach, denn hier wird nur das Nötigste getan. Entweder sind die Zündkabel zwischen Zündspule und Verteiler sowie zwischen Verteiler und Zündkerzen als sogenannte Widerstands-Zündkabel ausgebildet, oder es werden Entstörwiderstände verwendet. Die Entstörwiderstände sitzen dabei in den Kerzensteckern und an den Enden der Zündkabel, die in den Verteiler eingesteckt sind.

Da die Zündspannung im Verteiler aber immer nur zu der Kerze überschlägt, deren Zylinder gerade im Zündzeitpunkt liegt, sind die übrigen Entstörwiderstände zu dieser Zeit überflüssig. Aus diesem Grund verwendet man meist einen entstörten Verteilerläufer, in den ein Entstörwiderstand eingegossen ist. Wenn dieser defekt ist, fängt meist eine große Sucherei nach der Ursache von Start- und Motorlaufschwierigkeiten an.

Nahentstörung

Beim Betrieb eines Rundfunkgeräts im Wagen müssen außer der Zündung mindestens die dauernd in Betrieb befindlichen Geräte wie Zündspule, Lichtmaschine und Regler entstört werden. Je nach Ansprüchen verlangen auch die zeitweiligen Stromverbraucher wie Scheibenwischer, Blinker, Gebläse und elektrische Uhren noch eine Entstörung.

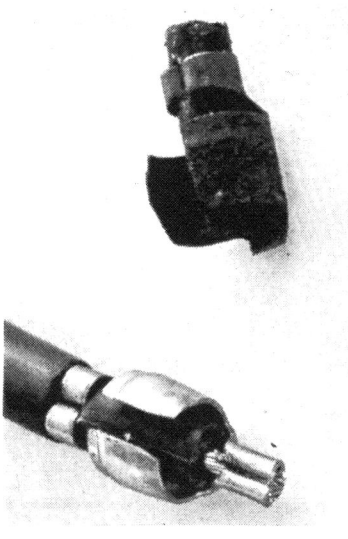

Die Entstörung eines Autoradios ist eine Wissenschaft für sich. Die Entstörmaßnahmen, die bei dem einen Wagen einen vollen Erfolg bringen, können bei einem anderen Wagen des gleichen Typs mit dem gleichen Radio trotzdem noch nicht ausreichen. Neben den üblichen Störursachen, die durch Kondensatoren, Drosseln, Massebänder und Schleifkontakte behoben werden können, gibt es aber auch ganz ausgefallene Sachen. Das Bild links oben zeigt eine verschmorte Zündkabelkralle, die durch die Funkenstrecke zwischen Kralle und Metallfassung des Verteilers zu einer schwer aufzufindenden Funkstörung führte. Darunter ist eine neue Zündkabelkralle derselben Art gezeigt. Rechts in der starken Vergrößerung werden die durch die Funken bewirkten Brandspuren deutlich sichtbar.

Im Mittel- und Langwellenbereich ist ein weniger großer Aufwand an Entstörung erforderlich, als im UKW-Bereich. Für die verschiedenen Wagentypen gibt es von Autoradio-Herstellern und Zubehörlieferanten vielfach genaue Entstör- und Einbauanleitungen und natürlich das entsprechende zusammengestellte Entstörzubehör.

Einen Entstörsatz, mit dem man für einen bestimmten Wagen eine absolut sichere Entstörung erreicht, gibt es leider nicht; gelegentlich treten „Ausreißer" auf, die einer besonderen Entstörung bedürfen.

Gute Tips für die Entstörung gibt die Blaupunkt-Druckschrift „Guter Rat ist billig", die man unentgeltlich direkt von der Firma beziehen kann.

Auto-Antennen

Das beste und teuerste Autoradio nützt nichts, wenn man ihm die Rundfunkwellen vorenthält, die sich außerhalb des Wagens herumtreiben. Da die meisten Wagen durch ihre Metallkarosserie als fast einwandfreie Abschirmung wirken, kommt auch ein Hochleistungsgerät nicht mit einer eingebauten Ferrit-Antenne aus. Durch entsprechend hohe Verstärkung könnte man die äußerst geringe Feldstärke im Wagen zwar soweit „hochzüchten", daß man auch hiermit noch einen notdürftigen Empfang erhält, aber bei hoher Verstärkung werden auch die geringsten Störungen mitverstärkt, so daß der Empfang alles andere als ein Genuß ist. Die Angelrute, mit der man die Rundfunkwellen einfängt, muß also außerhalb des Wagens angebracht sein, damit man einen guten Fang macht und mit möglichst geringer Verstärkung auskommt. Je höher die sogenannte Antennenspannung ist, um so weniger Verstärkung benötigt man und um so geringer werden die Störungen im Autoradio sein.

Welche Antenne ist am besten?

Man könnte der Ansicht sein, daß eine teuere Antenne einen besseren Empfang bringen muß als eine billige, doch das ist nicht unbedingt der Fall. Ein höherer Preis kommt vielmehr durch die Kompliziertheit der Antenne zustande und hat nur relativ wenig mit dem zu tun, was sie einbringt.

So kostet eine Automatic-Antenne, die beim Einschalten des Autoradios von selbst ausfährt und nach dem Ausschalten wieder einfährt, zwischen 200 und 300 DM, sie bringt aber keine bessere Empfangsleistung als eine starre Antenne, die nur den zehnten Teil kostet. (Im Versandhandel gibt's allerdings auch wesentlich billigere Ausführungen und gelegentlich findet man Sonderangebote deutscher Automatic-Antennen, die im Preis reduziert wurden.) Auch Teleskop-Antennen sind teurer als starre Antennen, umso teurer, je mehr Teleskopteile sie haben.

Die beste Antenne ist die, die möglichst nahe am Empfänger sitzt und möglichst weit von den Störherden entfernt, wobei natürlich vorausgesetzt wird, daß sie eine ausreichende Länge hat.

Anbau-Antennen

Es sind die einfachsten und preisgünstigsten Antennen. Sie bestehen entweder aus einer biegsamen Kunststoffrute, die Hindernissen ausweichen kann, oder aus einer Stahlrute mit Federfuß, die ebenfalls nachgiebig ist bzw. aus Teleskoprohren, so daß sich die Antenne bis auf Karosseriehöhe zusammenschieben läßt. Bei einfachem Anbau haben sie aber den Nachteil, daß sie gegen mutwillige Beschädigung nicht geschützt sind.

Versenk-Antennen

Da Versenk-Antennen nicht wesentlich teurer sind als Anbau-Antennen, greift man meist lieber dazu, da sie gegen mutwillige Beschädigungen besser geschützt sind. Beim Kauf sollte man bedenken, daß nicht alle Versenk-Antennen echt verschließbar sind, sondern teilweise auch mit einem Haken aus dem Schutzrohr herausgezogen werden können. Bei Wagen mit beschränktem Einbauraum muß das Schutzrohr ziemlich kurz sein und ein vielteiliges Teleskop verwendet werden. Je mehr Teleskoprohre eine Antenne hat, um so teurer wird sie im allgemeinen, so daß man nur dann eine vielteilige Versenkantenne nimmt, wenn es unbedingt nötig ist.

Hilfs-Antennen

Wenn kein fest eingebautes Autoradio, sondern nur ein Auto-Kofferempfänger vorhanden ist, so begnügt man sich oft mit einer Fenster-Antenne, deren Halter auf die Scheiben aufgesteckt wird, oder einer Regenrinnen-Antenne. Da der Preisunterschied zu einer Anbau- oder einer Versenk-Antenne nicht wesentlich ist, sollte man doch lieber hierzu greifen. Die Montage dieser Antennen ist nicht schwierig, zumal die Antennenhersteller meist ausführliche Einbauhinweise geben und Bohrschablonen mitliefern. Dach- und Regenrinnen-Antennen sind wirklich nur ratsam, wenn man nur gelegentlich ein Koffergerät ohne Halterung im Wagen haben will.

Sogenannte Rückspiegel-Antennen, bei denen der isoliert montierte Außen-Rückspiegel als Antenne arbeitet, bringen nie den Empfang einer Stabantenne.

Front- oder Heckantenne?

Im allgemeinen ist die Frontantenne der Heckantenne weit überlegen, denn die aufgenommene Spannung ist wesentlich größer. Zwar ist die Heckantenne (sofern es sich um einen Wagen mit Frontmotor handelt) weiter von der Hauptstörquelle — dem Motor — entfernt, doch das Verhältnis „Nutzspannung zu Störspannung" ist bis auf ganz wenige Ausnahmen immer noch besser als bei der Heckantenne. Ob und für welche Wagen eine Heckantenne wirklich zu empfehlen ist, läßt sich aus den Prospekten der Antennenhersteller entnehmen. Auf jeden Fall wird die Heckantenne immer etwas teurer werden als eine Frontantenne, denn das Antennenkabel wird länger und seine Verlegung erfordert mehr Aufwand.

Von 6 auf 12 Volt

Die Spannung wird größer

Wenn man von einem Wagen mit 6-Volt-Lichtanlage auf einen Wagen mit 12-Volt-Lichtanlage umsteigt, dann erhebt sich natürlich die Frage, was mache ich mit dem Zubehör, das ich für den Wagen mit 6-Volt-Anlage angeschafft habe. Schließlich wird das Zubehör beim Verkauf des alten Wagens längst nicht so hoch angerechnet, daß man sich die Sachen mit einem geringen Mehrpreis neu kaufen kann.
Immer wieder wird die Frage nach einem Transformator gestellt, der die 6-Volt-Bordnetzspannung auf 12 Volt hochtransformieren kann bzw. umgekehrt. Wie schon gesagt, geht das bei Gleichstrom leider nicht, so daß man andere Wege einschlagen muß.

Lohnt sich der Umbau überhaupt?

Diese Frage muß man sich auf jeden Fall bei Geräten stellen, die fest ins Instrumentenbrett eingebaut wurden und dabei kleinere oder größere Löcher hinterlassen. Hat man z. B. ein elektrisches Kühlwasser-Fernthermometer ins Instrumentenbrett eingebaut, so bringt der Ausbau aus dem alten Wagen und der Einbau in den „Neuen" nicht viel ein. Abgesehen von dem Loch im Instrumentenbrett (das beim Wiederverkauf des alten Wagens ein Minuspunkt ist), muß man die Arbeitszeit bedenken und man darf nicht vergessen, daß man das Instrument immer noch auf die andere Spannung umstellen muß. Hier lohnt sich der Aus- und Wiedereinbau auf keinen Fall. Bei teureren Instrumenten und Geräten liegt die Sache anders und hier gibt es vielleicht einige wirtschaftliche Umbaumöglichkeiten.

Die geteilte Batterie — 6 aus 12 Volt

Ganz allgemein gilt, daß man aus einer 12-Volt-Batterie auch 6 Volt entnehmen kann, wenn man sie entsprechend „anzapft". Schließt man an der dritten Polbrücke einer 12-Volt-Batterie eine Leitung an, so hat man hier den Pluspol für 6 Volt, die Minusklemme für 12 Volt ist auch weiterhin für 6 Volt die Minusklemme.
Legt man die Anzapfleitung an den Mittelpol einer Steckdose, deren Gehäuse an Masse liegt, so kann man hier ohne weiteres einen 6-Volt-Staubsauger betreiben. An diesem 6-Volt-Mittelpol könnte man überhaupt alle 6-Volt-Verbraucher anschließen, deren anderer Pol an Masse liegt.
Nach Anbohren der Bleibrücke der Batterie kann man ein Gewinde einschneiden und jetzt mit einer Schraube einen starken Polschuh anschrauben, an den man die 6-Volt-Plusleitung befestigt. Dauerhaft ist das Verfahren aber nur dann, wenn keine Säure an die Verbindung kommt, also bei Batterien, deren Pol-Brücken nicht in die Zellen eingegossen sind. Bei Batterien mit Kunststoffbehältern kann man die Polbrücken durch Anbohren der Zellendeckel erreichen. Immerhin — ein reines Vergnügen ist die Sache

Auch durch Stromabgriff an einer 12-V-Batterie kann man die benötigte Spannung von 6 Volt erlangen. Der Abgriff wird an der Polbrücke vorgenommen, die die beiden mittleren Zellen der 12-Volt-Batterie verbindet. Der Abgriff dient dabei als Plusanschluß, während der 12-V-Minuspol auch weiterhin die Masse ist.

meistens nicht. Dauernde unsymmetrische Belastung der Batteriezellen verkürzt die Batterie-Lebensdauer sehr stark.

Von der Spannung unabhängige Geräte

Hierzu gehören nur das Amperemeter, Drehzahlmesser, die sowohl für 6 Volt wie für 12 Volt geeignet sind, sowie die Geräte, die von der Elektrik unabhängig sind.

Umschaltbare Geräte: Autoradios, Koffergeräte mit Anschluß für die Autobatterie, Autorasierer und Ventilatoren sind zum Teil von 6 auf 12 Volt umschaltbar oder können mit einem Adapter weiter betrieben werden. Teilweise trifft das auch bei Heizdecken zu.

Scheinwerfer und Leuchten

Sie kann man durch Einsetzen anderer Glühlampen direkt weiterverwenden. Da Halogen-Glühlampen recht teuer sind, könnte man auch zwei 6-Volt-Lampen hintereinander schalten, wozu aber der eine Scheinwerfer isoliert montiert werden muß, da die Glühlampen mit einem Pol direkt an Masse liegen. Abgesehen davon, ist die Leistungsaufnahme der Glühlampen nur selten genau gleich, so daß die eine Halogenlampe vielleicht nur an 5,8 Volt liegt, die andere dagegen an 6,2 Volt (bei Nennspannung).

Wie schon früher erwähnt, sind Halogen-Glühlampen aber besonders empfindlich gegen Unterspannung, so daß man sie auf gleiche Stromaufnahme vergleichen müßte, was etwas umständlich ist. Schließlich leben die Glühlampen ja nicht ewig, und beim Übergang auf 12-Volt-Glühlampen müßte man das Gehäuse des isolierten Scheinwerfers wieder an Masse legen.

Hörner und Fanfaren

Doppel-Hörner oder Doppelfanfaren könnte man wiederum hintereinander schalten, doch gilt auch hier, daß sie kaum genau gleiche Stromaufnahme haben. Das eine Horn würde vielleicht eine etwas höhere Spannung erhalten wie das andere. Die Lebensdauer leidet allerdings nicht darunter, aber in den meisten Fällen übertönt das Horn, das den größeren Spannungsanteil erhält, das andere, so daß der Zweiklang-Effekt hinfällig wird. Durch die Hinterein-

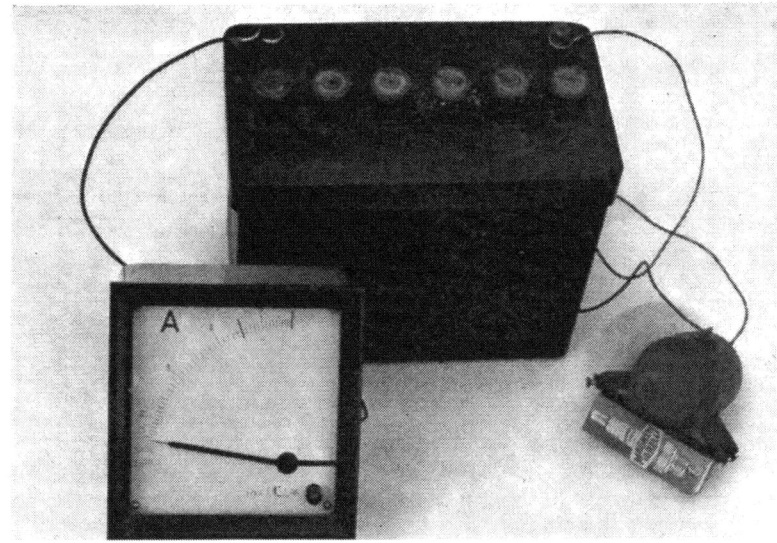

Will man einen für 6 Volt ausgelegten Verbraucher für ein Fahrzeug mit 12-Volt-Anlage übernehmen und ist die Leistungsaufnahme bzw. die Stromaufnahme nicht bekannt, so muß man sie mit einem Amperemeter (natürlich an einer 6-V-Batterie) messen. Wie man den erforderlichen Vorwiderstand aus Spannung und Stromaufnahme errechnen kann, wird im letzten Kapitel gezeigt.

anderschaltung der beiden Kontaktsysteme in den Hörnern ergibt sich ohnehin keine zufriedenstellende Funktion.

Der Motor der Kompressorfanfaren verlangt seine normale Spannung, so daß er nur an einem Batterieabgriff betrieben werden kann oder einen entsprechend stark belastbaren Vorwiderstand benötigt. Wenn der Widerstand an gut gekühlter Stelle angebracht wird (im Fahrtwind), so braucht er nicht so hoch belastbar zu sein wie bei Geräten mit Dauerbetrieb.

Da die Motoren der Kompressorfanfaren einen ziemlich hohen Strom aufnehmen, wird der erforderliche Widerstand ziemlich klein. Im Radiogeschäft ist so etwas nicht aufzutreiben, aber vielleicht als Glühkerzen-Vorwiderstand in Autoelektrowerkstätten.

Ventilatoren und Staubsauger

Ventilatoren und Staubsauger für 6 Volt kann man ohne weiteres an 12 Volt betreiben, wenn man die überschüssigen 6 Volt „vernichtet", d. h. in Wärme umsetzt. Man benötigt nur einen entsprechenden Widerstand. Gelegentlich ist die Leistungsaufnahme oder der Stromverbrauch zwar auf diesen Geräten angegeben, aber genauer ist es, wenn man den im Betrieb an einer 6-Volt-Batterie aufgenommenen Strom mit einem Amperemeter mißt. (Notfalls muß man sich ein solches Gerät leihen oder die Stromaufnahme von einem Rundfunkmechaniker bzw. in einer Autoelektrowerkstatt messen lassen. Zum Rundfunkmechaniker nimmt man aber zweckmäßig eine Autobatterie von 6 Volt mit, denn es ist nicht sicher, ob er eine entsprechend leistungsfähige Spannungsquelle hat.)

Überschüssige Spannung dividiert durch die Stromaufnahme ergibt den erforderlichen Widerstandswert z. B.:

$$\frac{6\,\text{Volt}}{3\,\text{Ampere}} = 2\,\text{Ohm}$$

Der Widerstand muß aber entsprechend belastbar sein, d. h. er muß die zu „vernichtende" Leistung verdauen ohne zu verschmoren. Die erforderliche Belastbarkeit ergibt sich aus der überschüssigen Spannung mal dem aufgenommenen Strom z. B.: 6 Volt x 3 Ampere = 18 Watt.

So sieht das Schaltbild zur Ermittlung der Stromaufnahme aus. Amperemeter A, Verbraucher und Batterie sind hintereinander geschaltet.

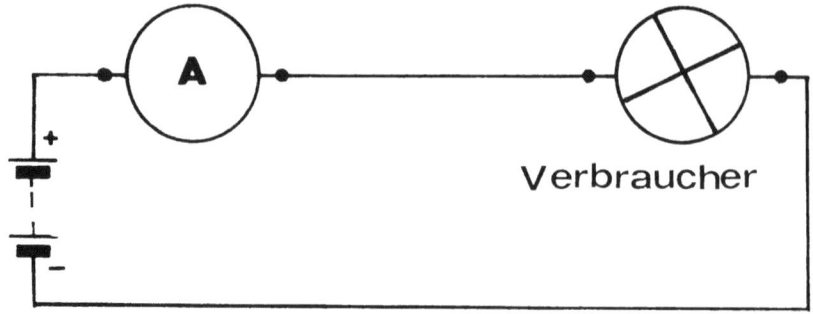

Glühlampen als Vorwiderstände

Da entsprechende Widerstände vielfach schlecht aufzutreiben sind, kann man auch Glühlampen als Vorwiderstände verwenden. Die erforderliche Belastbarkeit ist hier automatisch gegeben. Zwar können Widerstandswerte erforderlich sein, für die es keine genau passenden Glühlampen gibt, doch eine Abweichung von 5 Prozent nach oben oder unten macht nichts aus. Welche Glühlampen in Frage kommen, zeigt die Tabelle.

Gemessene Stromaufnahme des Verbrauchers	Erforderlicher Widerstandswert	Geeignete Glühlampe
0,33 Ampere	18 Ohm	6 Volt / 2 Watt
0,5 Ampere	12 Ohm	6 Volt / 3 Watt
0,66 Ampere	9 Ohm	6 Volt / 4 Watt
0,84 Ampere	7,2 Ohm	6 Volt / 5 Watt
2,5 Ampere	2,4 Ohm	6 Volt / 15 Watt
3,0 Ampere	2 Ohm	6 Volt / 18 Watt
3,5 Ampere	1,7 Ohm	6 Volt / 21 Watt
6,0 Ampere	1 Ohm	6 Volt / 35 Watt

Das sind die gängigsten Glühlampen, die man als Vorwiderstände verwenden kann. Ein Hintereinanderschalten von Glühlampen ergibt nicht den addierten Ohmwert (z. B. 18 + 12 = 30 Ohm), da sich der Widerstandswert bei Glühlampen stark mit der Temperatur ändert!

Transistor-Drehzahlmesser und Instrumente

Wenn die Spannung bei veränderlichem Strom weitgehend konstant bleiben soll, dann kommt man mit einem Vorwiderstand nicht mehr zurecht.
Will man an einem Widerstand eine vom Verbraucherstrom unabhängige Spannung abzweigen, so benötigt man einen Spannungsteiler. Das ist ein Widerstand, durch den dauernd ein Strom fließt, der wesentlich größer sein muß als der Verbraucherstrom. Zapft man den Widerstand in der Mitte an, so erhält man hier eine Spannung, die ungefähr der halben Spannung zwischen den beiden Endanschlüssen entspricht, bei 12 Volt also 6 Volt. Durch zwei hintereinander geschaltete Glühlampen von 12 Volt / 15 Watt fließt ein sogenannter Querstrom von etwa 0,8 Ampere oder 800 Milliampere. Da die Transistor-Drehzahlmesser höchstens bis zu 50 Milliampere aufnehmen, fließt durch die eine Glühlampe, die mit einem Pol an Masse liegt, ein nur unbedeutend höherer Strom, nämlich 800 mA + 50 mA = 850 mA, die nach dieser Glühlampe abgreifbare Spannung wird also von der Stromaufnahme des Drehzahlmessers kaum beeinflußt.

Spannung, Strom, Widerstand und Leistung

Etwas Theorie ist nicht verkehrt

Auch ohne die theoretische Kenntnis dieser Dinge kann man sich in fast allen Fällen selbst helfen. Trotzdem, manchmal könnte man wenigstens die Grundbegriffe brauchen.

Man kann sie auch als elektrischen Druck ansehen. Damit man nicht immer das Wort „Spannung" ausschreiben muß, hat man ihr das Formelzeichen U gegeben. **Die Spannung**

Der elektrische Strom ist das, was in einer Leitung oder einem Stromverbraucher fließt. Das Formelzeichen hierfür ist I. **Die Stromstärke**

Eine sehr wichtige Erscheinung in der Elektrik: Der Widerstand verhindert den Strom daran, zu fließen. Das Formelzeichen ist R. **Der Widerstand**

Spannung und Strom ergeben miteinander multipliziert die elektrische Leistung. Ihr Formelzeichen ist (wie auch bei der mechanischen Leistung) das N. **Die Leistung**

Ebenso wie z. B. die Länge mit dem Formelzeichen l, z. B. die Maßgröße m (Meter) und die Zeit mit dem Formelzeichen t z. B. die Maßgröße h (hora = Stunde) hat, haben auch die elektrischen Werte ihre Maßgrößen. **Die Maßgrößen**
Für die Spannung   U   ist es V (Volt)
Für die Stromstärke I   ist es A (Ampere)
Für den Widerstand   R   ist es Ω (Ohm)
Für die Leistung   N   ist es W (Watt)

Spannung mal Strom gleich Leistung
$U \times I = N$. Umgekehrt ergibt sich:
$\frac{N}{U} = I$, bzw. $\frac{N}{I} = U$.
Setzt man hier die Maßgrößen ein, so erhält man:
$V \times A = W$. Umgekehrt errechnet sich:
$\frac{W}{V} = A$, bzw. $\frac{W}{A} = V$.

Zusammenhang zwischen Spannung, Strom und Leistung

Spannung, Strom und Widerstand hängen ebenfalls fest miteinander zusammen, und die Abhängigkeit voneinander wird durch das sogenannte „Ohmsche Gesetz" wie folgt ausgedrückt:
Fließt in einem Widerstand von 1 Ohm ein Strom von 1 Ampere, so wird dabei die Spannung von 1 Volt verbraucht.

Das Ohmsche Gesetz

So kann man sich den durch einen Widerstand (schlechte Schalterkontakte, zu dünne Leitungen) verursachten Spannungs- und Leistungsabfall vorstellen. Wenn durch einen Widerstand von 1 Ohm ein Strom von 1 Ampere fließt, so fällt in diesem Widerstand eine Spannung von 1 Volt ab. Das Ergebnis ist eine Leistung von nur noch 5 Volt mal 1 Ampere = 5 Watt.

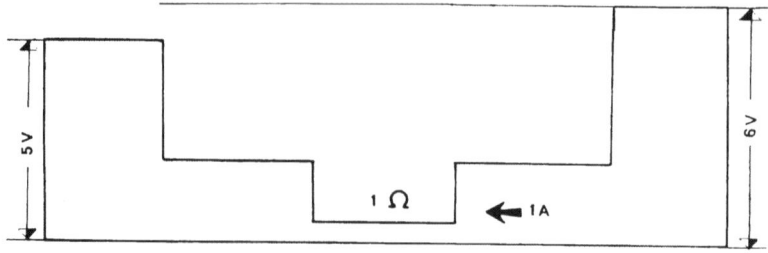

Ich würde einfach sagen:
1 Ohm ist der Widerstand, der beim Durchgang von 1 Ampere 1 Volt wegfrißt!
In der nüchternen Formelsprache der Technik sieht das Ohmsche Gesetz so aus:
Spannung in Volt = Widerstand in Ohm mal Stromstärke in Ampere.
U = R x I, V = Ω x A.
(Nur durch die Eselsbrücke URI [nach dem Schweizer Kanton] kann ich mir diese Dinge merken. Vielleicht haben Sie ein besseres Gedächtnis, so daß Sie die folgenden Formeln auswendig behalten können.)
Durch Umstellen nach den Rechen-Regeln erhält man:

$$I = \frac{U}{R}, A = \frac{V}{\Omega}$$
$$\text{und } R = \frac{U}{I}, \Omega = \frac{V}{A}$$

Fließt bei einer Batteriespannung von 12 Volt in einer Leitung ein Strom von 1 Ampere, so wird — wenn diese Leitung einen Widerstand von 1 Ohm hat — 1 Volt aufgefressen.
Fließen 3 A, so werden durch diesen Widerstand 3 V aufgefressen.
Fließen 0,5 A, so werden durch diesen Widerstand 0,5 Volt aufgefressen.
Ausgangspunkt für einen Widerstand ist also immer die Stromstärke. Sie diktiert den Widerstand und damit den auftretenden Spannungsabfall. Ändert man die Stromstärke, so ändert sich auch der Spannungsabfall, und das ist in der elektrischen Anlage des Autos das Wesentliche.

Der Widerstand als Körper

Bis jetzt wurde der Widerstand als elektrische Größe betrachtet.
Daneben gibt es aber auch körperliche Widerstände, die direkt den Namen „Widerstand" haben. Solche Widerstände sind z. B. Kohlewiderstände in Rundfunk- oder Fernsehempfängern oder Widerstände aus Widerstandsdraht.
Hierzu gehören auch die Drehwiderstände, die z. B. vor die Lampen der Instrumentenbeleuchtung geschaltet werden, damit die Helligkeit dieser Lampen geregelt werden kann. In diesen Widerständen wird ein Teil der elektrischen Energie in Wärme umgesetzt (nicht vernichtet!), so daß die Verbraucher eine geringere Spannung erhalten.
Fachleute sprechen zwar vielfach von „Vorwiderständen" und „Nebenwiderständen", doch allgemein sagt man ganz einfach „Widerstand" dazu.
Diese „Widerstände" haben natürlich einen „Widerstandswert", der in Ω ausgedrückt wird.
Einen elektrischen Widerstand als „Ding" kann man sehen, einen elektrischen

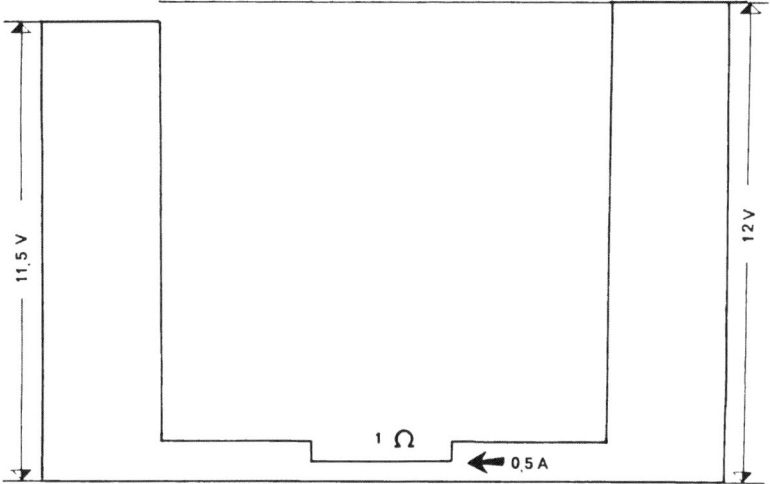

Wenn die Betriebsspannung des Wagens 12 Volt ist, so wird zur gleichen Leistung nur ein Strom von 0,5 Ampere benötigt. In den gleichen Widerstand von 1 Ohm fallen jetzt nur 0,5 Volt ab. Die Leistung hinter diesem Widerstand ist also 0,5 Ampere mal 11,5 Volt = 5,75 Watt.
Spannungs- und Leistungsverlust sind also bei einer 12-Volt-Anlage wesentlich geringer als bei einer 6-Volt-Anlage.

Widerstand (besser gesagt, einen Widerstandswert) als Begriff muß man mit einem Instrument messen oder errechnen!
Wie schon weiter vorn gesagt, kommt mancher auf den Einfall, z. B. die Wischergeschwindigkeit zu regeln oder die Beleuchtung des Instrumentenbretts damit abzudunkeln.
Grundsätzlich ist das natürlich möglich, doch um einen solchen „körperlichen Widerstand" ausrechnen zu können, braucht man leider einige Formeln.

Was ist Widerstand – elektrisch gesehen?

Was man in der Elektrik — also auch in der Autoelektrik — als „Widerstand" bezeichnet, ist in erster Linie nur etwas nicht gegenständliches — eine Einrichtung, die einen Spannungsabfall bewirkt.
Diese Widerstände kann man zuerst einmal in zwei Hauptgruppen unterteilen, die „gewollten" und die „ungewollten" Widerstände.
Zu den „gewollten" Widerständen kann man alle elektrischen Verbraucher wie Glühlampen, Anlasser, Scheibenwischermotoren usw. rechnen. Dadurch daß in diesen „Widerständen" Strom verbraucht wird (wie man umgänglich sagt), geben sie eine Leistung in Form von Licht oder Drehbewegung ab.
Als „ungewollte" (und unerwünschte!) Widerstände muß man die Widerstände in den elektrischen Leitungen ansehen; die Übergangswiderstände an Schalterkontakten und die Oxydationswiderstände an den Steck- oder Schraubverbindungen der elektrischen Leitungen.

Wie errechnet man einen Vorwiderstand?

Angenommen man will einen Autoventilator der für 6 Volt bestimmt ist, an einem Bordnetz mit 12 Volt betreiben. 6 Volt sind also zuviel und müssen durch einen Vorwiderstand vernichtet (richtiger: in Wärme umgesetzt) werden.
Dieser Vorwiderstand wird mit dem Verbraucher (in diesem Fall dem Ventilator) in Reihe — also hintereinander — geschaltet. (Siehe auch das Schema der Hintereinanderschaltung in der Zeichnung auf Seite 50.)
Bei einer solchen Reihenschaltung ist es gleichgültig, ob der Vorwiderstand zwischen dem Pluspol der elektrischen Anlage und dem Verbraucher, oder zwischen dem Verbraucher und dem Minuspol der elektrischen Anlage angeordnet ist.
Wenn der Ventilator ein Typenschild hat, auf dem die Leistung vermerkt ist, so errechnet man zuerst den Strom.

Ob der Vorwiderstand eines 6 Volt-Gerätes, das an einer 12 Volt-Anlage betrieben werden soll, wirklich den richtigen Wert hat, läßt sich auch durch Spannungsmessung an den Geräte- oder den Vorwiderstandsklemmen feststellen.

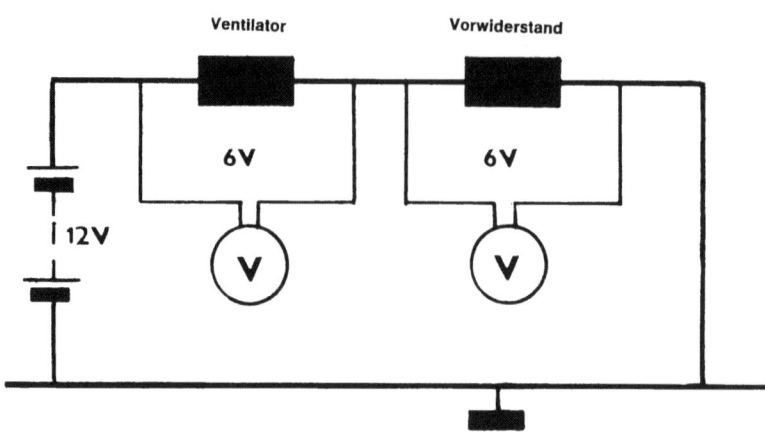

Die Leistungsaufnahme sei z. B. 30 W:

$\frac{30\ W}{6\ V} = 5$ A; 6 Volt sollen vernichtet werden, also ist der Widerstand R:

$\frac{6\ V}{5\ A} = 1{,}2\ \Omega$. (Siehe auch Ohmsches Gesetz.)

Da der Widerstand nicht zu warm werden darf, errechnet man noch die Leistung, die in ihm vernichtet wird. Sie ist 6 V x 5 A = 30 W. Man sagt, der Widerstand muß mit 30 Watt belastbar sein.

Wenn man die Stromaufnahme des Verbrauchers mit einem Amperemeter gemessen hat, so braucht man den Strom natürlich nicht nach der ersten Formel zu errechnen, da er schon gegeben ist.

Die Spannungs-„verteilung"

Hat man ein für 6 Volt bestimmtes Gerät mit einem Vorwiderstand ausgerüstet, so daß es am 12-Volt-Netz betrieben werden kann, dann müssen sowohl am Gerät selbst wie auch am Vorwiderstand jeweils 6 Volt „abfallen".

Verständlicher ausgedrückt: Wenn man eine Anschlußklemme des Verbrauchers (im vorliegenden Fall den Ventilator) mit einer Klemme des Vorwiderstands verbindet, werden die freien Klemmen des Verbrauchers und des Vorwiderstands mit den beiden Batteriepolen verbunden. Einmal an Masse, einmal mit dem Pluspol. Jetzt müssen Verbraucher und Vorwiderstand zusammen 12 Volt aufzehren. Sofern der Vorwiderstand den richtigen Widerstandswert hat, müssen sowohl der Verbraucher wie der Vorwiderstand 6 Volt aufnehmen.

Messung der Spannungs-„verteilung"

Mit einem Voltmeter V kann man diese nach obigem Schaltbild an den Klemmen des Verbrauchers durchführen. Es ist gleichgültig, wo die Messung vorgenommen wird, denn es handelt sich ja um eine Reihenschaltung von Widerständen. (Auch der Verbraucher gilt in diesem Fall als Widerstand.) Wird die Spannung z. B. an den Klemmen des Verbrauchers gemessen, so entfällt die Differenzspannung auf den Vorwiderstand. Mißt man an den Klemmen des Verbrauchers z. B. 6,2 Volt, so liegen am Vorwiderstand nur 5,8 Volt. Wenn man dagegen am Verbraucher 5,4 Volt mißt, so entfällt auf den Vorwiderstand eine Spannung von 6,6 Volt.

Allzu ängstlich braucht man dabei nicht zu sein; 1/2 bis 1 Volt Spannungsunterschied ist noch tragbar. Man muß nur bedenken, daß die Leistung des Verbrauchers geringer wird, wenn er nicht an der vollen Spannung liegt.

Zum guten Schluß

Es müßte schon mit dem Teufel zugehen, wenn Sie den „Kupferwürmern" jetzt noch hilflos ausgeliefert wären. Wie Sie sehen, kann sich selbst ein Springteufel auf „Selbsthilfe-Art" aus der Klemme helfen.

Natürlich wurde versucht, den Inhalt des Buches auf dem letzten Stand der Technik zu halten. Wie auf allen Gebieten der Technik ergeben sich aber auch hier immer wieder Änderungen und Neuerungen. Sollte eine Neuerung noch nicht erwähnt sein, erbittet der Verfasser die Nachsicht der Leser. Die angegebenen Paragraphen der gesetzlichen Vorschriften entsprechen dem Stand vom Februar 1969.

Die Beschaffung mancher elektrischer Zubehörteile ist oft nicht ganz einfach, da häufig nicht einmal der Verkäufer im Zubehörgeschäft genau informiert ist, was es an kleineren Sachen alles gibt. Wir können unmöglich alle Bezugsquellen aufführen, doch die Anzeigen in ausgesprochenen Autofahrer-Zeitschriften wie „mot-Auto-Kritik", „auto, motor und sport", „ADAC-Motorwelt", geben nützliche Hinweise. Die Anschriften örtlicher Zubehörhändler und Niederlassungen der Auto-Elektrik-Firmen lassen sich auch dem Branchenverzeichnis des Fernsprechbuchs entnehmen.

Stichwortverzeichnis

	Seite
Abblendfäden	163
Abblend-Glühfäden	164
Abblendlicht, asymmetrisches	157
Abblendlicht, symmetrisches	157
Abblendrelais	93, 95, 163
Abblendschalter	95
Abisolierzange	24
Abreißzündung	39
Akku	114
Alternator	110
Ampere	54
Amperemeter	198
Amperestunden	114
Amperewindungszahl	142
Anbau-Antennen	206
Anker	13
Anlasser	148
Anlaßdrehzahl	137
Anlaß-Druckknopf	152
Anlasserleitung	67
Anlasser-Magnetschalter	31
Anlasserstrom	123
Antennenkabel	206
Antennenspannung	205
Anzeigeinstrumente	194
Arbeitsstromkontakte	90
Arbeitsstromrelais	85, 86, 87, 88
Aufschlaghorn	14, 182
Außenleuchten	168
Auto-Antennen	205
Automatic-Antenne	205
Automatische Endabstellung	184
Autoradio	204
Bajonett	174
Batterie	114
Batteriekapazität	116
Batterieladung	119
Batterie-Säurestand	118
Batteriespannung	104
Batterieverbesserer	124
Batterie, gefrorene	127
Beleuchtungseinrichtungen	154
Begrenzungsleuchten	165, 169
Benzinpumpe	27
Benzinstandanzeige	199
Benzinuhr	199
Bilux-Lampen	55
Blechlamellen	13, 42
Blei-Akkumulator	114
Bleibatterie	115
Bleisulfat	122
Blinkerkontrolle	175
Blinkerschalter	79, 175
Blinkfrequenz	175, 177
Blinkgeber	175
Blinkleuchten	175

	Seite
Blinkrhythmus	178
Bougierrohr	68
Bremseinrichtung	185
Brennraum	139
Brennraumgestaltung	139
Bürstenhalter	101
Dauerverbraucher	88
Diebstahlwarnanlage	200
Dioden	62, 111, 123
Doppel-Warnblinklicht	178
Drehstrom	60, 110
Drehstrom-Dreieckschaltung	60
Drehstrom-Lichtmaschine	96, 110
Drehstrom-Sternschaltung	60
Drehzahlmesser	194
Drehzahlmesser mit Meßwandler	196
Dreielementregler	98
Dreiphasen-Wechselstrom	60
Druckluftfanfaren	183
Dunkelbeginn	177
Dunkelbeginn-Blinkgeber	177
Ein-Aus-Schalter	83
Einbauscheinwerfer	157
Eindraht-Stromführung	49
Einkreis-Schaltung	175
Einrückhebel	149
Einschaltdrehzahl	99
Einstellschraube	16, 18
Eisendraht	49
Eisenkern	40, 42, 43
Elektrodenabstand	141
Elektrofanfaren	182
Elektromagnet	13, 40
Endabschalter	185
Endabstellschalter	185
Endabstellung	185
Energieverlust	55
Entstörsatz	205
Entstörstecker	74
Entstörung	205
Entstörwiderstände	37, 204
Erregerstrom	98, 112
Ersatzkohlebürsten	100
Ersatzteile	23
Ersatz-Vorwiderstand	143
Fadenträger	172
Fahrzeugaußenkante	160
Fahrzeugbatterie	114
Fahrzeugmasse	60
Fanfaren	181
Farbkennzeichnung	65

	Seite
Feldwicklung	99
Fernlicht-Glühfäden	162
Fernlichtkontrolle	92
Fernscheinwerfer, zusätzliche	155
Fernthermometer mit Kapillarrohr	197
Flachstecker	68
Flachsteckzungen	68
Fliehgewichte	137
Fliehkraftverstellung	137
Freilauf	150
Frequenz	14
Frequenzbereich	182
Frontantenne	206
Frostwarner	202
frühladende Gleichstrom-Lichtmaschine	122
Fühlerlehre	131
Funkenstrecke	62
Fuß-Abblendschalter	79
Garantiefälle	171
Gebläse	202
Gebläsemotor	203
Gefrierpunkt	120
Generator	96
Geschwindigkeitswarner	200, 201
Gleichrichterelemente	111
Gleichstrom	48, 60
Gleichstrom-Lichtmaschine	96, 98
Glühbirne	54
Glühlampe	54
Glühlampenersatzkasten	25
Glühzündungen	139
Grundfrequenz	182
Haarriß	172
Halogen-Fernscheinwerfer	155
Halogen-Glühlampen	159, 174
Halogen-Nebelscheinwerfer	166
Halogen-Scheinwerfer	159
Hauptlichtschalter	78, 81
Hauptschlußmotor	148
Hauptzündkabel	27
Heckantenne	206
Hellbeginn	176
Hellbeginn-Blinker	177
Heißlagerfett	136
Heizgebläse	202
Heizkörper	202
Hilfs-Antennen	206
Hilfsdruckknopf	153
Hintereinanderschaltung	52
Hitzdraht	177
Hitzdraht-Blinkgeber	176
Hitzdrahtrelais	84
Hochspannung	41

	Seite		Seite		Seite
Hochspannungs-Kondensatorzündung	146	Luftspalt	42	Relaisbezeichnungen	91
Hörbereich	183	Luftzieher	172	Riemenscheibe	102
Hörner	181	Lüfter	202	Riemenscheibenmarkierung	137
Horn	10 ff	Lüsterklemme	25, 72	Ritzel	149
Horndruckknopf	82, 87			Richtungsblinker	175
		Magnetfeld	40, 41, 43	Richtungsanzeiger	179
		Magnetschalter	61, 152, 150	Richtwirkung	181
Induktion	97	Masse	48	Rückfahrscheinwerfer	167
Innenleuchten	169	Masseband	49, 50	Rückholfedern	136
Intervallschalter	187	Massekabel	152	Rückschlagventil	105
Intervallschaltung	187	Masseleitung	51	Rückstromschalter	99, 105
Isolierkästen	123	Masseverbindung	51	Rückwärtsfahrt	168
Isolierbuchse	34	Maßgrößen	211	Ruhestromkontakte	90
Isolierschlauch	68	Membranpumpe	190	Ruhestromrelais	88
Isolierschleifklotz	135	Mindest-Leiterquerschnitt	67	Rundstecker	68
Justierschraube	177	Minus an Masse	49	Rundum-Warnblinkanlage	175, 178
		Mischungsverhältnis	118	Rundum-Warnblinklicht	178
		Mittellinie der Fahrzeugspur	160		
Kabelfarben	65	Molekularmagnet	13	Säuredichte	116
Kabelkrallen	73			Säuredünste	123
Kabelverlegungsplan	59			Säureprüfer	117
Kapazität	114	Nachfüllkappen	118	Säureschutzfett	121
Keilriemen	102	Nebelscheinwerfer	155, 164	Säurestand	116
Kennzeichenlicht	174	Nebelschlußleuchte	168	Säuretemperatur	115
Kerzengesicht	140	Nebenschluß	139	Sauerstoff	116
Kerzenwechsel	141	Nebenschlußgenerator	62	Schalldruck	182
Kippschalter	79, 82	Nebenschluß-Unempfindlichkeit	147	Schalldruckenergie	181
Kippschaltergruppen	78	Nennkapazität	116	Schallzeichen	181
Kipp-Wechselschalter	82	Nocken	40	Schaltbilder	58, 59
Kleinlader	122	Nockenstück	46	Schalterkontakte	55, 76
Klemmen	19	Nockenwelle	41, 45	Schaltplan	58, 59
Klemmenbezeichnungen	58, 64	Norm-Lebensdauer	171	Schalterset	83
Klemmschraubenzieher	24			Schaltungsvorschriften	169
Kofferradio	204			Schaltzeichen	58, 59
Kohlebürsten	99	Oberwellen	182	Scheibenwascher	188
Kollektor	99	Öffnungsfunke	39, 40, 42, 45, 76	Scheibenwascherpumpe	190
Kollektorlamellen	99	Öffnungswinkel	133	Scheibenwischer	184
Kondensator	16, 40	Ohmsches Gesetz	211	Scheibenwischer, einstufige	187
Kondensatoranschluß	31	Öldruckgeber	198	Scheibenwischer, zweistufige	186
Kontaktabbrand	76	Öl-Fernthermometer	197	Scheibenwischermotor	186
Kontaktabstand	131	Öldruckmesser	198	Scheibenwischerschalter	193
Kontaktfeile	130	Öldruckschalter	80	Scheinwerfer	154
Kontaktträger	46, 132			Scheinwerfer-Reflektoren	170
Kraftstoffleitungen	27			Schiebeschalter	83
Kreuzschlitzschraubenzieher	24	Pannenleuchte	21	Schleifklotz	37, 129
Kriechfunkenstrecke	32, 33, 35	Parallel- oder Serienschaltung	52	Schleifkohle	35, 36, 46
Kühlwasserregler	197	Parkleuchten	169	Schleifringe	110
Kühlwasserthermometer	197	Phon	181	Schließer	86
Kühlerventilator	202	Plattenoberkante	117	Schließwinkel	131 132, 133, 134
Kunststoffisolierband	25	Plus an Masse	49	Schließwinkelmeßgerät	131, 134
Kupfer	41	Pneumatische Blinkgeber	177	Schließzeit	131
Kurbelwelle	53	Polklemmen	120	Schlußleuchten	169
Kurzschluß		Polkopf	121	Schmelzeinsätze	74
		Polyesterkappen	35	Schnellader	111, 124
Ladekontrolle	104	Polyesterpreßmasse	34	Schraubentrick	23
Ladekontrolle-Drehstrom-		Portabel	204	Schraubenzieher	24
Lichtmaschine	112	Primärseite	35	Schrittschaltrelais	164
Ladekontrolleuchte	104	Primärstrom	41	Schub-Schraubtrieb-Anlasser	148
Ladeleitungen	67, 105	Primärwicklung	40, 42, 43, 44	Schubtrieb-Anlasser	148
Ladestrom	104	Propellerventilator	203	Schwefelsäure	115, 117
Ladezustand	119	Prüflampe	20	Schweißspuren	174
Lagerbolzen	37	Prüfnummer	154	Schwung-Lichtanlaß-	
Lebensdauer	171	Prüfzeichen	154	Batteriezünder	97
Leistung	211			Schwungrad-Zahnkranz	149
Leistungsaufnahme	54			Sealed Beam	158
Leistungsverlust	57, 213	Querstrom	210	Sealed-Beam-Austauscheinsatz	158
Leitungsverbinderkästen	69	Quetschboy	70	Seitenschneider	24
Leitfähigkeit	49	Quetschfuß	172	Sekundärspannung	43
Lenkstock-Abblendschalter	80	Quetschkombi	70	Sekundärseite	35
Lenkstockschalter	79, 191	Quetschverbindung	60	Sekundärwicklung	40, 41, 42, 43, 44
Leuchte	54, 154	Quetschzange	69	Selbstentladung	121
Lichtaustrittsfläche	160			Selbstreinigungstemperatur	139
Lichthupe	86			Sicherungsschloß	74
Lichthupentaste	79	Radarfallen	201	Sicherung	53, 61, 74
Lichtmaschine	96	Rallye-Kappen	156	Sicherungsdose	74
Lichtmaschinenanker	98	Regler	98	Sicherungssatz	25
Lichtmaschinenspannung	98, 104	Regler-Schalter	99	Silber	49
Lichtstrom	171	Reihenschaltung	52	Spannung	211
Lichtverlust	57	Reihenschlußmotor	62	Spannungsabfall	55, 56, 57, 67
Lötverbindung	60	Relais	61, 84	Spannungsspitzen	123
Luftfeuchtigkeit	33, 35			Spannungsteiler	210
				Spannungsverlust	213

	Seite
Speichervermögen	114
Spreizhülsen	73
Springlicht	178
Spulenzündung	146
Ständerwicklung	110
Starthilfe	111
Staudruck	202
Steckdosen	75
Stecksicherung	89
Steckverbinder	26, 68, 74
Steckverbindung	60, 69
Steckverteiler	71
Steilgewinde	149
Steuerstrom	84
Streuscheibe	157
Stroboskoplampe	138
Strom	211
Stromabgriff	208
Stromaufnahme	210
Stromerzeugung	97
Stromführung	21
Stromleitung	49
Stromtor	146
Stromverlauf	58
Stromwender	99
Stromwendung	99
Suchmethode	35
Suchscheinwerfer	155, 167
Tachowellenschalter	167, 168
Tachowelle	168
Tastschalter	61
Tageskilometerzähler	201
Teilfernlicht	167
Teilfernlichtscheinwerfer	155, 167
Teillastbereich	140
Tellersockel	170
Temperaturfühler	201
Temperaturmessung	196
Thermostat	197
Thyristor	146
Toneinstellung	19
Transformator	42, 43, 53
Transistor-Drehzahlmesser	195
Transistorzerhacker	90
Transistorzündung	145
Tripmaster	201
Türkontaktschalter	80, 169
Twinmaster	201
Übergangswiderstände	83
Überlastung	102

	Seite
Überlastungsschutz	103
Übersetzungsverhältnis	43
Umschalter	61
Umschaltrelais	90, 192
Unterbrecher	46
Unterbrecherfeder	29
Unterbrechergrundplatte	29, 46, 131, 138
Unterbrecherhebel	29, 37, 41, 46, 129
Unterbrecherkontakte	28, 130
Unterbrechernocken	41
Unterbrecheröffnung	42
Unterbrechersatz	129
Unterdruckdose	138
Unterdruckpumpe	138
Unterdruckverstellung	137
Ventilatoren	202, 203
Ventilatorflügel	30
Vergasereinstellung	140
Versenk-Antennen	206
Verstellwinkelmeßgerät	138
Verteileranschlüsse	31
Verteilerfinger	47
Verteilerhals	137
Verteilerkappe	28, 37, 38, 46
Verteilerläufer	28, 36, 37, 46, 47
Verteilernocken	29, 41
Verteilerstück	72
Verteilerwelle	45, 46
Verteilerwelfendrehzahl	132
Verzögerungsrelais	190
Verzögerungsschalter	188
Volt	54
Voltmeter	199
Vorratsbehälter	118
Vorwiderstand	53, 142, 210
Vorwiderstands-Zündspule	142, 143
Vorwiderstands-Ersatz	143
Vorwiderstands-Überbrückung	144
Wackelkontakt	33, 34
Wärmewert	139
Wärmewertreihe	139
Wärmewertskala	139
Walzenventilator	203
Wasserpfütze	32
Wasserstoff	116
Wasservorratsbehälter	119
Watt	54
Wattstunden	115

	Seite
Warnblinkanlagen	178
Warnblinker	175
Warnblinkschalter	180
Warnleuchte	201
Warnlicht-Blinkgeber	178
Warnsummer	201
Wechselstrom	48, 60
Wechselstrom-Generator	110
Wegstreckenzähler	201
Weitstrahler	55
Werkzeuge	23
Wicklung	62
Widerstand	211
Widerstandskabel	47
Widerstandswert	210, 212
Wirbelströme	13, 42
Wirkungsgrad	123
Wischgeschwindigkeit	186, 187
Wisch-Wasch-Automatiken	188
Wisch-Wasch-Kopplung	188, 192
Wolframdraht	173
Wolframlegierung	130
Zahnradpumpe	190
Zellenprüfer	120
Zerhacker	89
Zündabstand	28, 129
Zündabstand	42
Zündaussetzer	32, 33, 34, 37
Zündfolge	41
Zündkabel	47
Zündkerzen	138, 139
Zündkerzengesicht	140
Zündkerzengewinde	141
Zündkerzenkabelsatz	25
Zündkondensator	130
Zündleistung	145
Zündschalter	40
Zündschloß	30, 31, 32
Zündspannung	42, 45
Zündspule	42, 43, 44, 45
Zündspulen-Vorwiderstand	142, 143
Zündung	129
Zündtransformator	147
Zündverstärker	147
Zündverstellkurve	128
Zündverteiler	45
Zündzeitpunkt	129, 132
Zündzeitpunktverstellung	137
Zugschalter	79
Zweifadenlampe	54, 173
Zweifaden-Scheinwerferlampe	54
Zweiklang-Effekt	208
Zweikreis-Schaltung	176

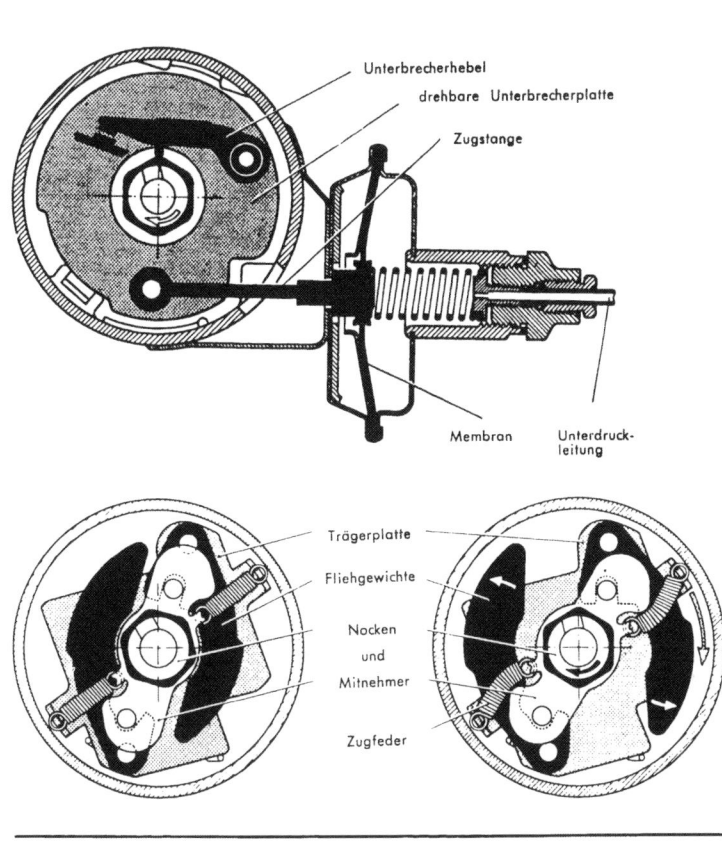

Schema der Unterdruckverstellung. Bei der Unterdruckverstellung wird vom Vergaser aus bzw. vom Ansaugrohr ein Unterdruck in der Unterdruckdose erzeugt und die Membrane der Unterdruckdose wird angezogen. Über ein Gestänge bewegt die Membrane dann die Unterbrechergrundplatte und bei zunehmendem Unterdruck wird die Unterbrechergrundplatte entgegen dem Drehsinn des Verteilerfingers gedreht, so daß die Zündung auf „Früh" gestellt wird. Das Maß der Zündzeitpunktverstellung hängt vom jeweiligen Motortyp ab.

Schema der Fliehkraftverstellung. Bei zunehmender Motordrehzahl fliegen die Fliehgewichte unter dem Einfluß der Fliehkraft nach außen, wobei der Nocken des Verteilers in Drehrichtung verdreht wird. Auch hierdurch ergibt sich eine Vorverlegung des Zündzeitpunktes. Auch hier ist das Maß der Vorverlegung vom jeweiligen Motortyp abhängig und wird durch unterschiedliche Federauswahl an den Fliehgewichten erreicht (siehe auch Kapitel 6 – Foto mit Fliehgewichten und Rückzugsfedern).

Erläuterungen zum Schaltplan

1 - Fanfare I
2 - Fanfare II
3 - Fanfarenrelais
4 - Signalring
5 - Scheinwerfer, links
6 - Scheinwerfer, rechts
7 - Abblendrelais
8 - Abblendschalter
9 - Lichtschalter
10 - Sicherungskasten Absicherung der einzelnen Stromkreise:
 1. Schluß-, Park- und Standleuchte links
 2. Kennzeichenleuchte links und rechts
 3. Schluß-, Park- und Standleuchte rechts
 4. (25 Amp.) Innenraumleuchte, Zeituhr, Zigarrenanzünder
 5. Heizgebläse, Blinkleuchten, Rückfahrscheinwerfer, Scheibenwascherpumpe
 6. (25 Amp.) Bremsleuchten, Signalhörner, Scheibenwerscherschalter, Kraftstoffanzeiger, Öldruckkontrolleuchte, Starterzugkontrolleuchte.
11 - Bremslichtschalter
12 - Blinkleuchte, vorn links
13 - Blinkleuchte, vorn rechts
14 - Leitungsverbinder
15 - Kennzeichenleuchte
16 - Heckleuchte, links
 a) Bremsleuchte, links
 b) Rückfahrscheinwerfer, links
 c) Blink-, Schluß- und Parkleuchte, links
17 - Heckleuchte, rechts
 a) Bremsleuchte, rechts
 b) Rückfahrscheinwerfer, rechts
 c) Blink-, Schluß- und Parkleuchte, rechts
18 - Scheibenwascherpumpe
19 - Scheibenwischermotor
20 - Heizgebläse-Motor
21 - Leitungsverbinder
22 - Heizgebläse-Schalter
23 - Verzögerungsrelais (Scheibenwischermotor)
24 - Scheibenwischerschalter
25 - Zigarrenanzünder
26 - Zündanlaßschalter Schaltstellungen:
 I Halt
 II Garage
 III Fahrt
 IV Start
27 - Blink-, Parklicht- und Scheibenwascher-Schalter
28 - Blinkgeber
29 - Schalter für Rückfahrscheinwerfer
30 - Deckenleuchte
31 - Türkontaktschalter, links
32 - Türkontaktschalter, rechts
33 - Geschwindigkeitsmesser
34 - Zeituhr
35 - Kombi-Instrument
 a) Kraftstoffanzeiger
 b) Skalenbeleuchtung
 c) Kühlwasserthermometer
 d) Ladekontrolle (rot)
 e) Öldruckkontrolle (orange)
 f) Fernlichtkontrolle (blau)
 g) Blinkerkontrolle (grün)
 h) Starterkontrolle (weiß)
36 - Starterzugkontakt
37 - Geber für Öldruckkontrolle
38 - Geber für Kraftstoffanzeige
39 - Zündkerzen (Zündfolge 1-3-4-2)
40 - Zündverteiler
41 - Regler
42 - Lichtmaschine
43 - Batterie
44 - Anlasser
45 - Zündspule

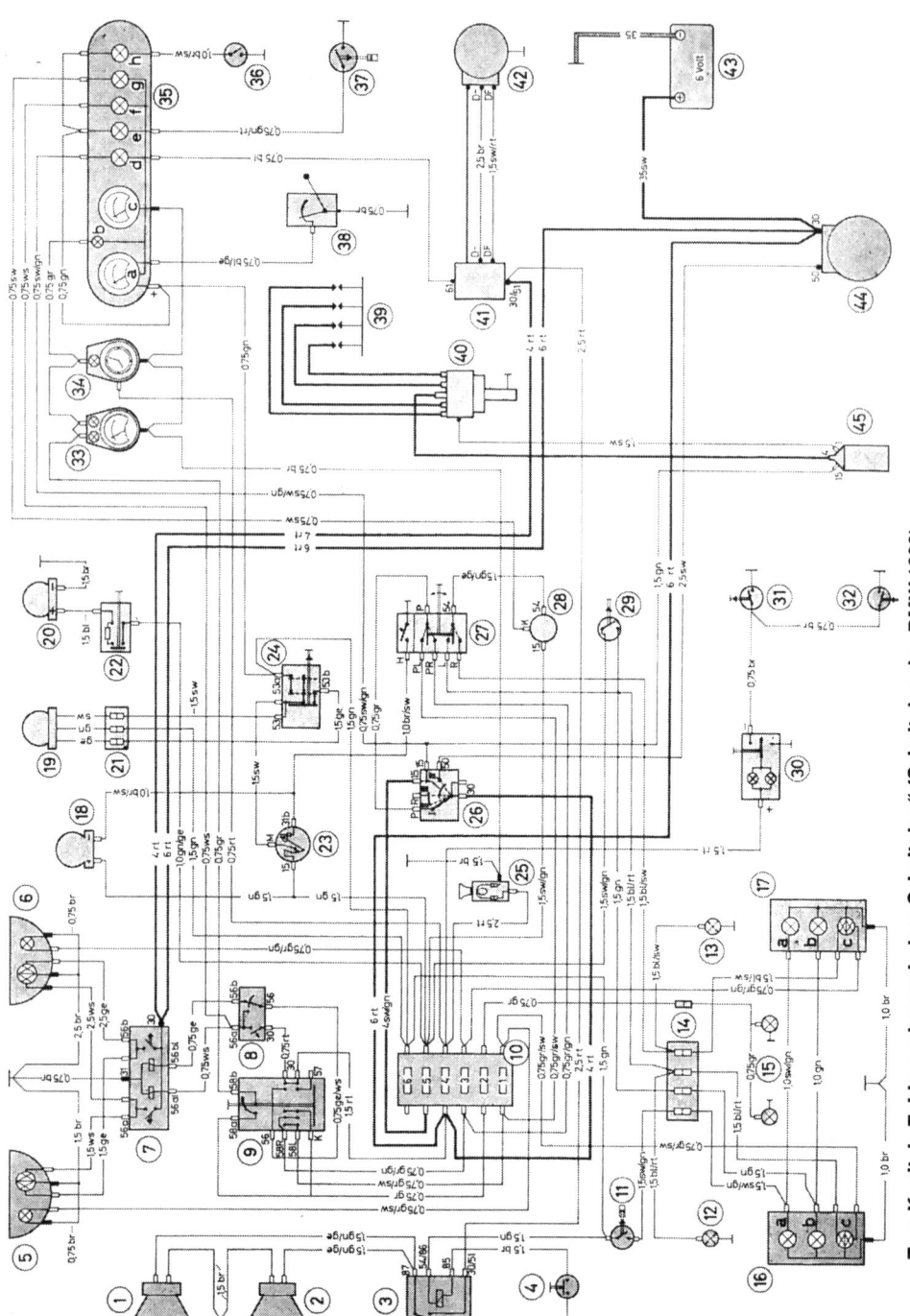

Zum Kapitel „Fehlersuche nach dem Schaltplan" (Schaltplan des BMW 1600)

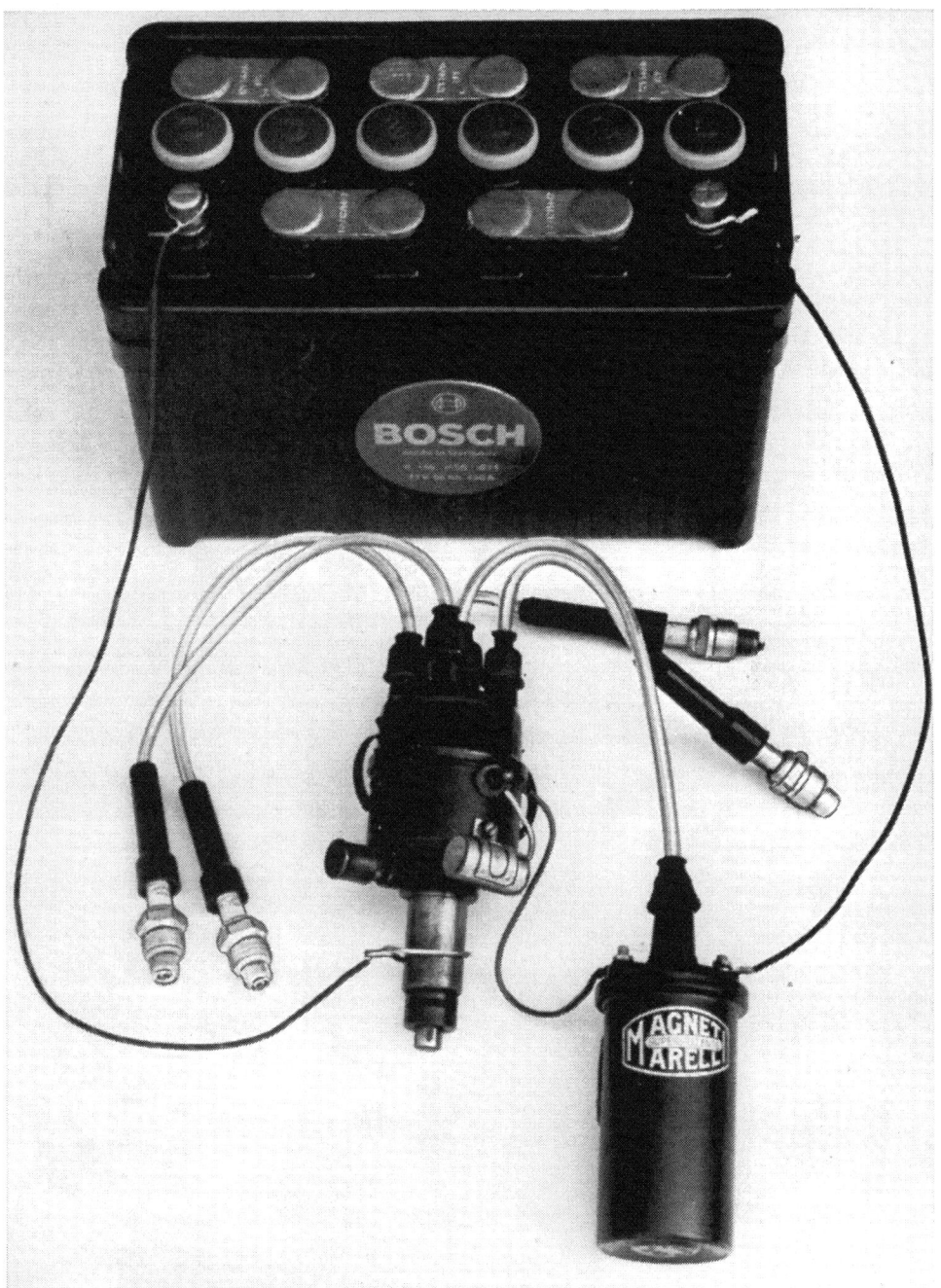

Mehr ist für die ganze Zündanlage nicht erforderlich. Eine Batterie, eine Zündspule, der Verteiler, die Zündkabel von der Zündspule zum Verteiler und den Zündkerzen, die Zündkerzen und die Verbindungsleitungen vom Pluspol der Batterie zur Klemme 15 der Zündspule, die Leitung von Klemme 1 der Zündspule zur Klemme 1 des Verteilers und die Masseverbindung vom Gehäuse des Zündverteilers zur Minusklemme der Batterie.

Wenn die Isolierteile der Zündanlage feucht werden, so kann die Zündspannung zwischen den metallischen Elektroden oder Anschlüssen über den feuchten Isolierstoff kriechen. Hierbei gräbt sich die Zündspannung im Laufe der Zeit ein „Bett", das nach und nach verkohlt und so für die Zündspannung einen bequemen Weg bietet. Durch Ausschaben dieser Kriechfunkenstrecken mit einem Taschenmesser kann man diesen Schaden, zumindest zeitweilig, heilen. Für Verteilerläufer und Verteilerkappen ist das allerdings keine Dauerlösung, Bilder rechts.

Oben links: Zwischen den Elektroden 1, 2, 3 und 4 der Verteilerkappe haben sich beachtliche Kriechfunkenstrecken gebildet. Oben rechts: Zwischen den Elektroden 1 und 2 wurde die Kriechfunkenstrecke schon ausgeschabt. Nach Ausschaben sämtlicher Kriechfunkenstrecken versah die Verteilerkappe wieder anstandslos ihren Dienst.

Mitte links: Zündspulenkopf mit ausgeprägter Kriechfunkenstrecke. Mitte rechts: Die gleiche Zündspule nach Ausschaben der Kriechfunkenstrecke. Die hier gezeigte Zündspule versieht schon jahrelang einwandfrei ihren Dienst, doch wird stets dafür gesorgt, daß sich kein Staub oder Schmutz auf ihr ansetzt.

Unten links: Verteilerläufer mit seitlicher Kriechfunkenstrecke. Unten rechts: Ausgeschabte Kriechfunkenstrecke.

Zeitfracht Medien GmbH
Ferdinand-Jühlke-Straße 7
99095 Erfurt, Deutschland
produktsicherheit@kolibri360.de